职业教育机电类技能人才培养规划

ZHIYE JIAOYU JIDIANLEI JINENG RENCAI PEIYANG GUI

机电一体化专业系列

电工电子技术基础

（第2版）

□ 叶光胜　主编
□ 李光亮　副主编
□ 沈式曙　主审

人民邮电出版社

北京

图书在版编目（CIP）数据

电工电子技术基础 / 叶光胜主编. -- 2版. -- 北京：
人民邮电出版社，2014.8
职业教育机电类技能人才培养规划教材
ISBN 978-7-115-35958-2

Ⅰ. ①电… Ⅱ. ①叶… Ⅲ. ①电工技术－职业教育－
教材②电子技术－职业教育－教材 Ⅳ. ①TM②TN

中国版本图书馆CIP数据核字(2014)第135367号

内 容 提 要

本书根据目前职业教育埋论知识以"必需、够用"为度、加强基本技能训练的教学思想，采用理论和实践相结合的方式，介绍电工电子技术方面的基本知识和基本技能。

全书共 10 章，主要内容包括电路的基本知识、直流电路的分析与计算、磁场与电磁感应、电容器、单相交流电路、三相交流电路、常见半导体器件、放大电路、直流稳压电源和数字电路。

本书可作为各类职业院校、技工学校、技师学院电工电子课程的教材，也可作为相关从业人员的参考书。

◆ 主　　编　叶光胜
　　副 主 编　李光亮
　　主　　审　沈式曙
　　责任编辑　刘盛平
　　责任印制　焦志炜

◆ 人民邮电出版社出版发行　　北京市丰台区成寿寺路 11 号
　　邮编　100164　　电子邮件　315@ptpress.com.cn
　　网址　https://www.ptpress.com.cn
　　涿州市般润文化传播有限公司印刷

◆ 开本：787×1092　1/16
　　印张：13.5　　　　　　　2014 年 8 月第 2 版
　　字数：339 千字　　　　2025 年 1 月河北第 17 次印刷

定价：28.00 元

读者服务热线：(010)81055256　印装质量热线：(010)81055316
反盗版热线：(010)81055315
广告经营许可证：京东市监广登字 20170147 号

　　随着我国制造业的快速发展，高素质技术工人的数量与层次结构远远不能满足劳动力市场的需求，技术工人的培养培训工作已经成为国家大力发展职业教育的重要任务。为此，中共中央办公厅、国务院办公厅印发了《关于进一步加强高技能人才工作的意见》（中办发[2006]15 号）的通知。目前，各类职业院校主动适应经济社会发展要求，主动开展教学研讨，探索更加适合当前技能人才需求的教育培养模式，对中高级技能人才的培养和培训工作起到了积极推动的作用。

　　职业教育要根据行业的发展和人才的需求，来设定人才的培养目标。当前各行业对技能人才的要求越来越高，而激烈的社会竞争和复杂多变的就业环境也使得职业教育学生只有确实地掌握一技之长才能实现就业。但是，加强技能培养并不意味着弱化或放弃基础知识的学习；只有扎实地掌握相关理论基础知识，才能灵活自如地运用各种技能，甚至进行技术创新。所以，如何解决理论与实践相结合的问题，走出一条理实一体化的教学新路，是摆在职业教育工作者面前的一个重要课题。

　　我们本着为职业教育教学改革尽一份社会责任之目的，依据职业教育专家的研究成果，依靠技工学校教师和企业一线工作人员，共同参与"职业教育机电类技能人才教学方案研究与开发"课题研究工作。在对职业教育机电大类专业教学进行规划的基础上，我们的课题研究以职业活动为导向、以职业能力为核心，根据理论知识够用、强化技能训练的原则，将理论和实践有机结合，开发出机电类技能人才培养专业教学方案，并制定出每门课程的教学大纲，然后组织教学一线骨干教师进行教材的编写。

　　本套教材针对不同课程的教学要求采用"理实相结合"或"理实一体化"两种形式组织教学内容，首批 55 本教材涵盖 2 个层次（中级工、高级工），3 个专业（数控技术应用、模具设计与制造、机电一体化）。教材内容统筹规划，合理安排知识点与技能训练点，教学内涵生动活泼，尽可能使教材体系和编写结构满足职业教育机电类技能人才培养教学要求。

　　我们衷心希望本套教材的出版能够对目前职业院校的教学工作有所帮助，并希望得到职业教育专家和广大师生的批评与指正，以期通过逐步调整、完善和补充，使之更符合机电类技能人才培养的实际。

"职业教育机电类技能人才教学方案研究与开发"课题专家指导委员会

2009 年 2 月

随着现代科学技术的发展，职业院校的电工电子技术基础教学要加强对学生分析能力、实践能力和综合应用能力的培养。本书采用理实结合的方式来构建内容体系，理论知识以"必需、够用"为度，注重讲清基本概念、基本原理和基本方法，使教材内容易教、易懂、实用。

本书的内容主要包括电路的基本知识、直流电路、磁场与电磁感应、交流电路、模拟电子技术、数字电路等。通过本课程学习将使学生具备从事机电类专业中级工所必需的电工电子基础知识和基本技能，帮助学生掌握电气设备使用、维护的操作技能，为增强学生适应职业变化的能力和继续学习的能力打下必要的基础。

本书力求体现新知识、新技术、新工艺，教学内容与国家职业技能鉴定规范相结合。在内容表达上力争做到言简意赅、深入浅出、内容新颖、图文并茂。每一章均配有技能训练，使学生能够用理论指导实践，在实践中消化理论，从而提高学生的学习兴趣，使教学达到事半功倍的效果。

本课程的教学时数建议为 148 学时，各章的课时分配如下表所示。

章　序	课程内容	课时分配			
		合　计	讲　授	实践训练	习题与评价
第 1 章	电路的基本知识	14	10	2	2
第 2 章	直流电路的分析与计算	14	10	2	2
第 3 章	磁场与电磁感应	16	12	2	2
第 4 章	电容器	8	4	2	2
第 5 章	单相交流电路	16	12	2	2
第 6 章	三相交流电路	12	6	4	2
第 7 章	常见半导体器件	12	8	2	2
第 8 章	放大电路	16	12	2	2
第 9 章	直流稳压电源	14	8	4	2
第 10 章	数字电路	18	14	2	2
	机动	8	—	—	8
	课时总计	148	96	24	28

本书由叶光胜任主编，李光亮任副主编，沈式曙任主审。参加本书编写工作的还有王惠兰、章列青、郑旭芳、卢雪丽、赵志臻等。

由于编者水平有限，书中难免存在疏漏和不足之处，恳请广大读者批评指正。

编　者

2014 年 3 月

目录 CONTENTS

电路的基本知识

随着科学技术的快速发展，电工技术已广泛应用于生产、生活的各个方面。尽管目前使用的电气设备种类繁多，但基本上都是由各式各样的基本电路组成的，因此掌握电路的基本知识十分重要。本章主要学习电路的一些基本概念和基本定律。

知识目标

◎ 了解电路的组成，理解并熟悉电路中基本物理量的概念和内涵。
◎ 掌握电阻定律、欧姆定律的内涵。
◎ 掌握电功和电功率的概念及计算。
◎ 了解电流热效应的应用和可能造成的危害，掌握焦耳定律。

技能目标

◎ 能对简单电路进行连接。
◎ 熟悉万用表的使用，掌握使用万用表测量电流、电压、电阻等基本物理量的方法。
◎ 能灵活运用电阻定律、欧姆定律和焦耳定律分析和解决实际问题。

1.1 电路的概念

各种电气设备、电子仪器要工作和运行，都得依靠各种不同的电路来实现，而了解电路的组成是分析和设计电路的基础。

1.1.1　电路和电路的组成

基础知识

在日常生活中，把一个灯泡通过开关、导线和干电池连接起来，就组成了一个照明电路，如图 1.1 所示。当合上开关，电路中就有电流通过，灯泡就亮起来。在工厂的动力用电中，电动机通过开关、导线和电源接通时，有电流通过，电动机就转起来。这种把各种电气设备和元器件按照一定的连接方式构成的电流通路称为电路。换句话讲，就是电流流经的路径称为电路。

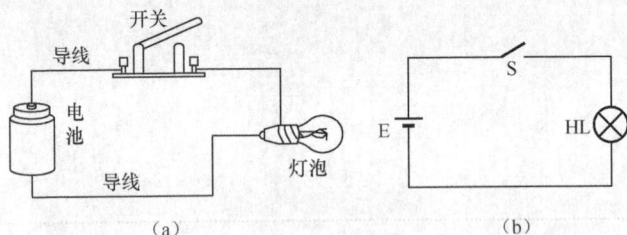

图 1.1　电路的组成

任何一个完整的实际电路，不论其结构和作用如何，通常总是由电源、负载和中间环节（导线和开关）等基本部分组成。

1．电源

电源是将其他形式的能转换成电能的装置。发电机、蓄电池、光电池等都是电源。发电机是将机械能转换成电能，蓄电池是将化学能转换成电能，光电池是将光能转换成电能。

2．负载

负载是将电能转换成其他形式能量的装置。灯泡、电炉、电动机等都是负载。灯泡是将电能转换成光能，电炉是将电能转换成热能，电动机是将电能转换成机械能。

3．导线和开关

导线是用来连接电源和负载的元件。开关是控制电路接通和断开的装置。

另外，根据实际需要，还可装配其他辅助设备，如测量仪表、熔断器等。

案例 1.1　简单电路的连接

【操作步骤】

（1）按图 1.1 所示连接好电路。

（2）观察断开和闭合开关时灯泡的工作情况。

1.1.2 电路图

基础知识

图 1.1（a）所示为用电气设备的实物图形表示的实际电路，它的优点是很直观，但画起来很复杂，不便于分析和研究。为了绘图方便和标准化，国家规定了各种电气元器件的图形符号，如表 1.1 所示。用国家统一规定的图形符号画成的电路模型图称为电路图，如图 1.1（b）所示。电路图并不反映电路的几何尺寸和设备的具体结构，也不反映设备和元件的真实位置，不要求按比例绘制。它只反映电路中电气方面相互联系的实际情况，便于对电路进行分析和计算。

表 1.1　　　　　　部分电工图形符号（摘自 GB/T 4728—2000）

——	直 流 电	～	交 流 电	≈	交 直 流 电
 —／—	开关	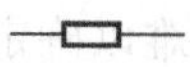 —▭—	电阻	⊥	接机壳
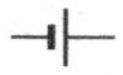 —⊢	电池	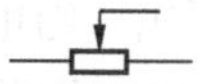 ▭	电位器	接地	接地
 ⌣⌣⌣	线圈	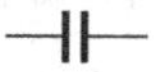 —⊣⊢	电容	 •	连接导线
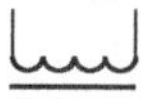 ⌣⌣⌣	铁心线圈	Ⓐ	电流表	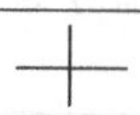 —	不连接导线
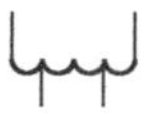 ⌣⌣⌣	抽头线圈	Ⓥ	电压表	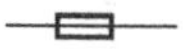 ▭	熔断器
Ⓖ	直流发电机	 —▷⊢	二极管	⊗	电灯
Ⓖ	交流发电机	Ⓜ	直流电动机	Ⓜ	交流电动机

作业测评

（1）观察生活中的常用电路，并画出它的电路图。

（2）电路由哪几部分组成？它们各自的作用是什么？

1.2 电路中的主要物理量

水在水管中沿着一定方向流动，水管中就有了水流。电荷在电路中沿一定方向移动，电路中就有了电流。本节主要学习电路中几个主要的物理量。

1.2.1 电流

基础知识

电荷的定向移动形成电流，因此，要形成电流必须要有可自由移动的电荷。金属导体中带负电的电子，电解液中的正、负离子就是可自由移动的电荷。

在外电场作用下，金属导体中的自由电子发生定向移动便形成电流。人们习惯上把正电荷定向移动的方向规定为电流的方向。因此，在金属导体中，电流的方向与自由电子实际定向移动的方向相反，如图 1.2 所示。

电流有大小之分，电流的大小取决于单位时间内通过导体横截面的电量。若在时间 t 内，通过导体横截面的电量为 Q，则电流的大小为

$$I = \frac{Q}{t} \tag{1.1}$$

式中：I——电流强度，A；

Q——电量，C；

t——时间，s。

电流常用的单位除安培外，还有千安（kA）、毫安（mA）、微安（μA），它们之间的换算关系为

$$1kA = 10^3A = 10^6mA = 10^9\mu A$$

在进行电路分析计算时，电流的实际方向有时难以确定，为此可以预先假定一个电流方向，称为参考方向（也称正方向），并在电路中用箭头标出。当电流的实际方向与参考方向一致时，则电流为正值，如图 1.3（a）所示；反之，电流为负值，如图 1.3（b）所示。因此，只有在参考方向选定之后，电流值才有正负之分。

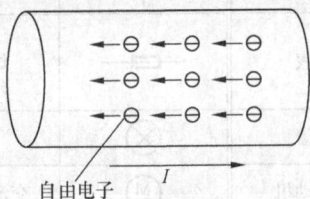

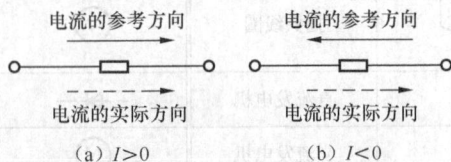

图 1.2　电流的方向　　　　图 1.3　电流参考方向

电流分直流和交流两种。凡大小和方向都不随时间变化的电流称为直流电流，用 I 表示，如图 1.4（a）所示；凡大小和方向都随时间变化的电流称为交流电流，用 i 表示，如图 1.4（b）所示。交流电在工业生产和日常生活中应用极为广泛，如电网供给的照明用电、动力用电等都是交流电。

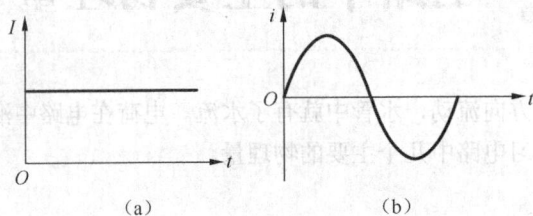

图 1.4　交、直流电与时间的关系曲线

【例 1.1】　已知流经某导体横截面的电流为 1.5A，问在多少时间内通过导体横截面的电量为60C？

解： 由式（1.1）得

$$t = \frac{Q}{I} = \frac{60}{1.5} = 40\text{s}$$

1.2.2 电压和电位

基础知识

1. 电压

电压是衡量电场力做功大小的物理量，用字母 U 表示，单位为伏特（V），简称伏。如图 1.5 所示，在电路中电场力把单位正电荷从 a 点移到 b 点所做的功，定义为 a、b 两点间的电压 U_{ab}。

$$U_{ab} = \frac{W_{ab}}{Q} \tag{1.2}$$

电压常用的单位除伏特外，还有千伏（kV）、毫伏（mV）、微伏（μV）等，它们的换算关系为

$$1\text{kV} = 10^3\text{V} = 10^6\text{mV} = 10^9\text{μV}$$

电压同电流一样，也先要任意选定其参考方向，电压的参考方向可用箭头在图上表示，由起点指向终点，如图 1.6（a）所示，也可用双下标表示，前一个下标代表起点，后一个下标代表终点。电压的方向还可以在起点标正号（+），终点标负号（-）表示，如图 1.6（b）所示。

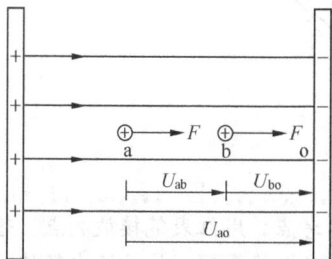

图 1.5 电场力移动电荷做功

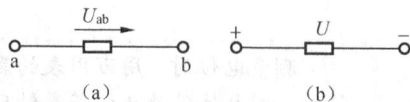

图 1.6 电压参考方向

在分析与计算电路时，按照所选定的参考方向分析电路，得出的电压为正值（$U>0$），表明电压的实际方向与参考方向一致；反之，若得出的电压为负值（$U<0$），则表明电压的实际方向与参考方向相反。

2. 电位

如果在电路中选定一个参考点，则电路中某一点与参考点之间的电压即为该点的电位，用字母 V 表示，电位的单位也是伏特（V）。

计算电位时，必须先任意选定电路中的某一点作为参考点，并规定该点的电位为零（参考点就是零电位点），高于参考点的电位取正，低于参考点的电位取负。如图 1.5 所示，若取 o 点为参考点，则 $V_a = U_{ao}$，$V_b = U_{bo}$。原则上参考点可以任意选择，但为了便于分析计算，在电力电路中常以大地作为参考点，电路符号为 "⏚"；在电子电路中常以多条支路汇集的公共点或金属底板、机壳等作为参考点，电路符号为 "⏚" 或 "⏚"。

3．电压与电位的关系

如图 1.5 所示，由于 $U_{ao} = U_{ab} + U_{bo}$，所以 $U_{ab} = U_{ao} - U_{bo}$，若取 o 点为参考点，则

$$U_{ab} = V_a - V_b \tag{1.3}$$

因此，电路中任意两点间的电位之差就等于这两点之间的电压，故电压又称电位差。

案例 1.2 **电位、电压的测定**

本案例通过电位值、电压值的测定，验证电位的相对性和电压的绝对性。

【操作步骤】

（1）在实验线路板上按照图 1.7 所示连线好电路。

（2）检查电路连接无误后接通电源（通电前将稳压电源调至 9V）。

（3）用万用表进行测量（量程调至 10V 的直流电压挡）。

① 以 d 点为参考点，分别测量 a、b、c、d、g、h 各点电位值及电压值 U_{hb}、U_{ba}、U_{bc}、U_{cd}、U_{da}、U_{hg}，将测量数据记入表 1.2。

② 以 a 点参考点，重复步骤①。

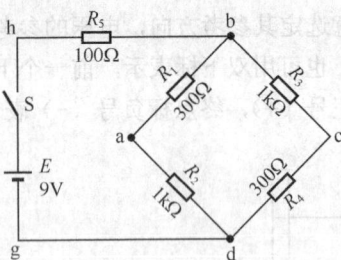

图 1.7 案例 1.2 电路图

测量电位时，用万用表的黑表笔接参考点，用红表笔接被测点。若表针正向偏转，则电位值为正；若表针反向偏转，应调换表笔，然后读出数值，此时电位值为负值。测量电压时，应将万用表的红、黑表笔并接在被测电路的两点上，表针正向偏转，则电压值为正值；若发现表针反向偏转时，应调换表笔，此时的电压值为负值。

表 1.2 测量数据记录

参考点＼测量内容	V_a	V_b	V_c	V_d	V_g	V_h	U_{hb}	U_{ba}	U_{bc}	U_{cd}	U_{da}	U_{hg}
d 点												
a 点												

结论：

（1）电位具有_____，它的大小与参考点的选择_____。

（2）电压具有_____，它的大小与参考点的选择_____。

在图 1.8 中，已知 U_{co}=3V，U_{cd}=2V。试分别以 d 点和 o 点为参考点，求各点的电位及 d、o 两点间的电压 U_{do}。

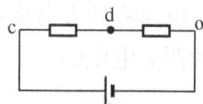

【思路分析】

求解本题的关键是要明确电压与电位的关系，即 $U_{do} = V_d - V_o$。

【优化解答】

图 1.8　综合案例电路图

（1）以 d 点为参考点，即 $V_d = 0$，

因为 $$U_{cd} = V_c - V_d$$

所以 $$V_c = U_{cd} + V_d = 2 + 0 = 2V$$

又因为 $$U_{co} = V_c - V_o$$

所以 $$V_o = V_c - U_{co} = 2 - 3 = -1V$$

$$U_{do} = V_d - V_o = 0 - (-1) = 1V$$

（2）以 o 点为参考点，即 $V_o = 0$，

因为 $$U_{co} = V_c - V_o$$

所以 $$V_c = U_{co} + V_o = 3 + 0 = 3V$$

因为 $$U_{cd} = V_c - V_d$$

所以 $$V_d = V_c - U_{cd} = 3 - 2 = 1V$$

$$U_{do} = V_d - V_o = 1 - 0 = 1V$$

1.2.3　电动势

在图 1.9（a）中，为使水在 C 管中持续不断地流动，必须用水泵把 B 槽中的水不断地泵入 A 槽中，以维持两槽间的固定水位差，也就是要保证水管 C 两端有固定的水压。在图 1.9（b）中，电源与水泵的作用相似，它利用非电场力把正电荷由电源的负极搬到正极，并在电路中持续不断地流动。

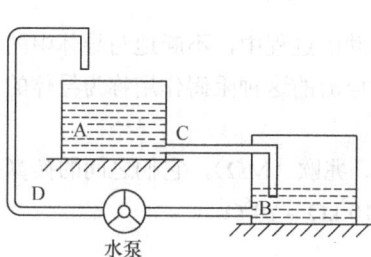 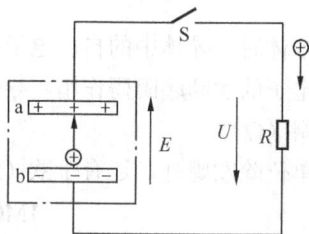

（a）水流示意图　　　　　　　　　　　　　（b）电流示意图

图 1.9　水流和电流的形成

为了衡量电源内部非电场力做功的能力，引入电动势的概念：在电源内部，电源力将单位正电荷从电源负极 b 移动到正极 a 所做的功称为电源的电动势，用字母 E 表示，单位为伏特（V），

其表达式为

$$E = \frac{W_{ba}}{Q} \tag{1.4}$$

电动势的方向规定为在电源内部由负极指向正极。对于一个电源来说，在外部不接负载时，电源两端电压的大小等于电源电动势的大小，但方向相反。

作业测评

（1）我们把参考点的电位规定为＿＿＿＿＿＿＿，低于参考点的电位是＿＿＿＿＿＿，高于参考点的电位是＿＿＿＿＿＿。

（2）如图 1.10 所示，每个电池的电压为 1.5V，若以 c 点为参考点，则 $V_a=$＿＿＿＿＿＿ V，$V_b=$＿＿＿＿＿＿ V，$U_{ac}=$＿＿＿＿＿＿ V；若以 b 点为参考点，则 $V_a=$＿＿＿＿＿＿ V，$V_b=$＿＿＿＿＿＿ V，$U_{ac}=$＿＿＿＿＿＿ V。

（3）如图 1.11 所示，$V_a=$＿＿＿＿＿＿ V，$V_b=$＿＿＿＿＿＿ V。

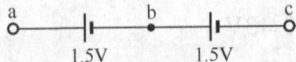

图 1.10　作业测评（2）电路图　　　　图 1.11　作业测评（3）电路图

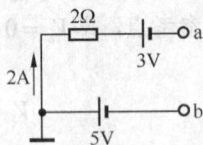

1.3　电阻

常用的导线通常是用铜或铝制作的，特别重要的电气设备的导线还要用价格昂贵的银来制作，铁又多又便宜，为什么不用铁来做导线呢？这与它们的导电性有关。

1.3.1　导体的电阻

基础知识

当电流通过导体时，导体中的自由电子在移动的过程中，不断地与导体中的原子发生相互碰撞，这种碰撞对电子的运动起阻碍作用，导体对电流的这种阻碍作用称为导体的电阻，用字母 R 表示，单位为欧姆（Ω）。

电阻常用的单位除欧姆外，还有千欧（kΩ）、兆欧（MΩ），它们之间的换算关系为

$$1M\Omega = 10^3 k\Omega = 10^6 \Omega$$

1.3.2　电阻定律

基础知识

实验表明，导体的电阻不仅与导体自身的材料有关，而且与导体的长度成正比，与导体的横截面积成反比，这个结论称为电阻定律。用公式表示为

$$R = \rho \frac{l}{S} \tag{1.5}$$

式中：R——导体的电阻，Ω；

ρ——导体的电阻率，$\Omega \cdot m$；

l——导体的长度，m；

S——导体的横截面积，m^2。

电阻率是反映材料导电性能好坏的物理量，ρ越大，导体的导电性能越差。不同材料的导体其电阻率也不同。在金属导体中，银的电阻率最小，导电性能最好，但价格昂贵；铜和铝的电阻率也较小，作为导电材料，铜用得较多。表1.3所示为几种常见材料在20℃时的电阻率。

表1.3　　　　　　　　　　几种常见材料在20℃时的电阻率

材 料 名 称	电阻率/($\Omega \cdot m$)	用 途
银	1.6×10^{-8}	导线镀银
铜	1.7×10^{-8}	导线（主要的导线材料）
铝	2.9×10^{-8}	导线
钨	5.3×10^{-8}	白炽灯的灯丝、电器触头
铁	1.0×10^{-7}	
锰铜合金	4.4×10^{-7}	标准电阻
康铜合金	5.0×10^{-7}	标准电阻
镍铬合金	1.0×10^{-6}	电炉丝
电木	$10^{10} \sim 10^{14}$	绝缘体（制作电器）
橡胶	$10^{13} \sim 10^{16}$	

【例1.2】 试计算长度为100m，横截面积为2.5mm^{2}的铝导线在20℃时的电阻值是多少？

解： 由表1.3可以查出铝的电阻率为

$$\rho = 2.9 \times 10^{-8} \Omega \cdot m$$

代入式（1.5），得

$$R = \rho \frac{l}{S} = 2.9 \times 10^{-8} \times \frac{100}{2.5 \times 10^{-6}} = 1.16\Omega$$

1.3.3　电阻器的主要指标和标志方法

基础知识

1．电阻器的指标

电阻器的指标是指标称阻值、允许偏差、标称功率、最高工作电压、稳定性、温度特性等，其中主要指标是标称阻值、允许偏差和标称功率。

（1）标称阻值。为了便于生产，同时考虑到能够满足实际使用的需要，国家规定了一系列数值作为产品的标准，这一系列值称为电阻器的标称系列值。几个系列的标称系列值如表1.4所示。电阻器的标称阻值应为表中所列数值的10^n倍，其中n为正整数、负整数或零。

表 1.4　　　　　　　　　　　　　　　　　　电阻器的标称系列值

偏　　差	标称系列值					
±5%（J）	1.0	1.1	1.2	1.3	1.5	1.6
	2.7	3.0	1.8	2.0	2.2	2.4
	4.7	5.1	3.3	3.6	3.9	4.3
	8.2	9.1	5.6	6.2	6.8	7.5
±10%（K）	1.0	1.2	1.5	1.8	2.2	2.7
	6.8	8.2	3.3	3.9	4.7	5.6
±20%（M）	1.0	1.5	2.2	3.3	4.7	6.8

（2）允许偏差。电阻器的标称阻值与实际阻值不完全相符，存在着误差（偏差）。当 R 为实际阻值、R_H 为标称阻值时，允许偏差的表达式为：$(R-R_H)/R_H$。允许偏差表示电阻器阻值的准确程度，常用百分数表示，如±5%、±10%等。

（3）标称功率。标称功率也称为额定功率，是指在一定的条件下，电阻器长期连续工作所允许消耗的最大功率。

2．电阻器的标志方法

额定功率、阻值、偏差等电阻器的性能指标一般用数字和文字符号直接标在电阻器的表面上，也可以用不同的颜色表示不同的含义。

色标法是用颜色表示元器件的各种参数并直接标注在产品上的一种标志方法。采用色环标注的电阻器，颜色醒目，标志清晰，不易褪色，从各个方向都能看清阻值和偏差，有利于电气设备的装配、调试和检修。

各种固定电阻器的色标符号如表 1.5 所示，辨认这种电阻器时要从左至右进行，最左边为第一环。

表 1.5　　　　　　　　　　　　　　　　　　电阻器的色标符号

颜　色	有 效 数 字	乘　数	允许偏差/%	颜　色	有 效 数 字	乘　数	允许偏差/%
银色	—	10^{-2}	±10	黄色	4	10^4	—
金色	—	10^{-1}	±5	绿色	5	10^5	±0.5
黑色	0	10^0	—	蓝色	6	10^6	±0.2
棕色	1	10^1	±1	紫色	7	10^7	±0.1
红色	2	10^2	±2	灰色	8	10^8	—
橙色	3	10^3		白色	9	10^9	+50 −20

下面举两个例子来说明色标法。阻值为 26 000Ω、允许偏差±5%的电阻器，表示方法如图 1.12（a）所示。阻值为 17.4Ω、允许偏差为±1%的电阻器，表示方法如图 1.12（b）所示。

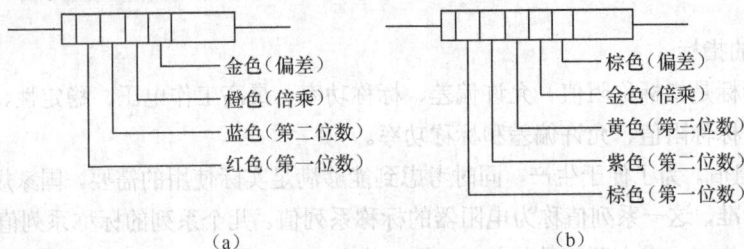

金色（偏差）
橙色（倍乘）
蓝色（第二位数）
红色（第一位数）

（a）

棕色（偏差）
金色（倍乘）
黄色（第三位数）
紫色（第二位数）
棕色（第一位数）

（b）

图 1.12　色标法示例

（1）有两条同种材料的电阻丝，长度之比是 1：2，横截面积之比是 2：3，则它们的电阻之比是_____。

（2）要绕制一个 3Ω 的电阻，如果选用截面为 0.21mm² 的锰铜导线，试计算所需长度。

1.4 欧姆定律

1.4.1 部分电路欧姆定律

基础知识

只含有负载而不包含电源的一段电路称为部分电路，如图 1.13 所示。

通过实验可以知道：导体中的电流，与导体两端的电压成正比，与导体的电阻成反比，这个规律称为部分电路欧姆定律，其公式为

$$I = \frac{U}{R} \tag{1.6}$$

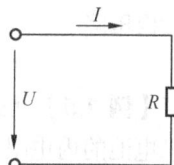

图 1.13　部分电路

【例 1.3】 当一个白炽灯接上 4.5V 电压时，其灯丝的工作电阻值为 1.5Ω。试问此时流经灯泡的电流是多少？

解： 由式（1.6）得

$$I = \frac{U}{R} = \frac{4.5}{1.5} = 3\text{A}$$

1.4.2 全电路欧姆定律

基础知识

全电路是指含有电源的闭合电路，如图 1.14 所示。图中的点画线框内代表一个实际的电源，电源的内部一般都是有电阻的，这个电阻称为电源的内电阻，用字母 r 表示。为了看起来方便，通常在电路图上把 r 单独画出。事实上，内电阻是在电源内部，与电动势是分不开的，可以不单独画出，而在电源符号的旁边注明内电阻的数值就行了。

我们已经知道，开关 S 断开时，电源的端电压在数值上等于电源的电动势（方向是相反的）。

当开关 S 闭合时，我们用电压表测量电源的端电压，发现所测数值比开路电压小，或者说，闭合电路中电源的端电压小于电源的电动势。这是为什么呢？这是因为电流流过电源内部时，在内电阻上产生了电压降 U_r，$U_r = Ir$。可见电路闭合时，电源端电压 U 应该等于电源电动势 E 减去内压降 U_r，即

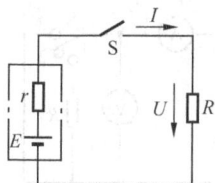

图 1.14　全电路

$$U = E - U_r = E - Ir = IR$$

故

$$I = \frac{E}{R+r} \qquad (1.7)$$

式（1.7）表明：在一个闭合电路中，电流与电源电动势成正比，与电路中内电阻和外电阻之和成反比。这个规律称为全电路欧姆定律。

【例 1.4】 有一电源电动势 $E = 3\mathrm{V}$，内阻 $r = 0.4\Omega$，外接负载电阻 $R = 9.6\Omega$，试求电源端电压和内压降。

解： 由式（1.7）得

$$I = \frac{E}{R+r} = \frac{3}{9.6+0.4} = 0.3\mathrm{A}$$

故电源端电压

$$U = IR = 0.3 \times 9.6 = 2.88\mathrm{V}$$

内压降

$$U_r = Ir = 0.3 \times 0.4 = 0.12\mathrm{V}$$

【例 1.5】 已知电池的开路电压 $U_K = 1.5\mathrm{V}$，接上 9Ω 的负载电阻时，其端电压为 $U = 1.35\mathrm{V}$，试求电池的内电阻 r。

解： 由于

$$E = U_K = 1.5\mathrm{V}$$

因此内压降

$$U_r = E - U = 1.5 - 1.35 = 0.15\mathrm{V}$$

而电流

$$I = \frac{U}{R} = \frac{1.35}{9} = 0.15\mathrm{A}$$

故内电阻

$$r = \frac{U_r}{I} = \frac{0.15}{0.15} = 1\Omega$$

1.4.3　电源的外特性

基础知识

由全电路欧姆定律知电源端电压 U 与负载电流 I 的关系为

$$U = E - Ir$$

可见，当电源电动势 E 和内阻 r 一定时，电源端电压 U 将随负载电流 I 变化而变化。我们把电源端电压随负载电流变化的关系特性称为电源的外特性，其关系特性曲线称为电源的外特性曲线，如图 1.15 所示。由图中可见，电源端电压 U 随着电流 I 的增大而减小。电源内阻越大，直线越倾斜；直线与纵轴交点的纵坐标表示电源电动势的大小（$I = 0$ 时，$U = E$）。

图 1.15　电源的外特性

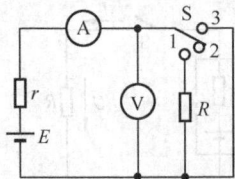

下面应用全电路欧姆定律，分析图 1.16 所示电路在 3 种不同状态下，电源端电压与输出电流之间的关系。

1．通路

开关 S 接到位置"1"时，电路处于通路状态。电路中电流为

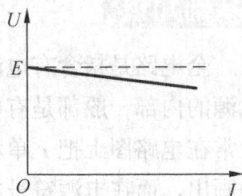

图 1.16　电路的 3 种状态

$$I = \frac{E}{R+r}$$

电源端电压与输出电流的关系为

$$U = E - U_r = E - Ir$$

可见，当电源电动势和内阻一定时，端电压随输出电流的增大而下降。通常把通过大电流的负载称为大负载，把通过小电流的负载称为小负载。也就是说，当电源的内阻一定时，电路接大负载，端电压下降较多；电路接小负载，端电压下降较少。

2．开路

开关 S 接到位置"2"时，电路处于开路（断路）状态，相当于负载电阻 $R \to \infty$ 或电路中某处连接导线断开。此时电路中电流为零，内压降也为零，$U = E - Ir = E$，即电源的开路电压等于电源电动势。

3．短路

开关 S 接到位置"3"时，相当于电源两极被导线直接相连，电路处于短路状态。电路中短路电流 $I_{短} = \frac{E}{r}$，由于电源内阻一般都很小，所以短路电流极大。此时电源对外输出电压 $U = E - I_{短}r = 0$。

电源短路是严重的故障状态，必须避免发生。但有时在调试和维修电气设备的过程中，有意将电路中某一部分短路，这是为了让与调试过程无关的部分暂不通电流，或是为了便于发现故障而采用的一种特殊方法，这种方法也只有在确保电路安全的情况下才能采用。

想一想

有人说开路时 $I=0$，根据 $U=IR$，得出电源端电压 $U=0$，这种说法是否正确？

综合案例

在图 1.17 所示电路中，设电阻 $R_1 = 14\Omega$，$R_2 = 9\Omega$。当开关 S 接到位置"1"时，由电流表测得 $I_1 = 0.2A$；接到位置"2"时，测得 $I_2 = 0.3A$。试求电源电动势 E 和内电阻 r。

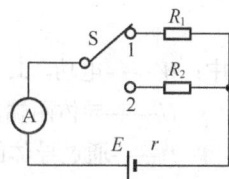

图 1.17 综合案例电路图

【思路分析】

求解本题的关键是要正确运用全电路欧姆定律 $I = \frac{E}{R+r}$。

【优化解答】

根据全电路欧姆定律，可列出联立方程

$$\begin{cases} E = I_1R_1 + I_1r \\ E = I_2R_2 + I_2r \end{cases}$$

消去 E，解得

$$r = \frac{I_1R_1 - I_2R_2}{I_2 - I_1} = \frac{0.2 \times 14 - 0.3 \times 9}{0.3 - 0.2} = 1\Omega$$

把 $r = 1\Omega$ 代入 $E = I_1R_1 + I_1r$，可得

$$E = 3V$$

作业测评

（1）闭合电路中，电源端电压等于电源_____减去_____。

（2）在全电路中，当 $R \to \infty$、$R = 0$ 时，电路各处于什么状态，其特点是什么？

（3）某人误触 220V 电源裸导线，如果他身体的电阻为 1000Ω，问通过身体的电流是多少 A？如果通过人体的电流为 50mA 时，人的生命就有危险，问此人是否安全？

1.5 电功与电功率

1.5.1 电功

基础知识

电流通过电炉时，电炉发热；电流通过电灯时，电灯会发光（当然也要发热）。这说明，电流通过不同的负载时，负载可以将电源提供的电能转变成其他不同形式的能量，电流就要做功。电流所做的功称为电功，用字母 W 表示。

前面讲述电压时曾经讲过，如果 a、b 两点间的电压为 U，则将电量为 Q 的正电荷从 a 点移到 b 点时电场力所做的功为

$$W = UQ$$

而

$$I = \frac{Q}{t}$$

故

$$W = UIt \tag{1.8}$$

式中：W——电功，J；

U——导体两端的电压，V；

I——通过导体的电流，A；

t——通电时间，s。

在实际应用中，电功还有一个常用单位是千瓦时（kW·h），俗称度，其与焦耳的换算如下：

$$1 \text{kW·h} = 3.6 \times 10^6 \text{J}$$

对于纯电阻电路，把 $I = \dfrac{U}{R}$ 代入式（1.8），则有

$$W = I^2 Rt = \frac{U^2}{R} t \tag{1.9}$$

1.5.2 电功率

基础知识

电功表示电场力做功的多少，但不能表示做功的快慢。我们把单位时间内电流所做的功，称为电功率，用字母 P 表示，即

$$P = \frac{W}{t} \tag{1.10}$$

式中：P——电功率，W；

    W——电功，J；

    T——时间，s。

实际应用中，电功率的单位除了瓦特外，还有千瓦（kW），它们之间的换算关系如下：

$$1kW = 1000W$$

把式（1.8）代入式（1.10），得

$$P = UI \tag{1.11}$$

对于纯电阻电路，把式（1.9）代入式（1.10），得

$$P = I^2 R = \frac{U^2}{R} \tag{1.12}$$

【例 1.6】 一个 100Ω 的电阻流过 $50mA$ 的电流时，求电阻上的电压降和电阻消耗的功率，当通电时间为 $1min$ 时，电阻消耗的电能为多少？

解： 由部分电路欧姆定律得电阻上的电压降

$$U=IR=0.05×100=5V$$

电阻消耗的功率

$$P=UI=5×0.05=0.25W$$

电阻消耗的电能

$$W=Pt=0.25×60=15J$$

> 想一想
>
> 额定值为 "220V/100W" 和 "220V/25W" 的两个灯泡，哪个灯泡的灯丝电阻较大？哪个灯泡的灯丝较粗？

1.5.3 焦耳定律

基础知识

电流通过导体时使导体发热的现象称为电流的热效应。

1840 年，英国物理学家焦耳通过实验发现：电流流过导体产生的热量与电流的平方、导体的电阻和通电时间成正比，这一规律称为焦耳定律，用公式表示为

$$Q = I^2 Rt \tag{1.13}$$

式中：Q——导体产生的热量，J；

    I——通过导体的电流，A；

    R——导体的电阻，Ω；

    t——通电时间，s。

电流的热效应在实际生活中应用很广。例如，可以选用电阻大而又耐热的钨丝做灯丝制成白炽灯；利用电流热效应的原理制成电烙铁、电烤箱等；还可以选用低熔点的铅锡合金等制成熔断

器的熔丝以保护电路和设备。但是，电流的热效应也有其不利的一面，如电动机在运行过程中，因电流通过而发热，不但消耗了电能，而且一旦过热就会损坏设备，同时用电设备中的各种导线也会因为在通电时发热而老化，引起漏电、短路，严重时会烧坏用电设备，甚至引起火灾。因此，在这些用电设备中，应采取各种保护措施，以防止电流热效应造成的危害。

1.5.4 负载的额定值

基础知识

为防止电气元件和电气设备因电流过大而发热损坏，对工作时的电流、电压和功率的最大值都有一定的限制，分别称为额定电流、额定电压和额定功率。一般元器件和设备的额定值都标在其明显位置，如灯泡上标有的"220V/40W"，电阻器上标有的"100Ω/2W"等。

电气设备或元器件在额定功率下的工作状态称为额定工作状态（也称满载状态）。低于额定功率的工作状态称为轻载状态；高于额定功率的工作状态称为过载或超载状态。轻载时电气设备不能得到充分利用或根本无法正常工作，过载时电气设备容易被烧坏或造成严重事故。因此，轻载和过载都是不正常的工作状态。

【例 1.7】 一个"220V/100W"的灯泡正常发光时通过灯丝的电流是多少？灯丝的电阻是多大？

解：由 $P=UI$ 得

$$I = \frac{P}{U} = \frac{100}{220} = 0.45\text{A}$$

由 $P = \frac{U^2}{R}$ 得

$$R = \frac{U^2}{P} = \frac{220^2}{100} = 484\Omega$$

作业测评

（1）1 度电能供给一个"220V/40W"的灯泡正常工作多少小时？

（2）试举例说明电流热效应的利与弊。

（3）某白炽灯接在 220V 的电源上，通过的电流为 0.2A，试求白炽灯在 2h 内消耗的电能。

1.6 技能训练 验证欧姆定律的接线及测量

欧姆定律是电路理论中最基本的定律之一。它与串联、并联和混联电路的特点相结合，解决了简单电路的分析与计算问题。

基础知识

1. 部分电路欧姆定律的内容

导体中的电流，与导体两端的电压成正比，与导体的电阻成反比。

2．部分电路欧姆定律的表达式

$I = \dfrac{U}{R}$、$U = IR$ 和 $R = \dfrac{U}{I}$。其中，对于表达式 $R = \dfrac{U}{I}$ 不要理解为电阻的大小是由电压与电流的比值关系决定的。

【实验目标】

（1）明确欧姆定律的内容及用途，并验证欧姆定律。

（2）熟悉电阻与电压、电流之间的关系。

（3）掌握直流电压、电流的测量方法。

【实验条件】

实验条件如表 1.6 所示。

表 1.6　　　　　　　　　　　实验条件

序　号	代　号	名　　称	规　　格	数　量	单　位
1	R	电阻	100Ω、200Ω、300Ω	各 1	个
2	S	开关		1	个
3		导线		若干	根
4	A	直流电流表	0～100mA	1	个
5	E	直流稳压电源	0～12V	1	台
6	V	直流电压表	0～10V	1	个

【操作步骤】

（1）按图 1.18 所示连接好电路。

（2）进行测量时，将直流电流表串接到所要测量的电路中测量电流，再用直流电压表测量电压。

（3）改变电阻器的电阻和直流稳压电源的输出电压值，分别进行直流电流的测量。

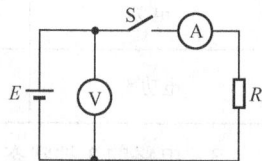

图 1.18　全电路

（4）将测量结果记入表 1.7 中。

表 1.7　　　　　　　　　　　测量数据记录表

电流值/mA　电压值/V　电阻值/Ω	0	3	6	9
100				
200				
300				

【思考与能力检测】

（1）欧姆定律有哪几种表示方法？

（2）你所做的实验结果是否符合欧姆定律？请分析原因。

本 章 小 结

1. 电路的组成

电路通常由电源、负载和中间环节（导线和开关）等基本部分组成。

名　　称	作　　用
电源	将其他形式的能转换成电能
负载	将电能转换成其他形式的能
中间环节	传递、分配和控制电能

2. 电路的基本物理量

名　　称	符　　号	单　　位	主要关系式
电流	I	A	$I = \dfrac{Q}{t}$
电压	U	V	$U_{ab} = \dfrac{W_{ab}}{Q}$
电位	V	V	$V_a = U_{ao}$（o 点为参考点）
电动势	E	V	$E = \dfrac{W_{ba}}{Q}$
电阻	R	Ω	$R = \rho \dfrac{l}{S}$
电功	W	J	$W = UIt = I^2Rt = \dfrac{U^2}{R}t$
电功率	P	W	$P = \dfrac{W}{t} = UI = I^2R = \dfrac{U^2}{R}$

3. 电路的 3 种状态

名　　称	特　　点
通路	$I = \dfrac{E}{R+r}$，$U = E - Ir$
开路	$I = 0$，$U = E$
短路	$I = \dfrac{E}{r}$，$U = 0$

思 考 与 练 习

1. 判断题

（1）电路中参考点改变，各点的电位也将改变。　　　　　　　　　　　　　（　　）

（2）a、b 两点的电压为 3V，其意义是电场力将正电荷从 a 点移到 b 点所做的功为 3J。（　　）

（3）电源电动势等于内、外电压之和。 （　　）

（4）在电路闭合状态下，负载电阻增大，电源端电压就下降。 （　　）

（5）电源内阻为零时，电源电动势大小就等于电源端电压。 （　　）

（6）由公式 $R = \dfrac{U}{I}$ 可知，导体的电阻与它两端的电压成正比，与通过它的电流成反比。（　　）

（7）功率越大的电器，需要的电压一定大。 （　　）

（8）电器正常工作的基本条件是供电电压等于电器的额定电压。 （　　）

（9）把"25W/220V"的灯泡接在"1000W/220V"发电机上时，灯泡会被烧坏。 （　　）

2．选择题

（1）电流强度为 1A 的电流在 1h 内通过某导体横截面的电量是（　　）。

    A．1C   B．60C   C．3600C

（2）负载是将电能转换为（　　）的设备或元器件。

    A．热能   B．光能   C．其他形式能

（3）一段导线的电阻与其两端所加的电压（　　）。

    A．一定有关   B．一定无关   C．可能有关

（4）一段导线其阻值为 R，若将其从中间对折合并成一条新导线，其阻值为（　　）。

    A．$\dfrac{1}{2}R$ B．$\dfrac{1}{4}R$ C．$\dfrac{1}{8}R$

（5）电阻器表面所标志的阻值是（　　）。

    A．实际值   B．标称值   C．实际值或标称值

（6）当负载短路时，电源内压降等于（　　）。

    A．零   B．电源电动势   C．端电压

（7）把一个"12V/6W"的灯泡接入 6V 电路中，通过灯丝的实际电流是（　　）。

    A．1A   B．0.5A   C．0.25A

（8）220V 的照明用输电线，每根导线电阻为 1Ω，通过的电流为 10A，则 10min 内可产生热量为（　　）。

    A．$1×10^4$J   B．$6×10^4$J   C．$6×10^3$J

3．填空题

（1）我们规定_____电荷移动的方向为电流的方向。在金属导体中电流方向与电子的运动方向_____。

（2）某点电位的高低与_____的选择有关。若选择不同，同一点的电位高低可能不同。

（3）电动势的方向规定为电源内部由_____指向_____。

（4）单电源闭合电路中，对外电路来说，电流总是从_____电位流向_____电位；对内电路来说，电流总是从_____电位流向_____电位。

（5）导体的电阻取决于导体的_____、_____和_____等，其表达式为_____。

（6）识别图 1.19 所示色环电阻器：该电阻器的标称阻值是____Ω，允许偏差是_____。

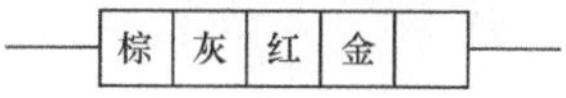

图 1.19　色环电阻器

（7）电炉的电阻是 44Ω，使用时的电流是 5A，则供电线路的电压为＿＿＿＿＿V。

4．计算题

（1）在图 1.20 所示电路中，以 o 点为参考点，$V_a = 10V$，$V_b = 5V$，$V_c = -5V$，试求 U_{ab}、U_{bc}、U_{ac}、U_{ca}。

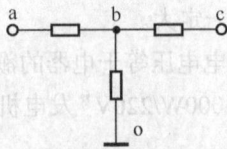

图 1.20　计算题（1）电路图

（2）如图 1.21 所示，已知电源电动势 $E=220V$，内电阻 $r=10Ω$，负载 $R=100Ω$，求：①电路电流；②电源的端电压；③电源的内压降。

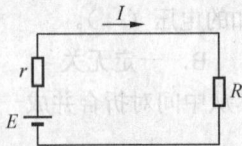

图 1.21　计算题（2）电路图

（3）导体两端的电压是 4V，在 2min 内通过的电量是 24C，求该导体的电阻。

（4）一台电动机，线圈电阻为 0.5Ω，工作时的额定电压为 220V，通过的电流为 4A，当它工作 30min 时，求：①电动机的额定功率；②电流通过电动机做的功；③电动机发出的热量；④有多少电能转化成机械能。

2

直流电路的分析与计算

在实际生活中，有许许多多的直流电路，学习简单电路的连接方式、电路特点和复杂电路的有关定律是我们分析与计算直流电路的关键。

知识目标

◎ 掌握电阻串、并联电路的特点。

◎ 了解电阻混联的概念。

◎ 掌握基尔霍夫定律，能熟练列出节点电流方程和回路电压方程。

◎ 掌握电压源和电流源的概念，能对电压源与电流源进行等效变换。

技能目标

◎ 能运用电阻串、并联电路的特点分析和计算简单电路。

◎ 能运用基尔霍夫定律、电压源与电流源的等效变换分析和计算复杂电路。

2.1 电阻的连接

在实际电路中，负载电阻往往不只一个，而是需要按照一定的连接方式把它们连接起来，最基本的连接方式是串联、并联和混联。

2.1.1 电阻的串联电路

基础知识

1. 电阻的串联

两个或两个以上的电阻，一个接一个地连成一串，使电流只有一条通路的连接方式，称为电阻的串联。图 2.1 所示为由 3 个电阻构成的串联电路。

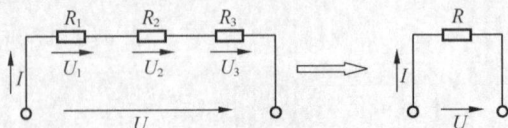

图 2.1 电阻的串联

2. 电阻串联电路的特点

（1）电路中流过每个电阻的电流都相等，即

$$I = I_1 = I_2 = I_3 = \cdots = I_n \tag{2.1}$$

（2）电路两端的总电压等于各电阻两端的电压之和，即

$$U = U_1 + U_2 + U_3 + \cdots + U_n \tag{2.2}$$

（3）电路的等效电阻（即总电阻）等于各串联电阻之和，即

$$R = R_1 + R_2 + R_3 + \cdots + R_n \tag{2.3}$$

电阻的串联在实际工作中应用很广泛。例如，利用电阻的串联可以获得较大阻值的电阻；利用串联构成分压器，可使一个电源提供几种不同的电压；在电工测量中，还可以利用串联电阻的方法来扩大电压表的量程等。

【例 2.1】 现有一表头，满刻度电流 $I_g = 50\mu A$，表头的电阻 $R_g = 3k\Omega$。若要将其改装成量程为 10V 的电压表，应串联一个多大的电阻？

解：当表头满刻度时，它的端电压为

$$U_g = I_g R_g = 50 \times 10^{-6} \times 3 \times 10^3 = 0.15V$$

假设量程扩大到 10V 需要串联电阻 R_b，如图 2.2 所示，则电阻 R_b 两端的电压

$$U_b = U - U_g = 10 - 0.15 = 9.85V$$

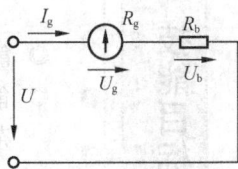

图 2.2 例 2.1 电路图

故电阻

$$R_b = \frac{U_b}{I_g} = \frac{9.85}{50 \times 10^{-6}} = 1.97 \times 10^5 \Omega = 197k\Omega$$

2.1.2 电阻的并联电路

基础知识

1. 电阻的并联

两个或两个以上的电阻接在电路中相同两点之间的连接方式，称为电阻的并联。图 2.3 所示电路是由 3 个电阻构成的并联电路。

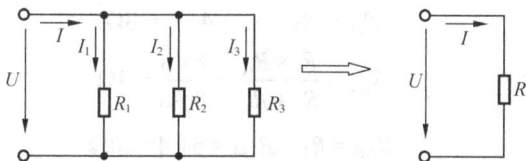

图 2.3 电阻的并联

2. 电阻并联电路的特点

（1）电路中各电阻两端的电压都相等，并且等于电路两端的总电压，即

$$U = U_1 = U_2 = U_3 = \cdots = U_n \tag{2.4}$$

（2）电路中的总电流等于各电阻中的电流之和，即

$$I = I_1 + I_2 + I_3 + \cdots + I_n \tag{2.5}$$

（3）电路的等效电阻（即总电阻）的倒数，等于各并联电阻的倒数之和，即

$$\frac{1}{R} = \frac{1}{R_1} + \frac{1}{R_2} + \frac{1}{R_3} + \cdots + \frac{1}{R_n} \tag{2.6}$$

电阻并联电路的应用也很广泛。例如，利用电阻的并联以获得较小的阻值；将工作电压相同的负载并联使用，可使任何一个负载的工作情况都不会影响其他的负载；在电工测量中，也可用并联电阻的方法来扩大电流表的量程。

【例 2.2】 有一个电流表，其量程 $I_g = 200\mu A$，表头内阻 $R_g = 0.8\Omega$，现将量程扩大到 1mA，应并联一个多大的电阻？

解：要将电流表的量程扩大到 1mA，必须并联一个分流电阻 R_b，如图 2.4 所示，使得 R_b 上通过的电流

$$I_b = I - I_g = 1\,000 - 200 = 800\mu A = 8 \times 10^{-4} A$$

而电阻 R_b 两端电压

$$U_b = U_g = I_g R_g = 200 \times 10^{-6} \times 0.8 = 1.6 \times 10^{-4} V$$

故电阻

$$R_b = \frac{U_b}{I_b} = \frac{1.6 \times 10^{-4}}{8 \times 10^{-4}} = 0.2\Omega$$

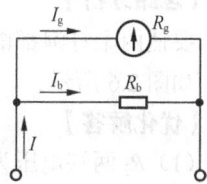

图 2.4 例 2.2 电路图

2.1.3 电阻的混联电路

基础知识

1. 电阻的混联

在一个电路中，既有电阻的串联，又有电阻的并联的连接方式，称为电阻的混联。

2．计算混联电路等效电阻的步骤

（1）把电路整理和简化成容易看清的串联或并联关系。

（2）根据简化的电路进行计算。

【例 2.3】 有一电路，如图 2.5（a）所示，已知电路中的 $R_1 = 6\Omega$，$R_2 = 8\Omega$，$R_3 = R_4 = 4\Omega$，求等效电阻 R_{AB} 是多少？

解： 经分析，R_3、R_4 串联后的阻值为 R_{34}，如图 2.5（b）所示，R_{34} 与 R_2 并联，并联后的阻值为 R_{234}，如图 2.5（c）所示，R_{234} 与 R_1 串联后的阻值为 R_{1234}，如图 2.5（d）所示。

$$R_{34} = R_3 + R_4 = 4 + 4 = 8\Omega$$

$$R_{234} = \frac{R_2 \times R_{34}}{R_2 + R_{34}} = \frac{8 \times 8}{8 + 8} = 4\Omega$$

$$R_{AB} = R_1 + R_{234} = 6 + 4 = 10\Omega$$

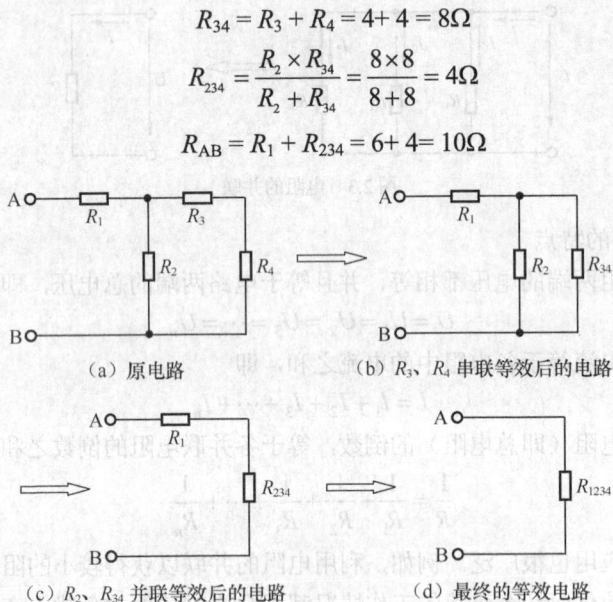

（a）原电路 （b）R_3、R_4 串联等效后的电路

（c）R_2、R_{34} 并联等效后的电路 （d）最终的等效电路

图 2.5　例 2.3 电路图

综合案例

灯泡 A 的额定电压 $U_1 = 6V$，额定电流 $I_1 = 0.5A$；灯泡 B 的额定电压 $U_2 = 5V$，额定电流 $I_2 = 1A$。现有的电源电压 $U = 9V$，问如何接入电阻使两个灯泡都能正常工作？

【思路分析】

要使两个灯泡都能正常工作，必须将两个灯泡分别串上 R_3 与 R_4 再予以并联，然后接通电源，如图 2.6 所示。

【优化解答】

（1）R_3 两端电压为 $U_3 = U - U_1 = 9 - 6 = 3V$

R_3 的阻值为

$$R_3 = \frac{U_3}{I_1} = \frac{3}{0.5} = 6\Omega$$

R_3 的额定功率为

$$P_3 = U_3 I_1 = 3 \times 0.5 = 1.5W$$

所以，R_3 应选 "$6\Omega/1.5W$" 的电阻。

（2）R_4 两端电压为

$$U_4 = U - U_2 = 9 - 5 = 4V$$

R_4 的阻值为

$$R_4 = \frac{U_4}{I_2} = \frac{4}{1} = 4\Omega$$

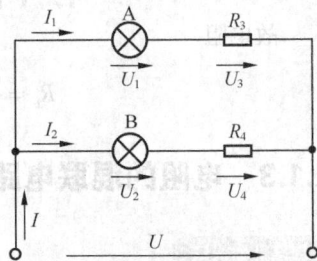

图 2.6　综合案例电路图

R_4的额定功率为　　　　　　　$P_4 = U_4 I_2 = 4 \times 1 = 4\text{W}$

所以，R_4应选"4Ω/4W"的电阻。

作业测评

（1）有两个电阻串联，其中 $R_1=4\Omega$，$R_2=20\Omega$，已知 R_1 两端的电压 $U_1=2\text{V}$，求 R_2 两端的电压 U_2 和电路的总电压 U。

（2）有两个电阻并联，其中 $R_1=10\Omega$，$R_2=20\Omega$，已知 R_1 消耗的功率 $P_1=28\text{W}$，那么 R_2 消耗功率 P_2 为多少？

（3）图 2.7 中，各电阻均为 4Ω。求 a、b 两端的等效电阻 R_{ab}。

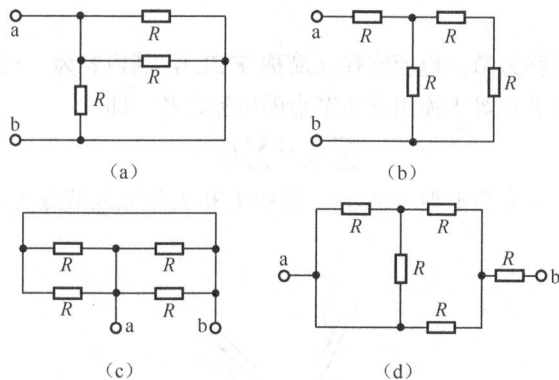

（a）　　　　　（b）

（c）　　　　　（d）

图 2.7 作业测评（3）电路图

2.2　基尔霍夫定律

在实际应用中，按电路结构的不同分为简单电路和复杂电路。凡是能运用电阻串、并联的特点进行简化，然后运用欧姆定律求解的电路为简单电路；否则，就是复杂电路。

2.2.1　复杂电路

基础知识

凡无法用串、并联关系进行简化的电路称为复杂电路。复杂电路不能直接用欧姆定律来求解，但是可以用基尔霍夫定律来进行分析和计算。

下面是有关复杂电路的几个名词术语。

1．支路

由一个或几个元件依次相接构成的无分支电路称为支路。在同一支路中，流过所有元件的电流都相等。在图 2.8 所示电路中，有三条支路，即 bafe、be、bcde 支路，其中 bafe、bcde 两支路中分别含有电源 E_1、E_2，称为有源支路；be 支路不含电源，称为无源支路。

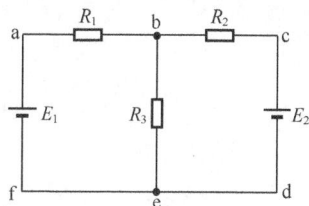

图 2.8 复杂电路示意图

2．节点

3 条或 3 条以上支路的连接点称为节点。图 2.8 中所示电路中的 b 点和 e 点都是节点。

3．回路

电路中任意一个闭合路径称为回路。图 2.8 所示电路中的 abefa、bcdeb、abcdefa 都是回路。

4．网孔

单孔的回路称为网孔。图 2.8 所示电路中只有 abefa、bcdeb 回路是网孔。

2.2.2　基尔霍夫第一定律

基础知识

基尔霍夫第一定律又称为节点电流定律（简称 KCL），其内容为：对于电路中任意一个节点来说，流入某节点的电流之和等于流出这个节点的电流之和，即

$$\sum I_{\text{入}} = \sum I_{\text{出}} \tag{2.7}$$

如图 2.9 所示，有 5 条支路汇聚于 A 点，其中 I_1 和 I_3 是流入节点的，I_2、I_4 和 I_5 是流出节点的，故有 $I_1+I_3=I_2+I_4+I_5$。

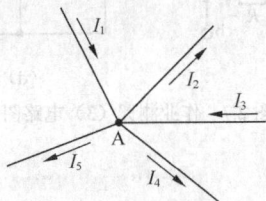

图 2.9　节点图

案例 2.1　　验证基尔霍夫第一定律

本案例通过电流值的测定，验证 $\sum I_{\text{入}} = \sum I_{\text{出}}$。

【操作步骤】

（1）按照图 2.10 所示连接好电路。

（2）确定电路连接无误后，闭合电源开关。

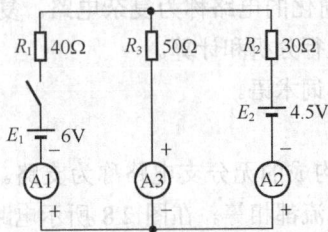

图 2.10　案例 2.1 电路图

（3）分别读出 3 个电流表的数值，将测量数据记入表 2.1。

表 2.1　　　　　　　　　　　　　　　　测量数据记录

I_1	I_2	I_3

（4）分析图中的节点有_____个。

结论：流入节点的电流之和_____流出这个节点的电流之和。

2.2.3　基尔霍夫第二定律

基础知识

基尔霍夫第二定律又称为回路电压定律（简称 KVL）：对于电路中的任一回路，沿回路绕行方向的各段电压的代数和恒等于零，即

$$\sum U = 0 \tag{2.8}$$

应用式（2.8）列方程时，式中各项符号的正、负按下述原则确定：

（1）假设回路绕行方向。

（2）若电压的方向与回路绕行方向一致，则电压取正，反之取负。

另一种表示方法为：在任意一个回路中，电动势的代数和等于各电阻上电压的代数和，即

$$\sum E = \sum IR \tag{2.9}$$

应用式（2.9）列方程时，式中各项符号的正、负按下述原则确定：

（1）假设各支路的电流参考方向和回路绕行方向。

（2）若电动势的方向与回路绕行方向一致，则电动势取正，反之取负。

（3）若电流参考方向与回路绕行方向一致，则电阻上的电压取正，反之取负。

案例 2.2　　验证基尔霍夫第二定律

本案例通过电压值的测定，验证 $\sum U = 0$。

【操作步骤】

（1）按照图 2.11 所示连接好电路。

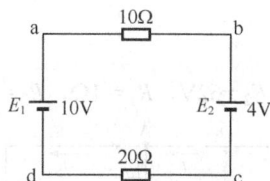
图 2.11　案例 2.2 电路图

（2）确定电路连接无误后，闭合电源开关。

（3）用万用表的直流电压挡分别测量 U_{ab}、U_{bc}、U_{cd}、U_{da}，将测量数据记入表 2.2。

表 2.2　　　　　　　　　　　　　　　　测量数据记录

U_{ab}	U_{bc}	U_{cd}	U_{da}

结论：沿回路绕行方向的各段电压的代数和等于_____。

【例 2.4】　如图 2.12 所示，已知 $E_1 = 20V$，$E_2 = 10V$，$R_1 = 1\Omega$，$R_2 = 3\Omega$，$R_3 = 6\Omega$，$I_1 = 2A$，$I_2 = 4A$，$I_3 = 1A$，试应用基尔霍夫第二定律计算电动势 E_3 的大小。

解：根据式（2.9）得

$$-E_1 + E_2 + E_3 = I_1R_1 - I_2R_2 + I_3R_3$$

故

$$\begin{aligned}
E_3 &= E_1 - E_2 + I_1R_1 - I_2R_2 + I_3R_3 \\
&= 20 - 10 + 2 \times 1 - 4 \times 3 + 1 \times 6 \\
&= 6V
\end{aligned}$$

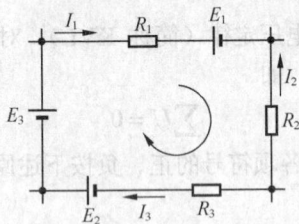

图 2.12　例 2.4 电路图

2.2.4　支路电流法

基础知识

支路电流法是一种求解复杂电路的基本方法。所谓支路电流法就是先假定各支路的电流方向和回路绕行方向，再根据基尔霍夫定律列出方程式进行计算的方法。具体步骤如下。

（1）任意标出各支路的电流方向和回路绕行方向，对于有两个以上电动势的回路，通常取电动势大的方向为回路方向。

（2）根据基尔霍夫第一定律（KCL）列出节点电流方程。

（3）根据基尔霍夫第二定律（KVL）列出回路电压方程。

（4）联立方程求出各支路的电流，并确定各支路电流的实际方向。

综合案例

在图 2.13 所示电路中，已知 $E_1 = E_2 = 62V$，$R_1 = 1\Omega$，$R_2 = 2\Omega$，$R_3 = 20\Omega$，求各支路的电流。

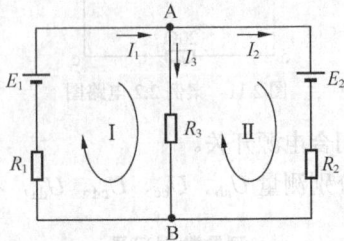

图 2.13　综合案例电路图

【思路分析】

本案例的关键是正确运用基尔霍夫定律列出节点电流方程和回路电压方程。

【优化解答】

假定各支路的电流方向和回路绕行方向如图 2.13 所示，根据基尔霍夫定律，有

节点 A $\qquad\qquad\qquad\qquad I_1 = I_2 + I_3$

回路 I $\qquad\qquad\qquad\qquad E_1 = I_1 R_1 + I_3 R_3$

回路 II $\qquad\qquad\qquad\quad -E_2 = I_2 R_2 - I_3 R_3$

联立方程并代入已知数值

$$\begin{cases} I_1 = I_2 + I_3 \\ I_1 + 20 I_3 = 62 \\ 2 I_2 - 20 I_3 = -62 \end{cases}$$

解得

$$\begin{cases} I_1 = 2\text{A} \\ I_2 = -1\text{A} \\ I_3 = 3\text{A} \end{cases}$$

从计算结果可以看出：电流为正，就是电流的实际方向与假设的电流方向相同；电流为负，就是电流的实际方向与假设的电流方向相反。

作业测评

（1）如图 2.14 所示，支路数为_____，节点数为_____，回路数为_____，网孔数为_____。

（2）在图 2.15 中，已知 E_1=3V，E_2=12V，R_1=50Ω，R_3=80Ω，流过 R_1 的电流 I_1=8mA，求 R_2 的大小及通过 R_2 电流的大小和方向。

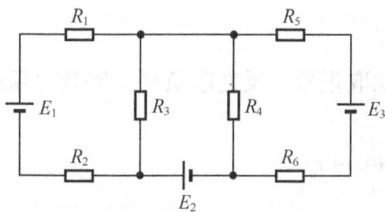

图 2.14　作业测评（1）电路图

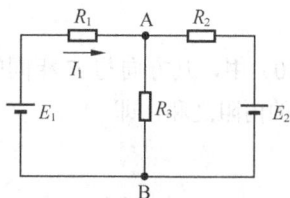

图 2.15　作业测评（2）电路图

2.3 电压源与电流源的等效变换

电源根据其外特性可分为电压源和电流源两种类型，掌握电压源和电流源的概念以及它们之间的等效变换，将使某些复杂电路的分析与计算大为简化。

2.3.1 电压源

基础知识

用一个恒定电动势 E 与内阻 r 串联表示的电源称为电压源，电压源的符号如图 2.16 所示。大多数电源，如干电池、蓄电池、发电机等都可以这样表示。

当电压源向负载 R 输出电压时，如图 2.17 所示，电源的端电压 U 总是小于它的恒定电动势 E。端电压 U 与输出电流 I 之间有如下关系：

$$U = E - Ir$$

式中，E、r 均为常数，所以随着 I 增加，内阻 r 上的电压降增大，输出电压就降低，因此要求电压源的内阻越小越好。如果内阻 $r = 0$ 时，那么，不管负载变动时输出电流 I 如何变化，电压源始终输出恒定的电压 E，我们把内阻 $r = 0$ 的电压源称为理想电压源，其符号如图 2.18 所示。

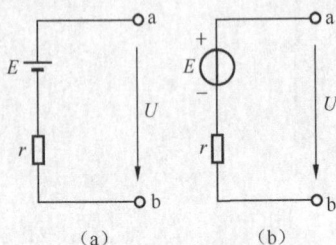

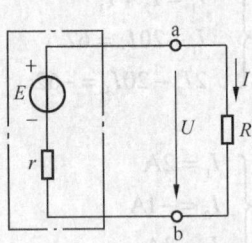

图 2.16　电压源　　　　　图 2.17　电压源的输出　　　图 2.18　理想电压源符号

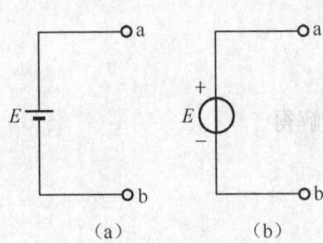

在应用中，稳压电源、新电池或内阻 r 远小于负载阻值 R 的电源，都可看作是理想电压源。理想电压源的输出电压不随负载 R 变化，也不受输出电流 I 的影响。实际上理想电压源是不存在的，因为电源总是存在着内阻。

n 个电压源串联时，可以合并为一个等效电压源。如图 2.19 所示，等效电压源的电动势等于各个电压源的电动势的代数和，即

$$E = \sum_{k=1}^{n} E_k \qquad\qquad (2.10)$$

在式（2.10）中，凡方向与 E 相同的电动势均取正号，反之取负号。等效电压源的内阻等于各串联电压源的内阻之和，即

$$r = r_1 + r_2 + \cdots + r_n \qquad\qquad (2.11)$$

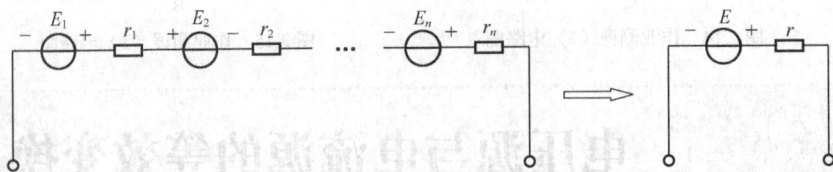

图 2.19　串联电压源的等效电压源

【例 2.5】　电路如图 2.20（a）所示，求其等效电压源。

解：根据式（2.10）得

$$E = E_1 - E_2 = 15 - 6 = 9\text{V}$$

根据式（2.11）得

$$r = r_1 + r_2 = 3 + 3 = 6\Omega$$

故等效电压源的电动势 E 为 9V，内阻 r 为 6Ω，如图 2.20（b）所示。

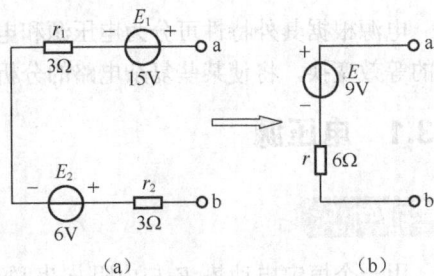

图 2.20　例 2.5 电路图

2.3.2 电流源

基础知识

用一个恒定电流 I_s 与内阻 r 并联表示的电源称为电流源，电流源的符号如图 2.21 所示。实际中的稳流电源、光电池、串励（串激）直流发电机等可看作是电流源。

当电流源向负载 R 输出电流时，如图 2.22 所示。它所输出的电流 I 总是小于电流源的恒定电流 I_s。电流源的端电压 U 与输出电流 I 的关系为

$$I = I_s - \frac{U}{r}$$

由比可知，电流源内阻 r 越大，则负载变化而引起的电流变化就越小。也就是说，电流源输出越稳定，I 越接近 I_s 值。如果电流源内阻 r 为无穷大，则不论由负载变化引起的端电压如何变化，它所输出的电流恒定不变，而且等于电流源的恒定电流 I_s，即 $I=I_s$。所以，内阻 $r \rightarrow \infty$ 的电流源称为理想电流源，其符号如图 2.23 所示。

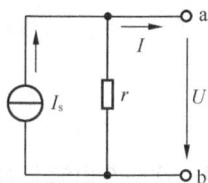

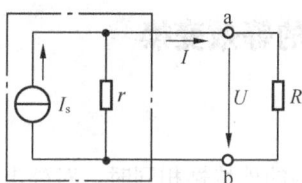

图 2.21 电流源　　　图 2.22 电流源的输出　　　图 2.23 理想电流源

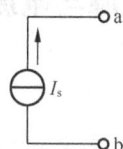

理想电流源的端电压与负载电阻 R 的大小有关，即

$$U = IR = I_s R$$

可见，负载电阻 R 越大，U 也越大。实际上理想电流源是不存在的，因为电源内阻不可能无穷大。

当 n 个电流源并联时，可以合并为一个等效电流源，如图 2.24 所示。等效电流源的电流等于各个电流源的电流的代数和，即

$$I_s = \sum_{k=1}^{n} I_{sk} \tag{2.12}$$

在式（2.12）中，凡参考方向与 I_s 相同的电流取正号，反之取负号。等效内阻的倒数等于各并联电流源的内阻的倒数之和，即

$$\frac{1}{r} = \frac{1}{r_1} + \frac{1}{r_2} + \cdots + \frac{1}{r_n} \tag{2.13}$$

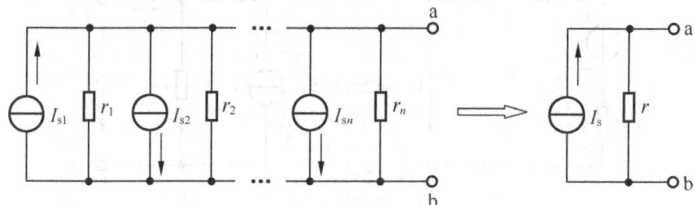

图 2.24 并联电流源的等效电流源

【例 2.6】　如图 2.25（a）所示，求出其等效电流源。

解：根据式（2.12）得

$$I_s = I_{s1} - I_{s2} = 15 - 10 = 5A$$

根据式（2.13）得

$$r = \frac{r_1 r_2}{r_1 + r_2} = \frac{3 \times 6}{3 + 6} = 2\Omega$$

故等效电流源的电流 I_s 为 5A，内阻 r 为 2Ω，如图 2.25（b）所示。

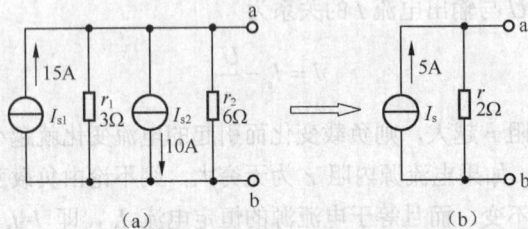

图 2.25　例 2.6 电路图

2.3.3　电压源与电流源的等效变换

基础知识

当一个电压源与一个电流源的外特性相同时，对外电路来说，这两个电源是等效的。也就是说，在满足一定条件下，两种电源之间能够实现等效变换。

由于电压源的 U 与 I 的关系为

$$U = E - Ir$$

即

$$I = \frac{E}{r} - \frac{U}{r}$$

又由于电流源的 U 与 I 的关系为

$$I = I_s - \frac{U}{r}$$

为了保证电源外特性完全相同（即输出的电流、电压一样），如图 2.26 所示，等式右侧的两项必须对应相等。那么，电压源变换为等效电流源，则有 $I_s = \dfrac{E}{r}$，内阻 r 数值不变，改为并联；电流源变换为等效电压源，则有 $E = I_s r$，内阻 r 数值不变，改为串联。

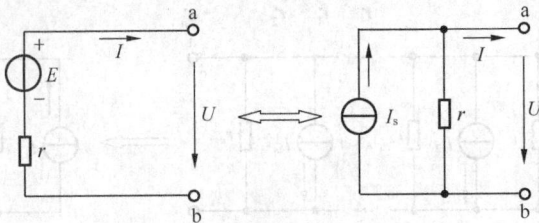

图 2.26　电压源与电流源的等效变换

两种电源等效变换时，应注意以下几点。

（1）等效变换仅仅是对外电路而言，对于电源内部并不等效。

（2）在变换过程中，电压源的电动势 E 的方向和电流源的电流 I_s 的方向必须保持一致，即电压源的正极与电流源输出电流的一端相对应。

（3）理想电压源与理想电流源之间不能进行等效变换。

综合案例

如图 2.27（a）所示，$E_1=10V$，$E_2=8V$，$R_1=R_2=R_3=2\Omega$，求电阻 R_3 中的电流 I_3。

【思路分析】

本案例先把电压源等效变换成电流源，再把两个电流源合并成一个电流源，最后把电流源等效变换成电压源，并根据欧姆定律求出电流。

【优化解答】

将 E_1、R_1 和 E_2、R_2 两个电压源支路等效转换成 I_{s1}、R_1 和 I_{s2}、R_2 两个电流源支路，如图 2.27（b）所示。

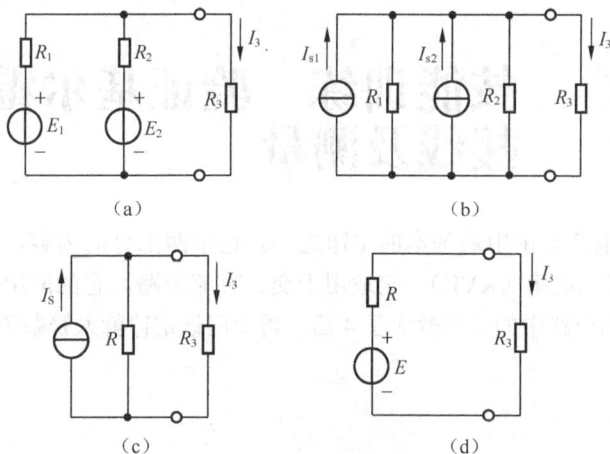

图 2.27 综合案例电路图

$$I_{s1} = \frac{E_1}{R_1} = \frac{10}{2} = 5A$$

$$I_{s2} = \frac{E_2}{R_2} = \frac{8}{2} = 4A$$

将两个并联的电流源合并为一个电流源，如图 2.27（c）所示。

$$I_s = I_{s1} + I_{s2} = 5 + 4 = 9A$$

$$R = \frac{R_1 R_2}{R_1 + R_2} = \frac{2 \times 2}{2 + 2} = 1\Omega$$

再将电流源等效转换成电压源，如图 2.27（d）所示。

$$E = I_s R = 9 \times 1 = 9V$$

根据全电路欧姆定律可得电阻 R_3 中的电流

$$I_3 = \frac{E}{R + R_3} = \frac{9}{1 + 2} = 3A$$

作业测评

（1）电压源变换为等效电流源的公式为_____，内阻 r 数值_____，改为_____联；电流源变换为等效电压源的公式为_____，内阻 r 数值_____，改为_____联。

（2）试用电源等效变换的方法化简如图 2.28 所示电路。

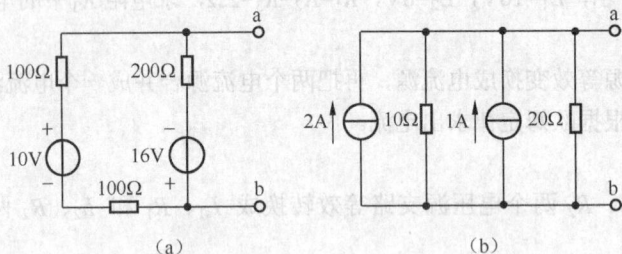

图 2.28　作业测评（2）电路图

2.4　技能训练　验证基尔霍夫定律的接线及测量

基尔霍夫定律是电路理论中最基本的定律之一，包括两部分的内容，即基尔霍夫第一定律（KCL）和基尔霍夫第二定律（KVL），它适用于交、直流电路。它的应用解决了部分复杂电路的分析与计算问题。当电路中的支路数大于 4 后，再使用该定律就太繁杂了，而应用其他定理进行求解会更方便。

基础知识

对于某一个电路来说，判别其是简单电路还是复杂电路，不是看其使用电子元器件的多少，关键在于其是否能应用欧姆定律和电路串、并联的特点进行求解。不论电路使用了多少个电子元器件，若能应用电路串、并联的特点和欧姆定律进行求解的即为简单电路，否则即为复杂电路。

（1）基尔霍夫第一定律（KCL）的内容：对于电路中任意一个节点来说，流入某节点的电流之和恒等于流出该节点的电流之和，即 $\sum I_\lambda = \sum I_{出}$。

（2）基尔霍夫第二定律（KVL）的内容：对于电路中的任一回路，沿回路绕行方向的各段电压的代数和等于零，即 $\sum U = 0$。

其另一种表述：在任一闭合回路中，各个电动势的代数和等于各电阻上电压的代数和，即 $\sum E = \sum IR$。

【实验目标】

（1）加深对基尔霍夫定律内容的理解，明确其用途。

（2）加深对电路中电压、电流参考方向的理解，明确其与电压、电流实际方向的关系。

（3）学会应用基尔霍夫定律来解决复杂电路的计算问题。

【实验条件】

实验条件如表 2.3 所示。

表 2.3　　　　　　　　　　　　　实验条件

序　号	代　号	名　　称	规　　格	数　量	单　位
1	R	电阻	100Ω、200Ω、300Ω	各 1	个
2		导线		若干	根
3	E	直流稳压电源	$0\sim12V$	2	台
4	A	直流电流表	$0\sim100mA$	3	个
5		万用表		1	个

【操作步骤】

（1）按图 2.29 所示连接好电路。

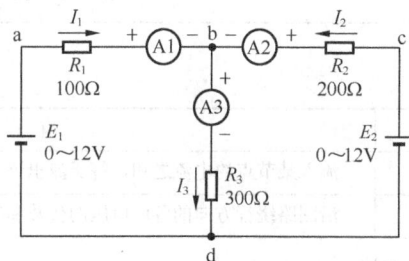

图 2.29　验证基尔霍夫定律电路

（2）将电源 E_1、E_2 按表 2.4 中的要求进行调整。

（3）待确认电路连接无误后，闭合电源开关，观察电流表有无异常现象。若发现电流表指针反转，应立即切断电源，调换电流表的极性后重新通电。

（4）分别读出 3 个电流表的数值 I_1、I_2、I_3 并记入表 2.4 中。

（5）用万用表的直流电压挡分别测量 3 个电阻上的电压 U_{ab}、U_{bd}、U_{cb}，注意表笔的正、负极性，将数值记入表 2.4 中。

表 2.4　　　　　　　　　　　　测量结果记录表

E_1/V	E_2/V	I_1/mA	I_2/mA	I_3/mA	U_{ab}/V	U_{bd}/V	U_{cb}/V
12	12						
9	12						
12	10						

【思考与能力检测】

（1）将所记录的数据进行计算，验证基尔霍夫第一定律和基尔霍夫第二定律的正确性。

（2）基尔霍夫定律可应用于哪些元器件组成的电路？

本 章 小 结

1．电阻串、并联电路的特点

名　　称	串　　联	并　　联
电流	电流处处相等 $I = I_1 = I_2 = I_3 = \cdots = I_n$	总电流等于各支路电流之和 $I = I_1 + I_2 + I_3 + \cdots + I_n$
电压	总电压等于各电阻上的电压之和 $U = U_1 + U_2 + U_3 + \cdots + U_n$	各电阻两端的电压都相等 $U = U_1 = U_2 = U_3 = \cdots = U_n$
电阻	等效电阻等于各电阻之和 $R = R_1 + R_2 + R_3 + \cdots + R_n$	等效电阻的倒数等于各电阻的倒数之和 $\dfrac{1}{R} = \dfrac{1}{R_1} + \dfrac{1}{R_2} + \dfrac{1}{R_3} + \cdots + \dfrac{1}{R_n}$

2．电路的基本定律

名　　称	内　　容
基尔霍夫第一定律（KCL）	流入某节点的电流之和，等于流出该节点的电流之和，即 $\sum I_入 = \sum I_出$
基尔霍夫第二定律（KVL）	沿回路绕行方向的各段电压的代数和等于零，即 $\sum U = 0$

3．电压源与电流源的等效变换

（1）电压源等效变换为电流源：$I_s = \dfrac{E}{r}$，内阻 r 不变，但要将其改为并联。

（2）电流源等效变换为电压源：$E = I_s r$，内阻 r 不变，但要将其改为串联。

思 考 与 练 习

1．判断题

（1）电路中任一回路都可以称为网孔。　　　　　　　　　　　　　　　　　　　　（　　）

（2）回路是构成复杂电路的基本单元。　　　　　　　　　　　　　　　　　　　　（　　）

（3）运用支路电流法解复杂电路时，不一定以支路电流为未知量。　　　　　　　　（　　）

（4）正数才能表示电流的大小，所以电流无负值。　　　　　　　　　　　　　　　（　　）

（5）任意假定支路电流方向都会带来计算错误。　　　　　　　　　　　　　　　　（　　）

（6）利用基尔霍夫第一定律列节点电流方程时，必须已知电流的实际方向。　　　　（　　）

（7）利用基尔霍夫第二定律列回路电压方程时，所设的回路绕行方向不会影响计算结果的大小。　　　　　　　　　　　　　　　　　　　　　　　　　　　　　　　　　　　（　　）

（8）在复杂电路中，各支路中元器件是串联的，流过它们的电流是相等的。　　　　（　　）

2. 选择题

（1）标明"100Ω/4W"和"100Ω/25W"的两个电阻串联时，允许加的最大电压是（   ）。

    A．40V   B．70V   C．140V

（2）在图 2.30 所示电路中，开关 S 闭合与打开时，电阻 R 上所流过的电流之比为 4：1，则 R 的值为（   ）。

    A．40Ω   B．20Ω

    C．60Ω

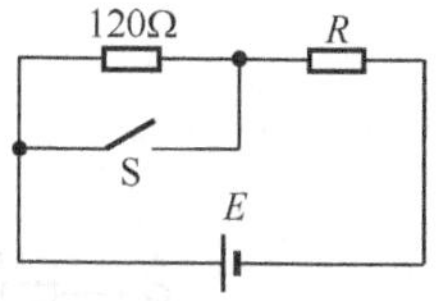

图 2.30　选择题（2）电路图

（3）标明"100Ω/4W"和"100Ω/25W"的两个电阻并联时，允许通过的最大电流是（   ）。

    A．0.7A   B．0.4A

    C．1A

（4）R_1 和 R_2 是两个并联电阻，$R_1=2R_2$，且 R_1 上消耗的功率是 1W，则 R_2 上消耗的功率是（   ）。

    A．1W   B．2W   C．4W

3. 填空题

（1）有两个电阻 R_1 和 R_2，已知 $R_1 : R_2 = 1 : 4$。若它们在电路中串联，则电阻上的电压比 $U_1 : U_2 =$＿＿＿＿；电阻上的电流比 $I_1 : I_2 =$＿＿＿＿；它们消耗的功率比 $P_1 : P_2 =$＿＿＿＿。

（2）白炽灯 A 的额定电压为 220V、功率为 100W，白炽灯 B 的额定电压为 220V、功率为 25W，将它们串联后接在 220V 的电压下，白炽灯 A 的端电压是＿＿＿＿V，白炽灯 B 的端电压是＿＿＿＿V。白炽灯 B 消耗的功率是白炽灯 A 的＿＿＿＿倍。

（3）在图 2.31 所示电路中，已知 I=3A，$I_1 = 2$A，则 $I_2 =$＿＿＿＿A，$R_2 =$＿＿＿＿Ω。

（4）在图 2.32 所示电路中，若流过 6Ω 电阻的电流为 8A，则流过 4Ω 电阻的电流为＿＿＿＿A；Λ、B 两点间的电压为＿＿＿＿V。

（5）如图 2.33 所示，$E = 4.5$V，$R_1 = R_2 = 18$Ω，$R_3 = R_4 = 9$Ω，电压表的读数为＿＿＿＿V。

（6）分析和计算复杂电路的主要依据是＿＿＿＿定律和＿＿＿＿定律。

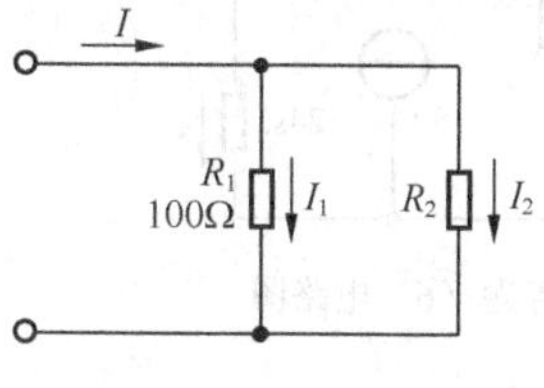

图 2.31　填空题（3）电路图 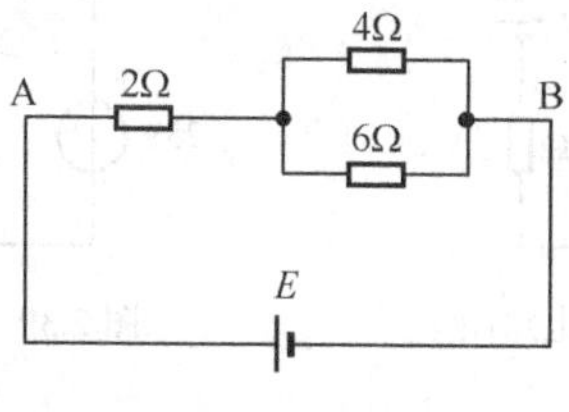   图 2.32　填空题（4）电路图 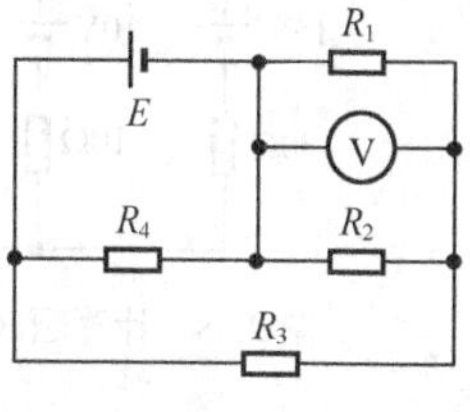   图 2.33　填空题（5）电路图

4. 计算题

（1）在图 2.34 所示电路中，电流表 A1 的读数为 9A，电流表 A2 的读数为 3A，R_1=4Ω，R_2=6Ω。计算总电阻 R 是多少，电阻 R_3 是多少？

（2）试求图 2.35 所示各电路的等效电阻 R_{AB} 的值。

（3）已知电路如图 2.36 所示，求 I。

（4）已知电路如图 2.37 所示，求 U_{ab}。

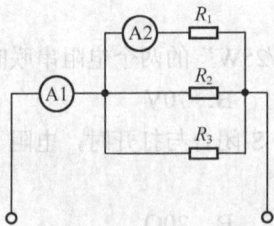

图 2.34　计算题（1）电路图

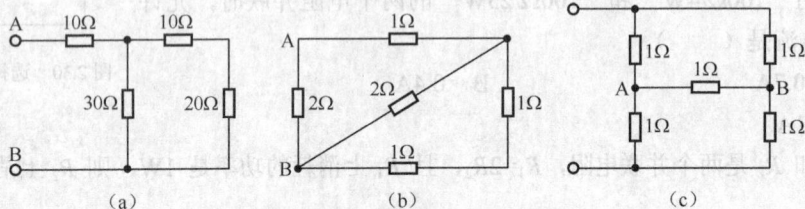

(a)　　　　　　　　(b)　　　　　　　　(c)

图 2.35　计算题（2）电路图

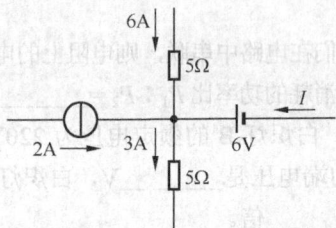

图 2.36　计算题（3）电路图　　　　图 2.37　计算题（4）电路图

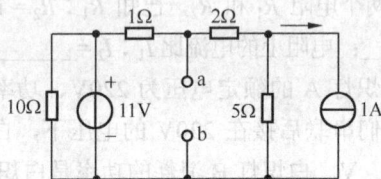

（5）已知电路如图 2.38 所示，试用支路电流法求各支路电流。

（6）试用电压源与电流源的等效变换，求图 2.39 所示电路中的 U 和 I。

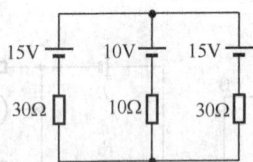

图 2.38　计算题（5）电路图　　　　图 2.39　计算题（6）电路图

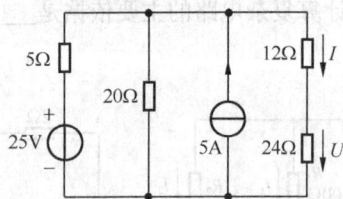

5. 操作题

在楼梯处安装一只电灯，楼梯上、下各装一个开关，试设计一个电路，使人上楼或下楼时拨动一个开关灯就亮；通过楼梯后拨动另一个开关灯就灭。

第 3 章

磁场与电磁感应

　　电和磁是相互联系且不可分割的两种基本现象，几乎所有的电气设备都与电和磁有关。本章主要学习磁场的基本知识和电磁感应的基本定律。

知识目标

◎ 了解磁场的基本知识，理解电流的磁效应和安培定则，掌握电磁铁的基本结构与工作原理。

◎ 熟悉磁场的 4 个主要物理量。

◎ 掌握磁场对电流的作用和左手定则。

◎ 了解铁磁物质的磁化和分类。

◎ 理解电磁感应现象，并掌握电磁感应定律和楞次定律。

◎ 掌握自感、互感的基本知识。

技能目标

◎ 能运用安培定则判断电流产生的磁场方向。

◎ 能运用左手定则判断电磁力的方向。

◎ 能运用楞次定律或右手定则判断感应电动势和感应电流的方向。

3.1　磁场

两根互不接触的条形磁铁之间存在着相互作用力，这种相互作用力是如何实现的呢？让我们先来学习磁场的一些基础知识。

3.1.1　磁场的基础知识

基础知识

具有吸引铁、镍、钴等物质的性质称为磁性。具有磁性的物质称为磁体。磁体有天然磁体和人造磁体两种。天然磁体是一种磁铁矿石，磁性并不很强；实际中应用的大多数是人造磁体，常见的人造磁体有条形磁体、马蹄形磁铁和针形磁铁，如图 3.1 所示。

磁体上磁性最强的地方称为磁极。如果把条形磁体或针形磁体的中心支撑或悬挂起来，使它在水平面上能自由转动，当它静止时，总是一端向南，另一端向北。指向北的一端称为磁体的北极，或称 N 极；指向南的一端称为磁体的南极，或称 S 极。磁体具有同名磁极互相排斥，异名磁极互相吸引的特性，磁极间的相互作用力称为磁力。

磁体周围磁力作用的空间称为磁场。磁场是一种看不见的特性物质，在磁场中，小磁针静止时 N 极所指的方向，就是磁场的方向。为了直观地把磁场描绘出来，通常引用一些曲线，这些表示磁场状态的曲线称为磁感应线，简称为磁感线，如图 3.2 所示。

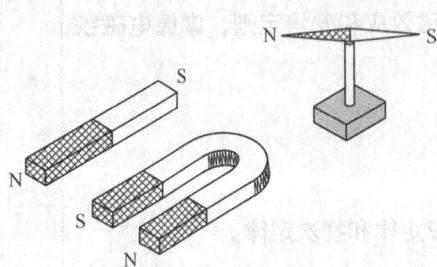

图 3.1　人造磁体　　　　　　　　　　　　　　图 3.2　磁感线

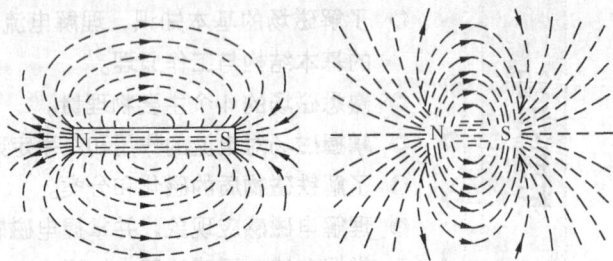

磁感线具有以下几个特征。

（1）磁感线是互不相交的闭合曲线，在磁体外部由 N 极指向 S 极，在磁体内部由 S 极指向 N 极。

（2）磁感线上任意一点的切线方向，就是该点的磁场方向。

（3）磁感线越密集的地方磁场越强，磁感线越稀疏的地方磁场越弱。

想一想　有人说：“磁感线始于 N 极，止于 S 极。”这种说法全面吗？

3.1.2 电流的磁场

基础知识

实验证明，不仅永久磁铁周围存在着磁场，在通电导体的周围也存在着磁场，即"电能生磁"。如果在导体的周围放置小磁针，当导体中通过电流时，小磁针将发生偏转，这就是通电导体周围所产生的磁场对小磁针作用的结果。这种电流能产生磁场的现象，称为电流的磁效应。

1. 通电直导体的磁场

通电导体中的电流方向决定了该导线周围磁场的方向。通电直导体的磁感线方向与电流方向之间的关系可以用安培定则（也称为右手螺旋定则）来判定，即：用右手握住直导体，让伸直的大拇指所指的方向与电流方向一致，那么弯曲的四指所指的方向就是磁感线的环绕方向，如图 3.3 所示。

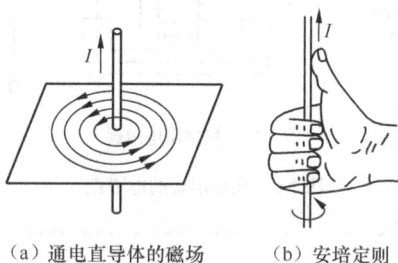

（a）通电直导体的磁场　　（b）安培定则

图 3.3　通电直导体的磁场

2. 通电螺线管的磁场

通电螺线管的磁感线方向与电流方向之间的关系，也可以用安培定则来判定，即用右手握住螺线管，让弯曲的四指所指的方向与电流方向一致，大拇指所指的方向就是螺线管内部磁感线的方向，也就是通电螺线管的 N 极，如图 3.4 所示。

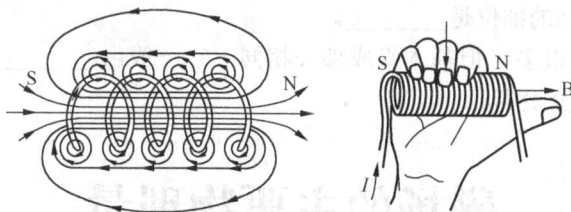

图 3.4　通电螺线管的磁场

3.1.3　电磁铁

基础知识

应用电流产生磁场的原理，利用磁能吸引铁的特性而制成的一种电器，称为电磁铁。电磁铁的形式很多，但基本组成部分相同，一般由励磁线圈、铁心和衔铁 3 个主要部分组成，如

图 3.5 所示。

当励磁线圈中通过一定数值的电流时，铁心被磁化并对衔铁产生电磁吸力，将衔铁吸向铁心。线圈断电后，电磁吸力消失，衔铁借助反作用弹簧的作用力返回原来位置（复位）。

电磁铁按照励磁电流的不同可分为直流电磁铁和交流电磁铁两大类。在直流电磁铁中，铁心是用整块铸钢、软钢或工程纯铁制成的；而在交流电磁铁中，铁心是由经过绝缘处理后的多层很薄的硅钢片叠制而成的。按照用途和结构特点，又可分为起重用电磁铁和控制、保护用电磁铁，如图 3.6 所示。

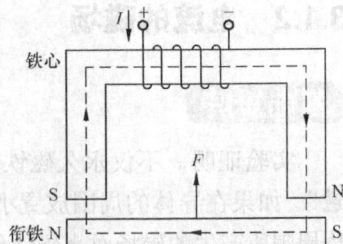

图 3.5　电磁铁原理图

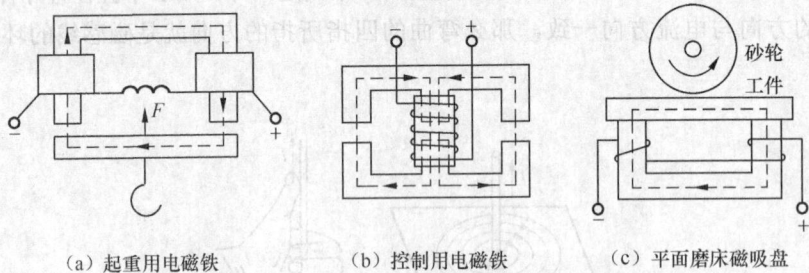

（a）起重用电磁铁　　　　　　（b）控制用电磁铁　　　　　　（c）平面磨床磁吸盘

图 3.6　几种形式的电磁铁

> **想一想**　若交流电磁铁在吸合过程中衔铁被卡住，会出现什么现象？

由于电磁铁具有动作迅速、灵敏、容易控制等优点，在日常生活和工农业生产，特别是远距离控制以及自动化、半自动化设备中，常用电磁铁代替人工完成各种搬运、控制和保护工作。

作业测评

（1）磁体中磁性最强的部位是_____。

（2）电磁铁的形式很多，但基本组成部分相同，它一般由_____、_____和_____ 3 个主要部分组成。

3.2　磁场的主要物理量

3.2.1　磁通

基础知识

为了表示磁场在空间的分布情况，可以用磁感线的多少和疏密程度来描述，但它只能进行定性分析。为此，引入了磁通这一物理量来定量描述磁场在某一面积上的分布情况。

通过与磁场方向垂直的某一面积上的磁感线的总数，称为通过该面积的磁通量，简称磁通，

用字母 Φ 表示，单位为韦伯（Wb），简称韦。

当面积一定时，通过该面积的磁通量越多，磁场就越强。这一点在工程上有极其重要的意义，如变压器、电磁铁提高效率的重要因素之一就是减小漏磁通，也就是希望全部磁感线尽可能多地通过铁心的截面，以减少漏磁通损耗，提高效率。

3.2.2 磁感应强度

基础知识

为了研究磁场中各点的强弱和方向，我们引入了磁感应强度这一物理量，用字母 B 来表示。

与磁场方向垂直的单位面积上的磁通，称为磁感应强度。在均匀磁场中，磁感应强度可表示为

$$B = \frac{\Phi}{S} \tag{3.1}$$

式中：B——均匀磁场的磁感应强度，T；

Φ——垂直通过某一面积上的磁通，Wb；

S——与磁场方向垂直的某一截面的面积，m^2。

磁感应强度不但表示某点磁场的强弱，而且还能表示出该点磁场的方向。因此，磁感应强度是个矢量。磁感线上某点的切线方向，就是该点磁感应强度的方向。

若磁场中各点的磁感应强度的大小和方向都相同，这种磁场就称为均匀磁场。在均匀磁场中，磁感线是等距离的平行直线，如图3.7所示。

图3.7 均匀磁场

为了在平面上表示出立体图，常用符号"×"与"·"表示电流、磁感线或磁感应强度垂直进入纸面和垂直从纸面出来，今后在看图时应予以注意。

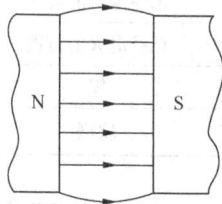

3.2.3 磁导率

基础知识

如果在通电线圈中间插入一根铁棒，磁场会大大增强，如果插入一根铜棒，磁场并不会增强，这主要是由于铁和铜这两种不同的物质的导磁性能不同。

为了表征物质的导磁性能，我们引入了磁导率（导磁系数）这个物理量，用字母 μ 表示，单位为亨利/米（H/m）。由实验测得真空中的磁导率 $\mu_0 = 4\pi \times 10^{-7} H/m$，且为一常数。

世界上大多数物质对磁场的影响甚微，只有少数物质对磁场有着明显的影响。为了比较物质的导磁性能，我们把任一物质的磁导率与真空中的磁导率的比值称为相对磁导率，用字母 μ_r 表示，则

$$\mu_r = \frac{\mu}{\mu_0} \tag{3.2}$$

式中：μ_r——相对磁导率；

μ——任一物质的磁导率，H/m；

μ_0——真空的磁导率，H/m。

相对磁导率只是一个比值，无单位。它表明在其他条件相同情况下，媒介质中的磁感应强度是真空中的多少倍。

根据磁导率的不同，可把物质分成 3 类。一类为顺磁物质，如空气、铝、铬、铂等，其 μ_r 稍大于 1。另一类为反磁物质，如氢、铜等，其 μ_r 稍小于 1。顺磁物质与反磁物质统称为非铁磁物质。还有一类为铁磁物质（又名磁性材料），如铁、镍、钴及其合金等。它们的相对磁导率 μ_r 远大于 1，往往比真空中产生的磁场要强几千甚至几万倍以上。例如，硅钢片的相对磁导率 μ_r 为 7500 左右，而坡莫合金的相对磁导率则高达几万到十万以上。所以铁磁物质被广泛地应用在电工技术方面（如制作变压器、继电器、电磁铁、电机等电器的铁心），计算机甚至火箭等尖端技术也离不开铁磁物质。

几种常用铁磁物质的相对磁导率 μ_r 如表 3.1 所示。

表 3.1　　　　　　　　　几种常用铁磁物质的相对磁导率

铁 磁 物 质	相对磁导率	铁 磁 物 质	相对磁导率
钴	174	已经退火的铁	7000
未经退火的铸铁	240	硅钢片	7500
已经退火的铸铁	620	真空中熔化的电解铁	12 950
镍	1120	镍铁合金	60 000
软钢	2180	C 形坡莫合金	115 000

3.2.4　磁场强度

基础知识

若将图 3.8 中所示的圆环线圈置于真空中（环内不放任何导磁材料），那么此通电线圈的磁感应强度的大小将与圆环的周长、线圈的匝数以及电流强度有关。实验证明，它们之间的关系为

$$B_0 = \mu_0 \frac{NI}{l} \tag{3.3}$$

式中：B_0——通电线圈在真空中的磁感应强度，T；

μ_0——真空的磁导率，H/m；

N——圆环线圈的匝数；

I——线圈中的电流，A；

l——圆环的平均长度，m。

当把圆环线圈从真空中取出，并在其中填入相对磁导率为 μ_r 的媒介质时，磁感应强度将是真空中的 μ_r 倍，即

$$B = \mu_r \mu_0 \frac{NI}{l} = \mu \frac{NI}{l} \tag{3.4}$$

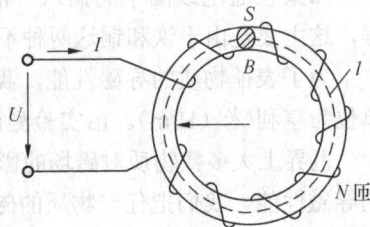

图 3.8　圆环线圈

由式（3.3）和式（3.4）看出，不同的媒介质将有不同的磁感应强度 B，这样磁场的计算比较复杂，为了使计算方便，我们引入了磁场强度这个物理量。

磁场中某点的磁感应强度 B 与媒介质的磁导率 μ 的比值，称为该点的磁场强度，用字母 H

表示，单位为安培/米（A/m），简称安/米，即

$$H = \frac{B}{\mu} \tag{3.5}$$

将式（3.4）代入式（3.5），得

$$H = \frac{B}{\mu} = \frac{NI}{l} \tag{3.6}$$

式（3.6）表明：磁场强度的数值只与电流的大小及导线的形状有关，而与磁场媒介质的磁导率无关，这给工程计算带来了很大的方便。

磁场强度也是一个矢量，在均匀媒介质中，它的方向和磁感应强度的方向一致。

综合案例

一空心环形螺管线圈，匝数为 10^3 匝，内径 d_1 为 0.2m，外径 d_2 为 0.3m，当流入 5A 的电流时，试求线圈的 H、B、Φ 值。

【思路分析】

本案例的关键是求出螺管线圈的平均长度和横截面积，再根据公式 $H = \dfrac{NI}{l}$、$B = \mu H$ 和 $\Phi = BS$ 来解题。

【优化解答】

螺管线圈的平均长度　　$l = 2\pi \times \left(\dfrac{d_1 + d_2}{4}\right) = 2\pi \times \left(\dfrac{0.2 + 0.3}{4}\right) = 0.785\text{m}$

螺管线圈的横截面积　　$S = \pi \times \left(\dfrac{0.3 - 0.2}{4}\right)^2 = 1.963 \times 10^{-3}\ \text{m}^2$

磁场强度　　　　　　　$H = \dfrac{NI}{l} = \dfrac{10^3 \times 5}{0.785} = 6.37 \times 10^3\ \text{A/m}$

磁感应强度　　　　　　$B = \mu H = 4\pi \times 10^{-7} \times 6.37 \times 10^3 = 8 \times 10^{-3}\ \text{T}$

磁通　　　　　　　　　$\Phi = BS = 8 \times 10^{-3} \times 1.963 \times 10^{-3} = 1.57 \times 10^{-5}\ \text{Wb}$

作业测评

（1）表征物质导磁性能的物理量是_____，它的单位为_____。

（2）根据物质的相对磁导率的不同，把物质分成_____、_____和_____ 3类。

（3）通电线圈插入铁心后，它的磁场强度将_____。

3.3　磁场对电流的作用

3.3.1　磁场对通电直导体的作用

基础知识

我们已经知道，如果把两块磁体放在一起会有相互作用力，它们之间的相互作用力是通过磁

场来实现的，而载流导体周围也存在着磁场，因此，如果把一根载流直导体放在磁场中，它们之间也产生作用力。

如图 3.9 所示，在蹄形磁体中间悬挂一根直导体，并使导体垂直于磁感线。当导体未通电时，导体不会运动。如果接通电源，使导体流过如图 3.9 所示的电流时，导体立即会向磁体内运动。若改变导体电流方向或磁极极性，则导体会向相反方向运动。我们把载流导体在磁场中所受的作用力称为电磁力，用字母 F 表示。实验还证明，电磁力的大小与导体中电流的大小成正比，与导体在磁场中的有效长度及载流导体所在位置的磁感应强度成正比，即

$$F = BIl \tag{3.7}$$

式中：F——导体受到的电磁力，N；

B——均匀磁场的磁感应强度，T；

I——导体中的电流强度，A；

l——导体在磁场中的有效长度，m。

实验还可以得出：当导体垂直于磁感应强度的方向放置时，其所受的电磁力最大；平行放置时不受力；若直导体与磁感线方向成 α 角时，如图 3.10 所示，这时载流直导体所受电磁力为

$$F = BIl \sin \alpha \tag{3.8}$$

载流直导体在磁场中的受力方向可以用左手定则来判定，即：将左手伸平，拇指与四指垂直且在一个平面上，让磁感线垂直穿过手心，四指指向电流方向，则拇指所指方向就是导体的受力方向，如图 3.11 所示。

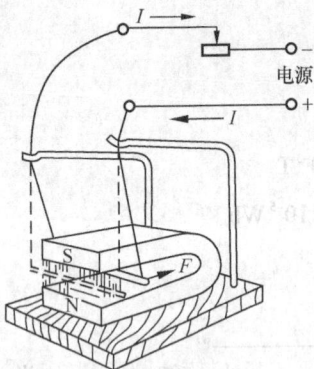

图 3.9 磁场对载流直导体的作用　　图 3.10 导体与磁感线方向成 α 角　　图 3.11 左手定则

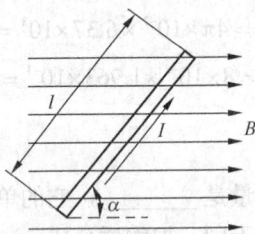

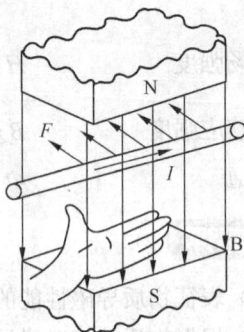

若电流方向与磁感线方向不是垂直的，则可将电流 I 的垂直分量分解出来，然后再用左手定则来判定电磁力的方向。

【例 3.1】 如图 3.10 所示，在均匀磁场中放一条 $l=0.8$m、$I=12$A 的载流直导体，它与磁感应强度的方向成 $\alpha=30°$，若这根载流直导体所受的电磁力 $F=2.4$N，试求磁感应强度 B 及 $\alpha'=60°$ 时，导体受到的作用力 F'。

解： 由式（3.8）得

$$B = \frac{F}{Il \sin \alpha} = \frac{2.4}{12 \times 0.8 \times \sin 30°} = 0.5\text{T}$$

若 $\alpha' = 60°$，则导体受到的作用力

$$F' = BIl \sin\alpha' = 0.5 \times 12 \times 0.8 \times \sin 60° = 4.2\text{N}$$

3.3.2 磁场对通电线圈的作用

基础知识

图 3.12 所示为直流电动机原理图。矩形线圈 abcd 放在磁场中，直流电流通过电刷和换向器通入线圈，线圈的两个有效边 ab、cd 受到的电磁力的方向如图中所示。它们是一对大小相等、方向相反、作用力不在同一直线上的力偶。线圈在力偶作用下，绕转轴 oo′ 转动。理论和实验证明：线圈的力偶矩，即转矩的大小为

$$M = NBIS\cos\alpha \tag{3.9}$$

式中：M——线圈的力偶矩（转矩），N·m；

　　　N——线圈的匝数；

　　　B——均匀磁场的磁感应强度，T；

　　　I——通过线圈的电流，A；

　　　S——线圈在磁场中的面积，m^2；

　　　α——线圈平面与磁感线的夹角。

综合案例

在磁感应强度为 0.2T 的均匀磁场中，放置一个刚性矩形线圈，其匝数 $N = 50$ 匝，线圈的长和宽各为 30cm、20cm，若通过的电流为 5A，求当线圈平面与磁感应强度方向分别成 0°、60°、90°时的电磁转矩。

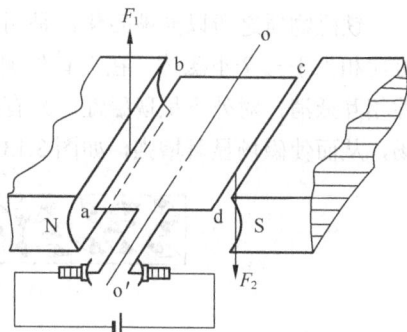

图 3.12　直流电动机原理图

【思路分析】

本案例的关键是运用转矩公式 $M = NBIS\cos\alpha$ 来解题。

【优化解答】

（1）当 $\alpha = 0°$时

$$M = NBIS\cos\alpha = NBIl_1l_2\cos\alpha = 50 \times 0.2 \times 5 \times 0.3 \times 0.2 \times \cos 0° = 3\text{N}\cdot\text{m}$$

（2）当 $\alpha = 60°$时

$$M = NBIS\cos\alpha = NBIl_1l_2\cos\alpha = 50 \times 0.2 \times 5 \times 0.3 \times 0.2 \times \cos 60° = 1.5\text{N}\cdot\text{m}$$

（3）当 $\alpha = 90°$时

$$M = NBIS\cos\alpha = NBIl_1l_2\cos\alpha = 50 \times 0.2 \times 5 \times 0.3 \times 0.2 \times \cos 90° = 0$$

作业测评

（1）载流直导体在磁场中会受力而_____，通电矩形线圈在磁场中会受力而_____，其基本原理都是相同的。

（2）在均匀磁场中，原来载流直导体所受电磁力为 4N，若电流强度增加到原来的 2 倍，而导体的长度减小一半，则载流直导体所受电磁力为_____N。

3.4 磁化与磁性材料

3.4.1　物质的磁化

基础知识

1. 磁化的概念

用一根软铁棒靠近铁屑，铁屑并不能被吸引。如果把软铁棒插入载流空心线圈中时，便会发现铁屑被吸引了，这是由于软铁棒被磁化的缘故。像这种使原来没有磁性的物质具有磁性的过程称为磁化，凡是铁磁物质都能被磁化。

铁磁物质之所以能被磁化，是因为铁磁物质是由许多被称为磁畴的磁性小区域所组成。每个磁畴相当于一个小磁体，在没有外加磁场作用时，磁畴排列杂乱无章，如图 3.13（a）所示，磁性相互抵消，对外不呈现磁性。只有在外加磁场的作用下，磁畴都趋向外磁场，形成一个附加磁场，从而使磁场显著增强，如图 3.13（b）所示。

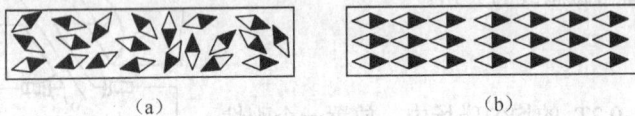

（a）　　　　　　　　　　　（b）

图 3.13　磁化

想一想　拿一根铜棒在磁铁上面摩擦几下，铜棒能否被磁化？

2. 磁化曲线

在实际应用中，通常利用电流产生的磁场来使铁磁物质磁化。例如，在通电线圈中放入铁心，铁心就被磁化了，当一个线圈的结构、形状、匝数都已确定时，铁磁物质（铁心）的 B 随 H 变化的规律可用 $B\text{-}H$ 曲线来表示，称为磁化曲线，如图 3.14 所示，它反映了铁心的磁化过程。

当 $I=0$ 时，$H=0$；当 I 增大时，H 随之增大，但 B 与 H 的关系是非线性的。

曲线 Oa 段较为陡峭，B 随 H 近似成正比增加。b 点以后的部分近似平坦，这表明即使再增大线圈中的电流 I 以增大 H，B 也已近似不变了，铁心磁化到这种程度称为磁饱和。a 点到 b 点是一段弯曲的部分，称为曲线的膝部。这表明从未饱和到饱和是逐步过渡的。

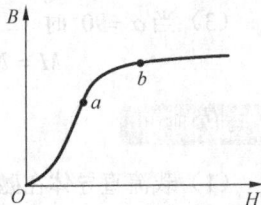

图 3.14　磁化曲线

各种电器的线圈中，一般都装有铁心以获得较强的磁场。而且在设计时，常常是将其工作磁通取在磁化曲线的膝部，以便使铁心能在未饱和的前提下，充分利用其增磁作用。

3．磁滞回线

如果线圈通入交变电流，就会产生交变磁场，线圈中的铁心也就会被反复磁化，如图 3.15 所示。当线圈中电流变化到零时，由于磁畴存在惯性，铁心中 B 并不为零，而是仍保留部分剩磁 B_r，如图 3.16 中 Ob 及 Oe 所示。要把剩磁减小为零必须加反向电流，并使磁场强度达到一定数值 H_c，如图 3.16 中 Oc 及 Of 所示。使剩磁消失的磁场强度 H_c 的值称为矫顽力。

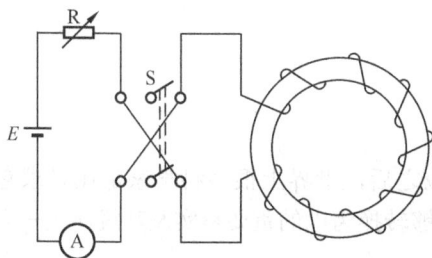

图 3.15 磁化电路

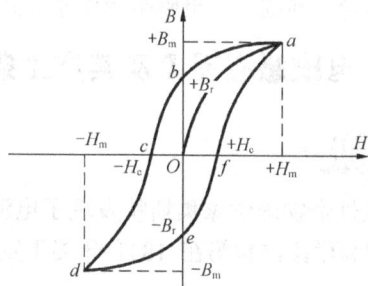

图 3.16 磁滞回线

通过反复磁化得到的 B-H 关系曲线 $abcdefa$ 称为磁滞回线。铁磁物质在反复磁化的过程中，磁感应强度 B 的变化总是滞后于磁场强度 H 的变化，这一现象称为磁滞。磁滞形成的原因是由于铁磁物质中磁分子的惯性和摩擦造成的。铁心在反复磁化的过程中，由于要不断克服磁畴惯性将损耗一定的能量，称为磁滞损耗，这将使铁心发热。

3.4.2 磁性材料的分类

基础知识

不同的磁性材料具有不同的磁滞回线，它们的用途也不相同，一般可分为 3 类，如表 3.2 所示。

表 3.2　　　　　　　　　　　　　磁性材料的分类

名 称	概 念	特 点	典型材料及用途
硬磁材料	指剩磁和矫顽力均很大的磁性材料	不易磁化 不易退磁	碳钢、钴钢等，适合制作永久磁铁，扬声器的磁钢
软磁材料	指剩磁和矫顽力均很小的磁性材料	容易磁化 容易退磁	硅钢、铸钢、铁镍合金等，适合制作电机、变压器、继电器等设备中的铁心
矩磁材料	指在很小的磁场作用下就能磁化，一经磁化便达到饱和值，去掉外磁，磁性仍能保持在饱和值的磁性材料	很易磁化 很难退磁	锰镁铁氧体、锂锰铁氧体等，适合制作磁带、计算机的磁盘

作业测评

（1）使原来没有磁性的物质具有磁性的过程称为_____。凡是铁磁物质都能被_____。

（2）什么是磁滞？它是怎样形成的？

3.5 电磁感应

前面几节我们已经学习了电能够产生磁的理论，那么，反过来磁能否产生电呢？这就是本节要着重讨论的问题——电磁感应现象及其定律。

3.5.1 电磁感应现象及其产生条件

基础知识

自从丹麦物理学家奥斯特发现了电流的磁效应之后，世界上很多科学家都在寻求它的逆效应，英国科学家法拉第在 1831 年终于发现了磁能够转换为电的重要事实及其规律——电磁感应定律。

为了理解电磁感应及其定律，我们先来观察两种实验现象。

（1）在图 3.17（a）所示的均匀磁场中放置一根导体 AB，导体两端连接一个灵敏检流计 P。当使导体垂直于磁感线做切割磁感线运动时，可以明显地观察到检流计指针有偏转，这说明导体回路中有电流存在；当使导体平行于磁感线方向运动时，检流计指针不偏转，说明导体回路中不产生电流。

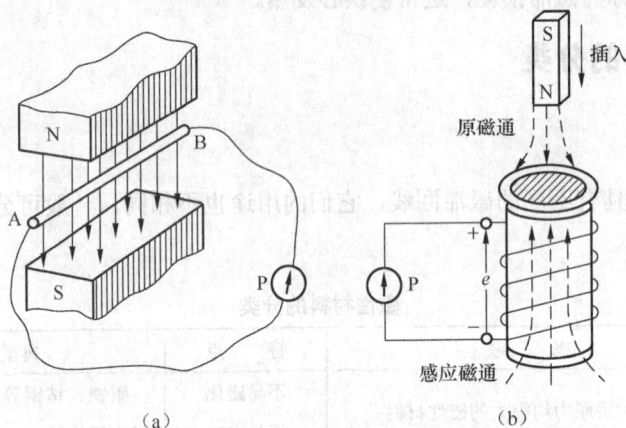

图 3.17　电磁感应实验

（2）在图 3.17（b）所示实验中，空心线圈两端连接灵敏检流计 P。当用一条条形磁铁快速插入线圈时，我们会观察到检流计指针向一个方向偏转；如果条形磁铁在线圈内静止不动时，检流计指针不偏转；再将条形磁铁由线圈中迅速拔出时，又会观察到检流计指针向另一方向偏转。

上述两种实验现象说明：当导体相对于磁场运动而切割磁感线或者线圈中的磁通发生变化时，在导体或线圈中都会产生感应电动势。若导体或线圈构成闭合回路，则导体或线圈中将有电流流过。上述两种实验现象只是表现形式不同，但它们的本质是相同的。如果把图 3.17（a）中的直导体回路看成是一个单匝线圈，那么导体中的电流也是由于磁通的变化而引起的。

我们把这种由于磁通变化而在导体或线圈中产生电动势的现象称为电磁感应。由电磁感应产生的电动势称为感应电动势，由感应电动势引起的电流称为感应电流。

由以上分析可以得出：产生电磁感应的条件是通过线圈回路的磁通必须发生变化。

3.5.2 法拉第电磁感应定律

基础知识

感应电动势的大小与哪些因素有关呢？如果我们再仔细观察图 3.17（b）的实验现象，还会发现：当条形磁铁插入或拔出线圈的速度越快时，检流计指针偏转角度也越大，说明线圈中产生的感应电动势就越大；当插入或拔出的速度越慢时，检流计指针偏转角度也越小，说明线圈中产生的感应电动势就越小。

通过实验可以得出结论：线圈中感应电动势的大小与通过同一线圈的磁通变化率（即变化快慢）成正比，这一规律称为法拉第电磁感应定律。

设 Δt 时间内通过线圈的磁通量为 $\Delta\Phi$，则线圈中产生的感应电动势的大小为

$$e = \left| N\frac{\Delta\Phi}{\Delta t} \right| \tag{3.10}$$

式中：e——在 Δt 时间内产生的感应电动势，V；

N——线圈的匝数；

$\Delta\Phi$——线圈中磁通变化量，Wb；

Δt——磁通变化 $\Delta\Phi$ 所需要的时间，s。

式（3.10）为计算感应电动势的普通公式。对于在磁场中切割磁感线的直导体来说，依据式（3.10）可推出计算感应电动势的具体公式为

$$e = Blv\sin\alpha \tag{3.11}$$

式中：B——磁场中的磁感应强度，T；

l——导体在磁场中的有效长度，m；

v——导体在磁场中的运动速度，m/s；

α——导体运动方向与磁感线的夹角。

当 $\alpha = 0°$ 时，即导体运动方向与磁感线平行，则 $e = 0$。

当 $\alpha = 90°$ 时，即导体垂直于磁感线运动，则 $e = Blv$（最大）。

【例 3.2】 一个 600 匝的线圈，在 0.1s 时间内，线圈的磁通由 0 增加到 5×10^{-4}Wb，求线圈的感应电动势。

解：线圈的感应电动势为

$$e = \left| N\frac{\Delta\Phi}{\Delta t} \right| = \left| N\frac{\Phi_2 - \Phi_1}{\Delta t} \right| = \left| 600\times\frac{5\times10^{-4} - 0}{0.1} \right| = 3\text{V}$$

综合案例

在图 3.17（a）中，设切割磁感线导体的长度 l=0.5m，匀速运动的速度 v=2m/s，均匀磁场的磁感应强度 B=0.2T，闭合回路的电阻 R=1Ω。试求：

（1）感应电动势 e 的大小；

（2）感应电流 I 的大小；

（3）电阻 R 消耗的功率。

【思路分析】

本案例的关键是应用导体切割磁感线产生感应电动势的公式 $e = Blv$ 求出感应电动势的大小。

【优化解答】

（1）感应电动势的大小为 $e = Blv = 0.2 \times 0.5 \times 2 = 0.2\text{V}$

（2）感应电流的大小为 $I = \dfrac{e}{R} = \dfrac{0.2}{1} = 0.2\text{A}$

（3）电阻 R 消耗的功率为 $P = I^2 R = 0.2^2 \times 1 = 0.04\text{W}$

3.5.3 楞次定律

基础知识

法拉第电磁感应定律可以计算感应电动势的大小，那么感应电动势的方向又该如何确定呢？俄国物理学家楞次经过大量实验，于 1834 年发现：感应电流产生的磁场总是阻碍原磁通的变化。也就是说，当线圈中的磁通增加时，感应电流就要产生与它方向相反的磁通去阻碍它的增加；当线圈中的磁通减少时，感应电流就要产生与它方向相同的磁通去阻碍它的减少。确定感应电动势和感应电流方向的这一重要规律，就称为楞次定律。

由于楞次定律在理解时比较抽象，因此，运用楞次定律判断感应电动势或感应电流方向的具体方法如下。

（1）明确原磁通的方向及其变化的趋势（是增加还是减少）。

（2）根据楞次定律确定感应电流产生磁通方向。如果原有磁通的变化趋势是增加，则感应磁通与原有磁通方向相反；反之，如果原有磁通的变化趋势是减少，则感应磁通与原有磁通方向相同。

（3）根据感应磁通方向，应用安培定则（右手螺旋定则）判断出线圈中感应电动势或感应电流的方向。

直导体中感应电动势的方向，也可用楞次定律来判定，但是用右手定则判定更为简便。具体方法如图 3.18 所示：伸平右手，拇指与其余四指垂直，让磁感线穿过手心，拇指指向导体运动方向，则四指的方向便是感应电动势或感应电流的方向。

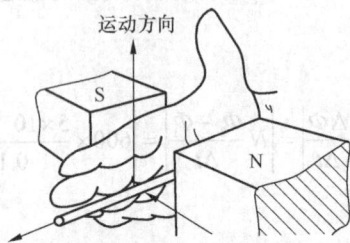

图 3.18 右手定则

案例 3.1 试分析条形磁铁插入和拔出线圈的感应电流的方向。

【操作步骤】

（1）按图 3.19 所示连接好线路。

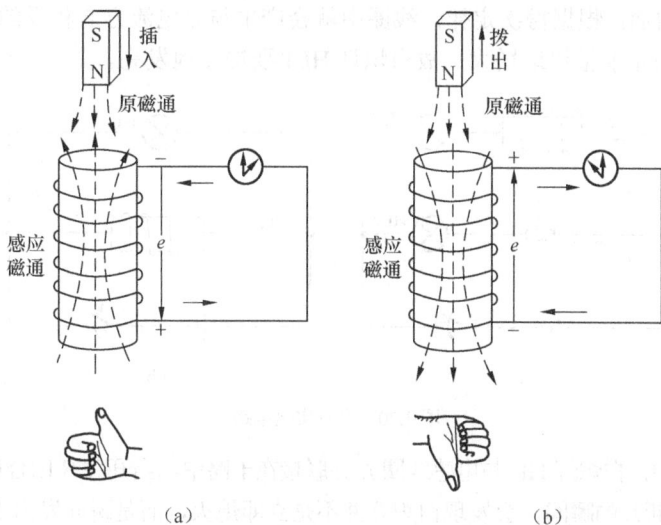

图 3.19　案例 3.1 示意图

（2）把条形磁铁插入线圈，观察检流计指针的偏转方向。当把条形磁铁插入线圈时，线圈中的磁通的变化趋势是增加的，根据楞次定律，感应电流产生的磁通与原磁通方向相反，再根据安培定则可判断出感应电流的方向。

（3）把条形磁铁拔出线圈，观察检流计指针的偏转方向，并进行分析。

作业测评

（1）当导体相对于磁场运动而_____或线圈中的磁通_____时，就会在导体或线圈中产生感应电动势。如果导体或线圈构成闭合电路，就会产生_____。

（2）感应电流产生的磁通总是_____原磁通的_____。

（3）什么是电磁感应？电磁感应的条件是什么？是否线圈回路中有磁通就一定有感应电动势？

3.6　自感与互感

3.6.1　自感

基础知识

1．自感电动势的大小

图 3.20 所示为自感实验电路图。在图 3.20（a）中，设 HL1、HL2 是两个完全相同的白炽灯，电感线圈 L 的阻值与电阻 R 相等。当开关 S 闭合后，白炽灯 HL2 立即正常发光，而 HL1 则慢慢发光，过一段时间后，两个白炽灯才能达到同样的亮度。这是什么原因呢？原来当开关 S 闭合后，因白炽灯 HL1 与线圈串联，通过线圈中的电流由零开始增大，这个电流在线圈中产生

的磁通 ϕ 也随之增加，根据楞次定律，线圈中就会产生与原电流方向相反的感应电流，阻碍原电流的通过，使电流不能很快地增大，故白炽灯 HL1 要慢慢地发亮。

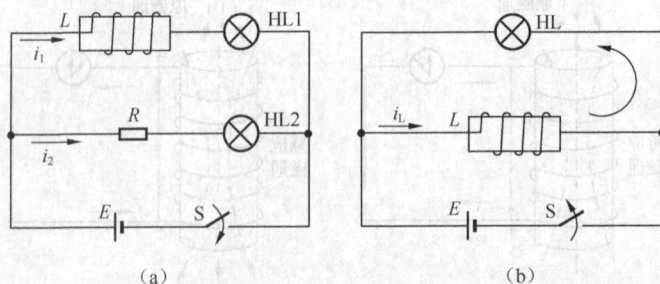

图 3.20　自感实验电路

在图 3.20（b）中，白炽灯 HL 与电感线圈 L 并联接在电路中，当开关 S 闭合后，白炽灯 HL 正常发光，当把开关 S 断开的瞬间，会发现白炽灯并不是立即熄灭，而是瞬间发出更强的光，然后才熄灭。这是因为当开关 S 断开瞬间，线圈中产生一个很大的感应电动势，这时，虽然电源被切断，但在线圈与白炽灯组成的闭合回路中，感应电动势在回路中会产生很强的感应电流，使白炽灯发出短暂的强光。

这种由于流过线圈本身的电流发生变化而引起的电磁感应称为自感。由自感产生的感应电动势称为自感电动势，用字母 e_L 表示。

实验证明，自感电动势与线圈的电感和线圈中电流的变化率成正比。用公式表示为

$$e_L = \left| L \frac{\Delta i}{\Delta t} \right| \tag{3.12}$$

式中：e_L——自感电动势，V；

　　　L——线圈的电感，H；

　　　Δi——电流的变化量，A；

　　　Δt——时间的变化量，s。

线圈的电感是由线圈本身的特性决定的。线圈越长，匝数越多，横截面积越大，电感就越大。另外，有铁心的线圈电感比没有铁心的线圈电感大得多。

电感的单位除亨利外，还有毫亨（mH）、微亨（μH），它们之间的关系为

$$1H=10^3mH=10^6\mu H$$

2．自感电动势的方向

自感电动势的方向仍可以根据楞次定律来判断。自感电动势的方向总是和原电流变化的趋势（增大或减小）相反，如图 3.21 所示。图 3.21（a）中原电流 $i_{外}$ 的变化趋势是增大的，自感电动势产生的电流 i_L 就要阻碍原电流的增大而与原电流方向相反；图 3.21（b）中由于原电流 $i_{外}$ 的变化趋势是减小的，因而自感电动势产生的电流 i_L 就会与原电流方向相同。知道了自感电流的方向，就很容易得出自感电动势的方向。

自感现象在各种电气设备与无线电技术中均有广泛的应用，如日光灯镇流器的工作原理就是利用线圈的自感现象。但自感也有其不利的一面，如在大型电动机的定子绕组等设备中，电感很大而工作电流又很强，在切断电路的瞬间，由于电流在较短的时间内发生很大的变化，会产生较高的自感电动势，使开关的闸刀和固定夹片之间的空气电离而导电形成电弧，将开关烧坏，严重

时能击毁绝缘保护使电路短路，甚至危及工作人员的安全。因此，这些电路中的开关都装有灭弧装置，一般是放在绝缘性能良好的油中。

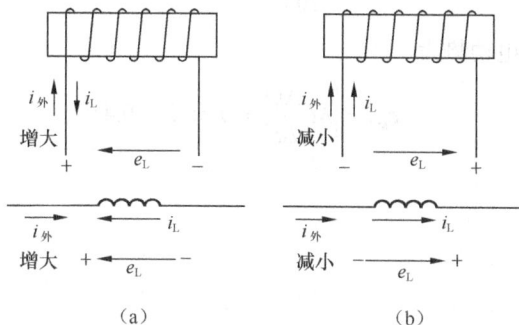

图 3.21　自感电动势的方向

3.6.2　互感

基础知识

互感演示实验如图 3.22 所示，有两个互相靠近的线圈 A 和 B，在线圈 B 的两端串接一灵敏检流计 P，当开关 S 闭合的瞬间，即线圈 A 中的电流 i_1 突然发生变化时，线圈 A 中的磁通会发生变化，当这一变化的磁通通过线圈 B 时，就会在线圈 B 中产生感应电动势和感应电流 i_2 使串联在线圈 B 中的灵敏检流计发生偏转。这种当一个线圈中的电流发生变化时，在另一个线圈中产生电磁感应，称为互感，由互感产生的感应电动势称为互感电动势，用字母 e_M 表示。

$$e_{M2} = \left| M\frac{\Delta i_1}{\Delta t} \right| \qquad (3.13)$$

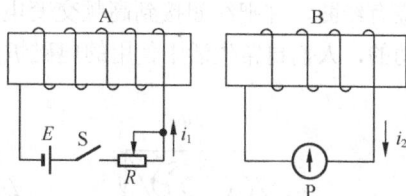

图 3.22　互感实验电路

式中：e_{M2}——互感电动势，V；

　　　M——线圈的互感系数，H；

　　　Δi_1——电流的变化量，A；

　　　Δt——时间变化量，s。

互感系数与两个线圈的匝数、几何形状、尺寸、相对位置以及周围介质等因素有关。其大小反映了一个线圈电流变化时，对另一个线圈产生互感电动势的能力。产生互感电动势的方向仍遵循楞次定律，但判断较为复杂。

互感现象在电工技术中应用很广泛，许多电气设备如变压器、钳形电流表等，都是利用了互感这一原理制成的。而在电子线路中，若线圈的位置不当，线圈之间产生互感互相干扰，甚至会使电路无法正常工作。

【例 3.3】　两个电感线圈的电感分别为 $L_1 = 0.64\text{H}$、$L_2 = 0.25\text{H}$，它们之间的互感系数为 $M = 0.2\text{H}$，当线圈 L_1 中的电流变化率为 2A/s 时，试求：

（1）线圈 L_1 中的自感电动势；

（2）线圈 L_2 中的互感电动势。

解：（1）线圈 L_1 中的自感电动势为

$$e_L = \left| L_1 \frac{\Delta i_1}{\Delta t} \right| = |0.64 \times 2| = 1.28 \text{V}$$

（2）线圈 L_2 中的互感电动势为

$$e_{M2} = \left| M \frac{\Delta i_1}{\Delta t} \right| = |0.2 \times 2| = 0.4 \text{V}$$

3.6.3　涡流

基础知识

涡流是感应电流的一种。如图 3.23（a）所示，在整块铁心的的周围绕有线圈，当线圈中通以交变电流时，就会产生交变的磁场，处在该交变磁场中的铁心就会产生自成回路的感应电流，这种感应电流形如水中的漩涡，故称为涡流。

由于整块铁心的电阻很小，涡流很大，因而使铁心发热，增加电能的损耗，这对于含有铁心的电动机、变压器等电气设备十分有害。因此，为了减小涡流损耗，这类电气设备的铁心用涂有绝缘漆的薄硅钢片叠压而成，这样涡流就被限制在狭窄的薄片之内，如图 3.23（b）所示，并且回路的电阻很大，致使涡流大为减弱。

涡流虽然对有些电气设备造成危害，但有些设备却是利用涡流原理来工作的。在冶金工业中，用涡流原理制成高频感应炉，来冶炼有色金属和特种合金，这种高频感应炉是在坩埚的外围绕有线圈，并把线圈接到高频交变电源上，如图 3.24 所示。另外，电度表是利用涡流来进行制动的，人们日常生活中使用的电磁炉也是利用了涡流这一原理。

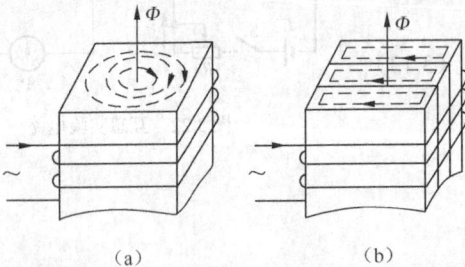

图 3.23　涡流

图 3.24　高频感应炉

作业测评

（1）由于通过线圈本身的电流_____引起的电磁感应叫_____，由此产生的电动势叫_____。

（2）由于一个线圈电流的变化，而在另一线圈中产生_____的现象叫互感。

（3）涡流也是一种_____现象，不过它是一种特殊形式。

（4）涡流流动时，由于整块铁心的_____很小，所以涡流可以达到_____，使铁心_____。这在一般电器中往往是有害的。

3.7 技能训练 验证楞次定律

基础知识

当穿过闭合线圈的磁通量发生变化时，线圈中就要产生感应电动势和感应电流，感应电动势的方向总是"企图"使其所产生的感应电流的磁通反抗原有磁通的变化。

【实验目标】

（1）了解电磁感应的条件和感应电动势方向的判断。

（2）验证楞次定律。

【实验条件】

实验条件如表3.3所示。

表3.3   实验条件

序号	代号	名称	规格	数量	单位
1		空心的筒形线圈		1	个
2		软铁棒作铁心的筒形线圈	外径小于空心线圈内径	1	个
3	S	开关		1	个
4		导线		若干	根
5	E	直流稳压电源	0～12V	1	台
6		滑线变阻器		1	个
7	P	灵敏检流计		1	个
8		条形磁铁		1	条

【操作步骤】

（1）磁铁与线圈间有相对运动时。

① 首先查清线圈绕向。

② 按图3.25（a）所示接好电路，图中P为灵敏检流计。

③ 将条形磁铁的N极向下迅速地插入线圈，观察检流计指针的偏转方向，并记录在表3.4中。

④ 把条形磁铁的N极迅速地线圈中拔出，观察检流计指针的偏转方向，并记录在表3.4中。

⑤ 将条形磁铁的N极换为S极，重复上述步骤③、④，将观察到的检流计指针的偏转方向记录在表3.4中。

（2）载流原线圈与副线圈相对运动时。

① 将图3.25（a）中的磁铁换成一个软铁棒作铁心的筒形线圈，作为原线圈，空心线圈作为副线圈，连接线路如图3.25（b）所示。

② 检查原、副线圈绕向。

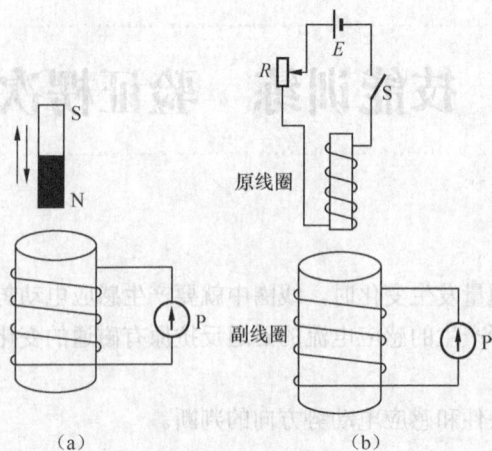

图 3.25 电磁感应电路图

表 3.4 测量结果记录表

条形磁铁的运动方向	检流计指针的偏转方向	线圈上端所呈现的极性
N 极插入线圈		
N 极拔出线圈		
S 极插入线圈		
S 极拔出线圈		

③ 应用楞次定律分析，原线圈插入和拔出副线圈时，检流计指针如何偏转。然后合上开关 S，并迅速将原线圈插入和拔出副线圈，观察实验现象是否与分析相符（注意：实验现象观察完毕时，应立即断开开关 S，以防通电时间过长而无谓耗电或使线圈发热）。

（3）当原线圈电流发生变化时。

① 将图 3.25（b）中的原线圈放入副线圈中。

② 先分析当合上和断开开关 S 以及滑线变阻器阻值增大和减小时，检流计指针应如何偏转。然后观察以上四种情况的实验现象是否与分析相符。

【思考与能力检测】

（1）由测量结果分析，感应电流的大小与哪些因素有关？

（2）由测量过程总结，应用楞次定律判断感应电动势（或感应电流）方向的方法及其规律。

本 章 小 结

（1）有关磁场的几个概念：磁性、磁体、磁极、磁场、磁感线、磁化。

（2）判断电流的磁场方向——安培定则（右手螺旋定则）。

（3）磁场的主要物理量。

名　　称	符　　号	定　义　式	意　　义	单　位
磁通	Φ		磁场中垂直通过某一面积的磁感线的总数	Wb
磁感应强度	B	$B = \dfrac{\Phi}{S}$	表示磁场中某点磁场的强弱和方向	T
磁导率	μ	$\mu_r = \dfrac{\mu}{\mu_0}$	表示物质的导磁性能的物理量	H/m
磁场强度	H	$H = \dfrac{B}{\mu} = \dfrac{NI}{l}$	与激发磁场的电流有关，而与介质无关	A/m

（4）磁场对载流直导体的作用力。

大小：$F = BIl\sin\alpha$，方向：用左手定则判定。

（5）法拉第电磁感应定律：$e = \left| N\dfrac{\Delta\Phi}{\Delta t} \right|$、$e = Blv\sin\alpha$。

（6）楞次定律：感应电流产生的磁场总是阻碍原磁通的变化。

（7）自感电动势：$e_L = \left| L\dfrac{\Delta i}{\Delta t} \right|$。

（8）互感电动势：$e_{M2} = \left| M\dfrac{\Delta i_1}{\Delta t} \right|$。

思 考 与 练 习

1．判断题

（1）通电线圈插入铁心后，它所产生的磁通会大大增加。　　　　　（　　）

（2）电磁铁、变压器及电动机的铁心是用硬磁材料制造的。　　　　（　　）

（3）为了消除铁磁材料的剩磁，可以在原线圈中通以适当的反向电流。（　　）

（4）有电流必有磁场，有磁场必有电流。　　　　　　　　　　　　（　　）

（5）铁磁物质在外磁场作用下可以被磁化。　　　　　　　　　　　（　　）

（6）电磁铁是依靠左手定则制成的。　　　　　　　　　　　　　　（　　）

（7）有感应电动势就一定有感应电流。　　　　　　　　　　　　　（　　）

（8）因为感应电流的磁通总是阻碍原磁通的变化，所以感应磁通永远与原磁通方向相反。

　　　　　　　　　　　　　　　　　　　　　　　　　　　　　　（　　）

（9）导体运动方向与磁感线平行时，不会产生感应电动势。　　　　（　　）

（10）感应电流方向永远与感应电动势方向相同。　　　　　　　　（　　）

2．选择题

（1）通电直导体周围磁场的强弱与（　　）有关。

　　A．导体长度　　　　　　　　B．导体位置　　　　　　　　C．电流大小

（2）判断电流产生磁场的方向是用（　　）。

　　　A．右手定则　　　　　　　B．左手定则　　　　　　　C．安培定则

（3）运动导体在切割磁感线而产生最大感应电动势时，导体与磁感线的夹角 α 为（　　　）。

　　　A．0°　　　　　　　　　　B．45°　　　　　　　　　　C．90°

（4）当线圈中的磁通减小时，感应电流的磁通（　　　）。

　　　A．与原磁通方向相反　　　B．与原磁通方向相同　　　C．与原磁通方向无关

（5）当线圈的几何尺寸一定，由于线圈中磁通变化而产生的感应电动势的大小正比于（　　　）。

　　　A．磁感应强度　　　　　　B．磁通变化量　　　　　　C．磁通变化率

（6）当互感线圈的几何尺寸确定后，一个线圈中互感电动势的大小正比于另一个线圈中电流的（　　　）。

　　　A．大小　　　　　　　　　B．变化量　　　　　　　　C．变化率

3．填空题

（1）凡是能吸引铁、镍、钴等物体的性质叫_____，具有磁性的物体叫_____。

（2）电磁铁按照励磁电流的性质可分为_____和_____两大类。按照结构特点可分为_____用电磁铁、_____用电磁铁和_____用电磁铁等。

（3）若磁场中各点的磁感应强度的大小和方向完全相同时，这种磁场就称为_____磁场。

（4）通电导体在磁场中所受电磁力的方向可用_____定则来判断。当导体垂直于磁感应强度的方向放置时，导体受到的电磁力_____，平行放置时_____。

（5）自感电动势（自感电流）的方向总是和线圈中电流变化的趋势_____，即线圈的电流增加时，就与电流方向_____；当电流减小时，就与电流方向_____。

4．做图题

（1）在图 3.26 中，判断并标明电流磁场的方向和小磁针指向。

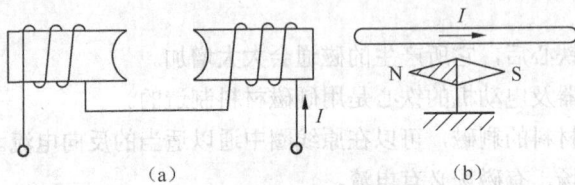

图 3.26　做图题（1）示意图

（2）在图 3.27 中，判断并标明通电导体 A 所受电磁力的方向。

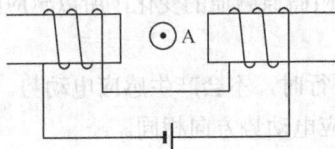

图 3.27　做图题（2）示意图

（3）在图 3.28 中，箭头表示条形磁铁插入和拔出线圈的方向。根据楞次定律判断并标出线圈中感应电流的方向。

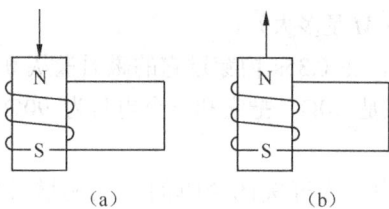

图 3.28 做图题（3）示意图

（4）在图 3.29 中，试标出当线圈 A 在通电瞬间，线圈 B 中感应电流的方向。

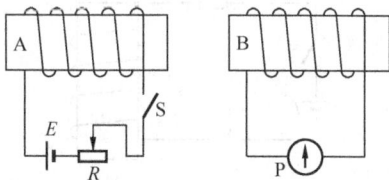

图 3.29 做图题（4）示意图

（5）如图 3.30 所示，问条形磁铁插进线圈的过程中，放在导线下面的小磁针如何偏转（只考虑直导线产生的磁场）？各检流计指针如何偏转？

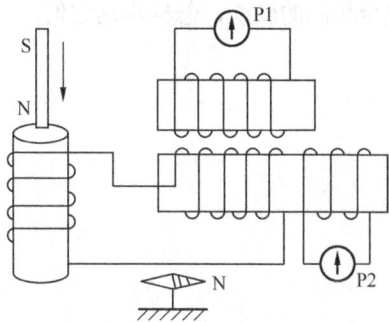

图 3.30 做图题（5）示意图

5. 计算题

（1）在图 3.31 所示的均匀磁场中，磁感应强度 $B=0.008\text{T}$，S 为垂直于磁场方向的一个截面，其边长 $a=4\text{cm}$，$b=6\text{cm}$，求通过该面积的磁通。

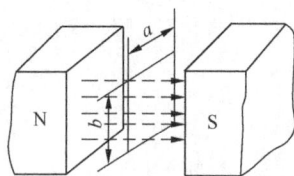

图 3.31 计算题（1）示意图

（2）由 10 匝构成的正方形平面导电线圈，边长 $l=40\text{cm}$，放在均匀磁场中，磁感应强度 $B=0.5\text{T}$。线圈总电阻 $R=1\Omega$，接在电动势为 3V、内阻为 0.5Ω 的电源上。当线圈平面转到与磁场方向平行时，求此时线圈的转矩 M 是多大？

（3）有一个 1000 匝的线圈，在 0.35s 内穿过它的磁通量从 0.02Wb 增到 0.09Wb，求线圈中的感应电动势。如果线圈的电阻是 10Ω，把它和一个电阻为 90Ω 的电热器串联成闭合电路，通过电热器的电流是多大？

（4）在图 3.32 所示电路中，当开关闭合瞬间，电流增长率是 10A/s，已知线圈的电感 L=0.5H，试求此时线圈产生的自感电动势的大小和方向。当电流增加到稳定值后，自感电动势又是多少？

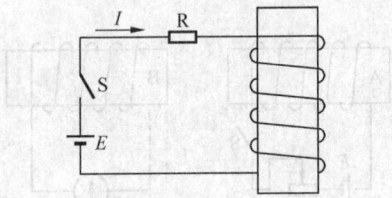

图 3.32　计算题（4）电路图

（5）电感 L=1.2H 的线圈，其电阻忽略，当通过它的电流在 0.02s 内由 0 增加到 5A 时，线圈中产生的自感电动势有多大？

6. 操作题

一条条形磁铁和一条形状完全相同的软铁，怎样辨别它们。

第4章

电容器

电容器和电阻元件一样作为电路的基本元件，也是电工、电子技术的基本元件之一。它的用途非常广泛，在电力系统中，可以用电容器提高系统的功率因数；在电子技术中可以利用它起滤波、耦合、调谐、隔直等作用；在机械加工中的应用，主要是利用它进行电火花加工。

本章主要介绍电容器的基本概念、种类和主要性能指标；讲解电容器的充、放电过程及电容器的连接等，以达到会识别和选用电容器的目的。

知识目标

◎ 熟悉电容器的基本概念，了解电容器的主要性能指标和常用电容器。
◎ 了解电容器的充、放电过程。
◎ 掌握电容器串联、并联的特点。
◎ 应用电容器串联、并联的特点分析和计算简单电容电路。

技能目标

◎ 识别、检测电容器的好坏及验证电容器的性质。
◎ 学会选用电容器。
◎ 掌握电容器充电、放电电路的接线及测量。

4.1　电容器与电容量

4.1.1　认识电容器

基础知识

电容器顾名思义就是一种用来储存电荷的容器。从结构上说，电容器是由两块平行的金属导体，中间隔着绝缘物质，并在导体上引出两个电极构成的。

最简单的电容器就是图 4.1（a）所示的平行板电容器——两块相互平行、彼此靠得很近，但中间填充绝缘介质的金属板构成的电容器。中间的物质称电容器的介质，常见的有空气、云母、纸、塑料、陶瓷等，两金属板称极板。图 4.1（b）所示为电容器的图形符号。

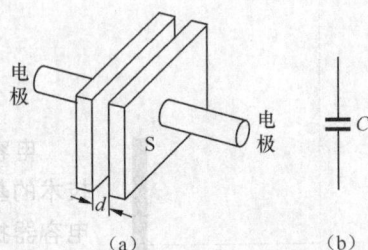

图 4.1　平行板电容器及电容器的符号

4.1.2　电容量

基础知识

如果把一个电容器接到直流电源上，如图 4.2 所示，结果：A 板会因失去负电荷而集聚正电荷——A 板储存正电荷，B 板会因失去正电荷而集聚负电荷——B 板储存负电荷，两极板会带上等量的异种电荷。

图 4.2　电容器接入电源

为衡量电容器储存电荷本领的大小，我们引入电容量这一物理量。电容器任一极板储存的电荷量 Q 与两极板间电压 U 的比值，称为该电容器的电容量，简称电容，用字母 C 表示。

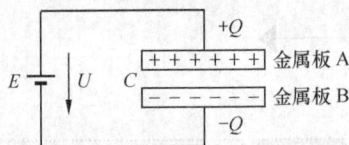

$$C = \frac{Q}{U} \tag{4.1}$$

式中：C——电容量，F；

　　　Q——任一极板上的电量，C；

　　　U——两极板间的电压，V。

在实际应用中，法拉这个单位太大，通常用远远小于法拉的单位：微法（μF）和皮法（pF），它们之间的换算关系为

$$1F = 10^6 \mu F，\quad 1\mu F = 10^6 pF$$

电容量是电容器的固有参数，它的大小与电容器的结构有关。理论和实验证明，平行板电容器的电容量与两极板正对的面积成正比，与极板间距离成反比，并与介质性质有关。用公式表示为

$$C = \varepsilon \frac{S}{d} \tag{4.2}$$

式中：C——电容量，F；

  ε——介质的介电常数，F/m；

  S——两极板正对的面积，m^2；

  d——两极板间的距离，m。

【例4.1】 将一个电容量为 6.8μF 的电容器接到电压为 1000V 的直流电源上，充电结束后，试求电容极板上所带的电量。

解：根据电容的定义式 $C = \dfrac{Q}{U}$，知

$$Q = CU = 6.8 \times 10^{-6} \times 1\,000 = 6.8 \times 10^{-3} \text{C}$$

4.1.3 电容器的主要性能指标

基础知识

1. 标称容量和允许误差

成品电容器上所标明的电容值称为标称容量。电容器的标称容量与实际容量总是存在着一定的偏差，称为误差。因这一误差是在国家标准规定的允许范围之内，故称为允许误差。电容器的允许误差分为五级：±1%（00 级）、±2%（0 级）、±5%（Ⅰ级）、±10%（Ⅱ级）和±20%（Ⅲ级）。电容器的允许误差可以用误差等级表示，也可以用误差百分数表示。

2. 额定工作电压

电容器的额定工作电压，习惯上称为"耐压"，是指电容器长时间工作而不会引起介质电性能受到任何破坏的最大直流电压值，它一般直接标注在电容器的外壳上，如 160VDC、450VDC。电容器工作时，两极板所加电压不得超过其耐压值，否则介质受破坏，严重时会使电容器被击穿而损坏。

如果电容器两端加上交流电压，那么，所加交流电压的最大值（峰值）不得超过额定工作电压。

4.1.4 常用电容器

电容器的种类很多，按其结构不同可分为固定电容器、可变电容器和微调电容器 3 种。

基础知识

1. 固定电容器

电容量固定不可调的电容器称为固定电容器。固定电容器的外形如图 4.3 所示。

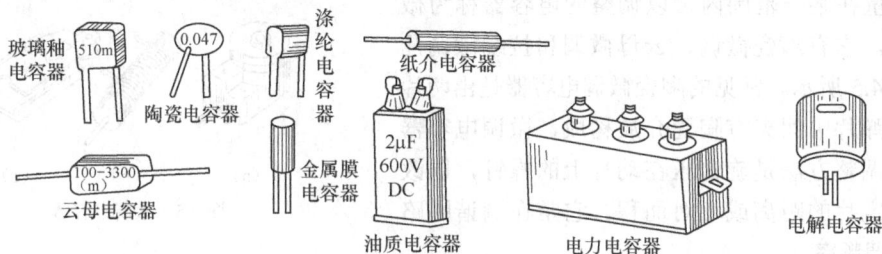

图 4.3 固定电容器

固定电容器按所用介质分为：纸介电容器、云母电容器、油质电容器、陶瓷电容器、有机薄膜电容器（聚苯乙烯薄膜或涤纶薄膜作介质）、金属化纸介电容器及电解电容器等。其中电解电容器有正、负极之分。

常用固定电容器的规格、特点如表 4.1 所示。

表 4.1　　　　　　　　　　　　　　　常见固定电容器的规格、特点

名　称	型　号	电容量范围	耐压/V	主　要　特　点
纸介电容器	CZG	1000pF～0.1μF	160～400	价格低，损耗较大，体积也较大
云母电容器	CY	4.7～30 000pF	250～7000	耐高压、高温，性能稳定，体积小，漏电小，损耗小，但容量也小
油质电容器	CZM	0.1～16μF	250～1600	电容量大，耐压高，但体积大
陶瓷电容器	CC	2pF～0.047μF	160～500	耐高温，体积小，漏电小，性能稳定，容量小
涤纶电容器	CLX	1000pF～0.5μF	63～630	体积小，漏电小，重量轻
聚苯乙烯电容器	CBX	3pF～1μF	63～250	漏电小，损耗小，性能稳定，有较高的精密度
金属膜电容器	CZJ	0.01～100μF	0～400	体积小，电容量较大，击穿后有自愈能力
铝电解电容器	CD	1～20 000μF	3～450	电容量大，有极性，漏电大，损耗大
钽电解电容器	CA	220～3300μF	16～125	体积小，漏电小，稳定性高，价格高

2．可变电容器

电容量能在较大范围内随意调节的电容器称为可变电容器，常用的有空气可变电容器和聚苯乙烯薄膜可变电容器，如图 4.4 所示。空气可变电容器是以空气为介质，由两组铝片组成；不动的一组叫定片，可以随轴一起转的一组叫动片。当旋转动片时，就改变了动片与定片的相对面积。动片旋入定片时，电容量增大，反之电容量减小。可变电容器常用于电子电路作为调谐元件，以改变谐振回路的频率。

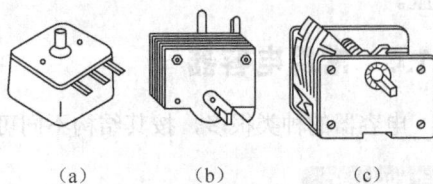

(a)　　　　　(b)　　　　　(c)

图 4.4　可变电容器

3．微调电容器

电容量在某一范围内可以调整的电容器称为微调电容器。它有陶瓷微调、云母微调和拉线微调几种，如图 4.5 所示。常见的陶瓷微调电容器是由两片小型金属弹片中间夹有陶瓷介质构成，微调电容器电容量的调整方法是旋转压在动片上的螺钉，以改变动片和定片的距离或相对面积。它常在调谐回路中用于微调频率。

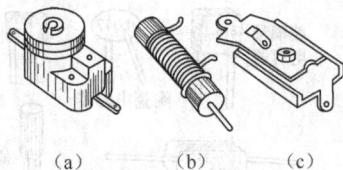

(a)　　　　　(b)　　　　　(c)

图 4.5　微调电容器

（1）电容器和电容量的定义有什么不同？由公式 $C=\dfrac{Q}{U}$，能否说当 $Q=0$ 时，电容量 $C=0$ 吗？

（2）有两个电容器，其中一个电容量较大，另一个电容量较小，若端电压相等，试问哪一个所带电荷量较多？

（3）以空气为介质的平行板电容器，当发生下列变动时，其电容量有何变化？

① 增大极板的有效面积；

② 插入介电常数为 ε 的介质；

③ 缩小极板间的距离。

（4）电容器种类繁多，但按其结构可分为_____、_____和_____三种。

4.2 电容器的充电和放电

电容器的充、放电过程就是电容器储存电荷和释放电荷的过程，了解电容器的充、放电过程及其规律至关重要。

4.2.1 电容器的充电过程

基础知识

使电容器两极板带上等量异种电荷的过程，称为电容器的充电过程。

如图 4.6 所示，当开关 S 置于"1"时，其实就构成如图 4.6（b）所示的电容器充电电路。在开关 S 刚接通"1"的瞬间，电容器极板尚未储存电荷，两极板间的电压为零，A、B 极板分别接电源的正、负极，形成较大的电位差，使大量电荷移向两极板（A 板集聚正电荷、B 板集聚等量的负电荷），在电路中形成较大的充电电流，HL 较亮；随着电容器极板上电荷的集聚，A、B 间的电压逐渐升高，电源两极与电容器极板间的电位差逐渐减小，充电电流也逐渐减小，HL 逐渐变暗；当电容器两端的电压升高至电源电压时，电荷停止定向移动，HL 熄灭，充电过程结束。

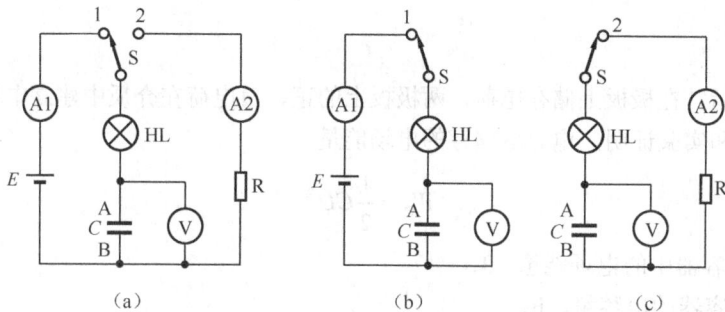

图 4.6 电容器充、放电电路

4.2.2　电容器的放电过程

基础知识

使电容器两极板所带正、负电荷中和的过程，称为电容器的放电过程。

当电容器充电完毕，将开关 S 由"1"置"2"时，就构成如图 4.6（c）所示的电容器放电电路。由于电容器充电后两极板之间存在电位差，驱使极板 A 上的正电荷通过导线与极板 B 上的负电荷中和，并在电路中产生与充电电流方向相反的放电电流。刚开始放电时，两极板之间的电位差较大，所以放电电流较大，HL 较亮；随着放电的进行，电容器两极板上的正、负电荷不断中和，极板上的电荷量不断减少，两极板间的电压随之下降，放电电流逐渐减小，HL 逐渐变暗；当两极板的电荷全部中和后，极板上不再带有电荷，电压下降为零，电流为零，HL 熄灭，放电过程结束。

4.2.3　时间常数

基础知识

电容器充电时，当电路中电阻一定，电容量越大，则达到同一电压需要的电荷越多，因此所需要的充电时间就越长；若电容量一定，电阻越大，充电电流就越小，因此充电到同样的电荷值所需要的充电时间就越长。放电规律也是如此，这说明 R 和 C 的大小影响着充、放电时间的长短。R 和 C 的乘积称为电路的时间常数，用字母 τ 表示，即

$$\tau = RC \tag{4.3}$$

式中：τ——时间常数，s；

　　　R——电阻，Ω；

　　　C——电容量，F。

因此，充电和放电的快慢可以用时间常数来衡量。在理论上，充、放电过程必须经无限长的时间方能结束。但在实际应用中，可以认为 $t = 5\tau$ 时，充、放电过程基本结束。

4.2.4　电容器的电场能量

基础知识

电容器充电后，在极板上储存电荷，两极板上的正、负电荷在介质中建立电场，储存着电场能量。理论分析和实验证明，电容器储存的电场能量

$$W_{\mathrm{C}} = \frac{1}{2}CU^2 \tag{4.4}$$

式中：W_{C}——电容器中的电场能量，J；

　　　C——电容器的电容量，F；

　　　U——电容器两极板间的电压，V。

4.2.5 电容器的特点

基础知识

由电容器充放电过程可知，电容器具有以下特点。

（1）电容器是一种储能元件。充电的过程就是极板上的电荷不断积累的过程。电容器充满电荷时，相当于一个等效电源；随着放电的进行，原来储存的电场能量又全部释放出来。

（2）电容器能够隔直流、通交流。电容器接通直流电源时，仅仅在刚接通的短暂时间内发生充电过程，即只有短暂的电流。充电结束后，$U_C \approx E$，电路电流为零，电路处于开路状态。这就是电容器具有的隔直流作用，通常把这一作用简称"隔直"。

当电容器接通交流电源时，由于交流电的大小和方向不断交替变化，致使电容器反复进行充、放电，其结果在电路中出现连续的交流电流，这就是电容器具有的通过交流电的作用，简称"通交"。

（3）不论是充电还是放电时，电容器上的电压都是变化的，充电时它不可能立即达到电源电压，放电时它也不可能立即下降为零，即电容器两端的电压不能突变。电容器充、放电的快慢用时间常数 τ 来衡量。一般认为 $t = 5\tau$ 时，充、放电过程基本结束。

作业测评

（1）电容器在充电过程中，充电电流逐渐_____，而电容器两端的电压将逐渐_____。

（2）电容器在放电过程中，放电电流逐渐_____，而电容器两端的电压将逐渐_____。

（3）不论是充电还是放电时，电容器上的电压都是变化的，充电时它不可能立即达到_____，放电时它也不可能立即下降为_____，即电容器两端的电压不能_____。

（4）电容器在刚充电瞬间相当于_____，当充满电时相当于一个等效_____，不过它随着放电而减小。

4.3 电容器的连接

在实际使用中，经常会遇到单个电容器的规格（容量和耐压值）不能满足要求的情况，这时，可将若干个电容器作适当的连接，以满足实际电路的需要。

4.3.1 电容器的串联

基础知识

将几个电容器依次相连，中间无分支的连接方式，称为电容器的串联，如图4.7所示。其特点如下所述。

（1）串联后的等效电容（总电容量）的倒数等于各电容器的容量的倒数之和，即

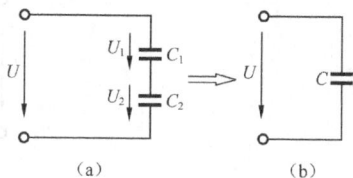

图 4.7 电容器的串联

$$\frac{1}{C} = \frac{1}{C_1} + \frac{1}{C_2} + \frac{1}{C_3} + \cdots + \frac{1}{C_n} \qquad (4.5)$$

当两个电容器串联时，其等效电容为

$$C = \frac{C_1 C_2}{C_1 + C_2} \qquad (4.6)$$

当 n 个电容量均为 C_0 的电容器串联时，其等效电容为

$$C = \frac{C_0}{n} \qquad (4.7)$$

（2）总电压等于各电容器上的电压之和，即

$$U = U_1 + U_2 + U_3 + \cdots + U_n \qquad (4.8)$$

（3）各电容器所储存的电量都相等，并等于串联后等效电容器上所储存的电量，即

$$Q = Q_1 = Q_2 = Q_3 = \cdots = Q_n \qquad (4.9)$$

【例 4.2】 有两个电容器，C_1 容量为 $2\mu F$，额定工作电压为 160V；C_2 容量为 $10\mu F$，额定工作电压为 250V。若将它们串联后接在 300V 的直流电源上使用，求等效电容量和每个电容器上分配的电压，这样使用是否安全？

解：等效电容量为

$$C = \frac{C_1 C_2}{C_1 + C_2} = \frac{2 \times 10}{2 + 10} = 1.67\mu F$$

由于

$$Q_1 = Q_2 = Q = CU = 1.67 \times 10^{-6} \times 300 = 5 \times 10^{-4} C$$

故

$$U_1 = \frac{Q_1}{C_1} = \frac{5 \times 10^{-4}}{2 \times 10^{-6}} = 250V$$

$$U_2 = \frac{Q_2}{C_2} = \frac{5 \times 10^{-4}}{10 \times 10^{-6}} = 50V$$

由于 C_1 所承受的电压是 250V，超过了它的耐压，所以 C_1 将会被击穿，导致 C_2 承受着全部电源电压 300V；而 300V 又远大于 C_2 的耐压 250V，C_2 也会被击穿。所以，这样使用是不安全的。

4.3.2　电容器的并联

基础知识

将几个电容器接在相同两点之间的连接方式，称为电容器的并联，如图 4.8 所示。其特点如下所述。

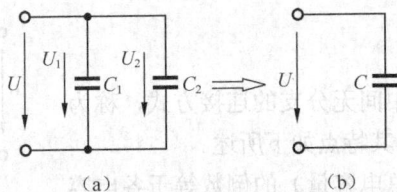

图 4.8　电容器的并联

（1）并联后的等效电容（总电容量）等于各电容器的容量之和，即

$$C = C_1 + C_2 + C_3 + \cdots + C_n \tag{4.10}$$

可见，电容器并联时总容量增大了，并联的电容器数量越多，等效容量越大。

（2）各电容器两端承受的电压相等，并等于电源电压，即

$$U = U_1 = U_2 = U_3 = \cdots = U_n \tag{4.11}$$

并联时每个电容器直接承受外加电压，因此，工程上每个电容器的耐压都必须大于外加电压。

（3）并联后等效电容器上所储存的电量等于各电容器所储存的电量之和，即

$$Q = Q_1 + Q_2 + Q_3 + \cdots + Q_n \tag{4.12}$$

【例 4.3】 电容器 C_1=10μF，充电后电压为 30V，电容器 C_2=20μF，充电后电压为 15V，把它们并联在一起，其电压是多少？

解：电容器 C_1、C_2 并联前的带电量分别为

$$Q_1 = C_1 U_1 = 10 \times 10^{-6} \times 30 = 3 \times 10^{-4} \text{C}$$

$$Q_2 = C_2 U_2 = 20 \times 10^{-6} \times 15 = 3 \times 10^{-4} \text{C}$$

它们所带的总电量为

$$Q = Q_1 + Q_2 = 3 \times 10^{-4} + 3 \times 10^{-4} = 6 \times 10^{-4} \text{C}$$

并联后的总电容量为

$$C = C_1 + C_2 = 10 \times 10^{-6} + 20 \times 10^{-6} = 30 \times 10^{-6} \text{F}$$

并联后的共同电压为

$$U = \frac{Q}{C} = \frac{6 \times 10^{-4}}{30 \times 10^{-6}} = 20 \text{V}$$

4.3.3 电容器的混联

基础知识

既有串联又有并联的电容器组合，称为电容器的混联，如图 4.9 所示。在使用和计算混联电路时，可根据实际电路分别应用串联和并联的知识来分析。

【例 4.4】 如图 4.9 所示，C_1 为 100μF、耐压 50V，C_2 为 50μF、耐压 100V，C_3 为 50μF、耐压 50V。求总电容量 C 及最大安全工作电压 U。

解：由图中可看出，3 个电容器的连接关系是 C_2 和 C_3 并联后再与 C_1 串联。

（1）总电容量为

$$C = \frac{C_1(C_2 + C_3)}{C_1 + (C_2 + C_3)} = \frac{100 \times (50 + 50)}{100 + (50 + 50)} = 50 \mu\text{F}$$

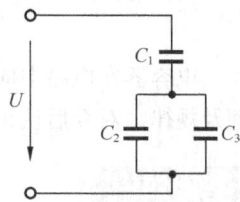

图 4.9 电容器的混联

（2）最大安全工作电压。因为 C_2 和 C_3 并联后可看作一个电容器，其等效电容量为 100μF、耐压 50V，而 C_1 也是 100μF、耐压 50V，这样相当于两个 100μF、耐压 50V 的电容器串联。所以说，该混联电路承受的最大安全工作电压为 100V。

综合案例

有两个金属化纸介电容器，其中一个电容量为 0.25μF、耐压 250V，另一个电容量为

0.5μF、耐压 300V。试求它们串联后的总耐压值是多少？若将它们并联，总耐压值又是多少？

【思路分析】

根据电容串联和并联的特点分析计算。

【优化解答】

（1）将电容器串联起来。

等效电容 $C = \dfrac{C_1 C_2}{C_1 + C_2} = \dfrac{0.25 \times 0.5}{0.25 + 0.5} = 0.167\mu F = 1.67 \times 10^{-7} F$

电容器 C_1 所能储存的最大电量 $Q_1 = C_1 U_1 = 0.25 \times 10^{-6} \times 250 = 6.25 \times 10^{-5} C$

电容器 C_2 所能储存的最大电量 $Q_2 = C_2 U_2 = 0.5 \times 10^{-6} \times 300 = 1.5 \times 10^{-4} C$

因此，电容器串联后所能储存的最大电量 $Q = Q_1 = 6.25 \times 10^{-5} C$

故串联后的总耐压值 $U = \dfrac{Q}{C} = \dfrac{6.25 \times 10^{-5}}{1.67 \times 10^{-7}} = 375V$

（2）将电容器并联起来。

并联后的总耐压值 $U = U_1 = 250V$

作业测评

（1）并联电容器的等效电容量总是_____其中任一电容器的电容量。若并联的电容器越多，总等效电容量_____。

（2）串联电容器的等效电容量总是_____其中任一电容器的电容量。若串联的电容器越多，总等效电容量_____。

（3）某设备中需要一个"6000μF、耐压 50V"的电容器，而现有若干个"2000μF、耐压 50V"的电容器，根据现有元件，应采用何种方法才能满足需要？

4.4 技能训练 电容器充电、放电电路的接线及测量

电容器在电路中应用的根本原理是电容器具有充电、放电的功能，因此弄清充电、放电的原理及规律，对今后认识和掌握电路、电器原理具有十分重要的意义。

基础知识

1. 信号发生器

信号发生器是应用最广泛的电子仪器之一。它能为科研、教学等行业提供不同波形、不同频率、不同幅值的电压或电流信号，用来测试放大器的放大倍数、频率特性及电子元器件的参数等；还可以用来校准仪表以及为各种电路提供交流电压信号。它主要由振荡器、功率放大器、输出级及直流稳压电源等组成。

2. 示波器

示波器是用来显示和测量各种随时间性变化的电信号波形的一种综合性电子测量仪器。它不仅可用于测量信号的幅度，还能测量信号的周期、相位和频率以及观察信号的失真情况等；通过各种传感器，还可以进行各种非电量参数的检测。

示波器有单线、双线及双踪之分。其中，双线或双踪示波器在维修、调试电子设备或数控机床中是必备的电子测量设备之一。它主要由示波管、y 轴（垂直）偏转电路、x 轴（水平）偏转电路、x 轴扫描、y 轴放大、整步系统和电源等部分组成。

【实验目标】

（1）熟悉电容器的主要性能指标，加深对电容器充、放电特性的理解。

（2）熟悉示波器和低频信号发生器的使用。

（3）学会使用示波器直接观察电容器充、放电的波形及计算其时间。

【实验条件】

实验条件如表 4.2 所示。

表 4.2　　　　　　　　　　　实　验　条　件

序　号	代　号	名　称	规　格	数　量	单　位
1	R	电阻器	1kΩ、2kΩ、20kΩ	各 1	个
2	C	电容器	0.1μF、0.22μF、0.33μF	各 1	个
3		万用表		1	个
4		导线		若干	根
5		信号发生器		1	台
6		双踪示波器		1	台

【操作步骤】

（1）按照图 4.10 所示接好电路，确认无误后方可接能电源，使示波器和信号发生器正常工作。

（2）将信号发生器调节为方波输出，其频率为 10Hz 时，幅值最大。取电阻器为 20kΩ，电容器分别为 0.1μF、0.22μF、0.33μF。调节示波器有关旋钮，观察电容器充、放电波形且计算其充、放电时间，并将测量和计算结果和计算结果记入表 4.3 中。

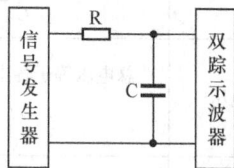

图 4.10　电容器充、放电测量电路

（3）取电容器为 0.1μF，电阻器分别为 1kΩ、2kΩ，再调节示波器有关旋钮，观察电容器充、放电波形且计算其充、放电时间，并将测量和计算结果也记入表 4.3 中。

表 4.3　　　　　　　　　　　测量结果记录表

结　果	$R=20k\Omega$			$C=0.1\mu F$	
	0.1μF	0.22μF	0.33μF	1kΩ	2kΩ
测量波形					
计算时间/ms					

【思考与能力检测】

根据测量波形和计算结果，分析电容器的充、放电的时间与电阻器、电容器的大小存在怎样的关系？

本 章 小 结

（1）电容器是一种用来储存电荷的容器。任何两块金属导体，中间隔以绝缘介质，就构成了一个电容器。

（2）电容器任一极板储存的电荷量 Q 与两板间电压 U 的比值，称该电容器的电容量 C，即 $C = \dfrac{Q}{U}$。

（3）电容器的主要指标是标称容量、允许误差和额定工作电压。

（4）电容器的充、放电。

名　　称	充 电 过 程	放 电 过 程
电荷	不断积累	不断释放
电流	逐渐减小	逐渐减小
电压	逐渐增大	逐渐减小

（5）电容器是个储能元件。在充电过程中，电容器把电源提供的电能储存在电场中；放电时，又将储存的电场能量释放出来。它所储存的电场能量 $W_C = \dfrac{1}{2}CU^2$。

（6）电容器的连接。

名　　称	串　　联	并　　联
电容量	等效电容的倒数等于各电容器的容量的倒数之和，即 $$\frac{1}{C} = \frac{1}{C_1} + \frac{1}{C_2} + \frac{1}{C_3} + \cdots + \frac{1}{C_n}$$	等效电容等于各电容器的容量之和，即 $$C = C_1 + C_2 + C_3 + \cdots + C_n$$
电压	总电压等于各电容器上的电压之和，即 $$U = U_1 + U_2 + U_3 + \cdots + U_n$$	各电容器两端承受的电压相等，并等于电源电压，即 $$U = U_1 = U_2 = U_3 = \cdots = U_n$$
电荷量	各电容器所储存的电量都相等，并等于串联后等效电容器上所储存的电量，即 $$Q = Q_1 = Q_2 = Q_3 = \cdots = Q_n$$	等效电容器上所储存的电量等于各电容器所储存的电量之和，即 $$Q = Q_1 + Q_2 + Q_3 + \cdots + Q_n$$

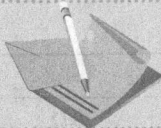

思 考 与 练 习

1. 判断题

（1）电容器上的电压不能突变，而电流能突变。　　　　　　　　　　　　　　　（　　）

（2）根据电容器的容量定义式 $C=Q/U$，可以说明电容量与电量成正比，与电压成反比。　　（　　）

（3）电容器的容量越大，所带的电量就越多。　　（　　）

（4）平行板电容器的电容量只跟极板的正对面积和极板之间的距离有关，而与其他因素均无关。　　（　　）

（5）几个电容器串联后，接在直流电源上，那么各个电容器所带的电量均相等。　　（　　）

（6）若干个电容器并联，电容量越大的电容器所带的电量也越多。　　（　　）

2．选择题

（1）有两个电容器且 $C_1>C_2$，如果它们两端的电压相等，则（　　）。

    A．C_1 所带电量较多　　　　　　B．C_2 所带电量较多　　　　　　C．两电容器所带电量相等

（2）一平行板电容器，若极板之间距离 d 和选用的介电常数 ε 一定时，如果极板面积 S 增大，则（　　）。

    A．电容量减小　　　　　　　　B．电容量增大　　　　　　　　C．电容量不变

（3）有两个电容器，$C_1=30\mu F$、耐压 12V，$C_2=50\mu F$、耐压 12V。若将它们串联后接到 24V 电压上，则（　　）。

    A．两个电容器都被击穿　　　B．C_1 被击穿，C_2 正常　　　C．C_2 被击穿，C_1 正常

（4）3 个相同的电容器并联之后的等效电容与它们串联之后的等效电容之比为（　　）。

    A．1∶9　　　　　　　　　　B．9∶1　　　　　　　　　　C．3∶1

（5）一个电容器带电量为 Q 时，两极板间的是电压为 U，若使其两端的电压减少一半，则这个电容器的电容量将（　　）。

    A．减少一半　　　　　　　　B．保持不变　　　　　　　　C．增大一倍

3．填空题

（1）任何两块＿＿＿＿＿＿＿，中间隔以＿＿＿＿＿＿＿，就构成一个电容器。

（2）电容器具有储存＿＿＿＿＿的本领，其本领的大小可以用＿＿＿＿＿来表示，表达式是＿＿＿＿＿＿＿。

（3）有 $C_1=0.2\mu F$、$C_2=0.5\mu F$ 的两个电容器，并联在 300V 的电压上，电容器 C_1 的极板上所带的电量为＿＿＿＿＿C，C_2 极板上所带的电量为＿＿＿＿＿C。

（4）有 5 个"$10\mu F$、耐压 100V"的电容器，如将它们全部并联后等效电容为＿＿＿＿μF，耐压为＿＿＿＿V。

（5）电容器的主要指标是＿＿＿＿＿＿、＿＿＿＿＿＿和＿＿＿＿＿＿。

（6）电容器具有＿＿＿＿＿直流电通过和＿＿＿＿＿交流电通过的特性，常称"隔直"和"通交"。

（7）有两个电容器的电容之比为 1∶2，串联后接到电源上充电，充电完毕后，它们的电场能量之比为＿＿＿＿＿；若并联后充电，则充电完毕后，它们的电场能量之比为＿＿＿＿＿。

4．计算题

（1）如图 4.11 所示，已知 $R_1=40\Omega$，$R_2=60\Omega$，$C=0.5\mu F$，$U=10V$，问电容器两端电压是多少？电容器极板上所带电量又是多少？

（2）如图 4.12 所示，$C_1=30\mu F$，$C_2=10\mu F$，$C_3=30\mu F$，$C_4=60\mu F$，求 ab 间的等效电容量。

（3）如图 4.13 所示，$C_1=C_4=0.2\mu F$，$C_2=C_3=0.6\mu F$，当开关 S 断开和闭合时，ab 间的等效电容量各是多少？

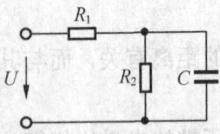

图 4.11　计算题（1）电路图

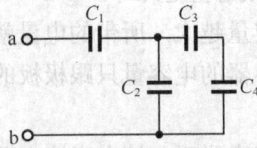

图 4.12　计算题（2）电路图

（4）如图 4.14 所示，$C_1=40\mu F$，$C_2=C_3=20\mu F$，它们的耐压都是 50V，试求等效电容量及最大安全工作电压各是多少？

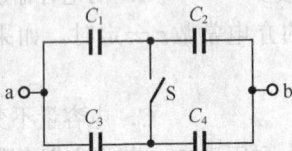

图 4.13　计算题（3）电路图

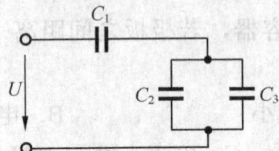

图 4.14　计算题（4）电路图

第5章

单相交流电路

前面我们学习了电流、电压、电动势的概念，并讨论了直流电的问题，实际生产和生活中，除了使用干电池、蓄电池等直流电源外，更多的是使用来自国家电网提供的交流电源，即所谓市电。

交流电与直流电相比，交流电有很多的优点。例如，它在生产、输送和使用等方面比直流电都优越得多，交流电输送可利用变压器，实现高压输电、降低损耗，用电时可以降低电压，确保安全。在工程上，即使是使用直流电的场合，大多数也是应用整流装置，将交流电变换成直流电。所以，交流电应用非常广泛。本章主要介绍交流电的概念、正弦交流电的表示方法及交流电路的分析与计算。

知识目标

◎ 了解交流电的概念。

◎ 理解正弦交流电的三要素及表示法。

◎ 掌握 3 种纯电路中电压与电流的数量关系、相位关系。

◎ 掌握 RLC 串联电路的特点。

◎ 掌握串联谐振的条件及特点。

技能目标

◎ 能应用 3 种纯电路的特点分析和计算单一参数交流电路。

◎ 能应用 RLC 串联电路的特点分析和计算实际交流电路。

◎ 能应用串联谐振的特点分析和计算串联谐振电路。

5.1 交流电的基本知识

5.1.1 交流电的概念

基础知识

在直流电路中，电压、电流的大小和方向是恒定的，与时间无关。但在人们生产生活中，应用更为广泛的是交流电，凡大小和方向随时间做周期性变化的电流、电压和电动势称为交流电流、交流电压和交流电动势，统称交流电。交流电分为正弦交流电和非正弦交流电两种。随时间按正弦规律变化的交流电称为正弦交流电。正弦交流电的波形图如图 5.1 所示，其数学表达式为

$$i = I_m \sin(\omega t + \varphi_0)$$

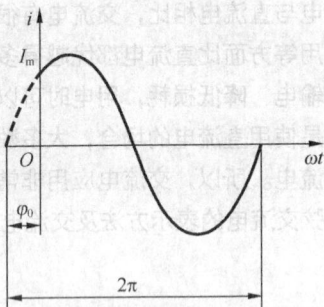

图 5.1　正弦交流电流

5.1.2 表征正弦交流电的物理量

基础知识

1. 周期、频率、角频率

（1）周期。正弦交流电每重复变化一次所需的时间称为周期，用字母 T 表示，单位为秒（s）。在图 5.2 中，横坐标上由 O 到 a 或由 b 到 c 的这段时间就是一个周期。

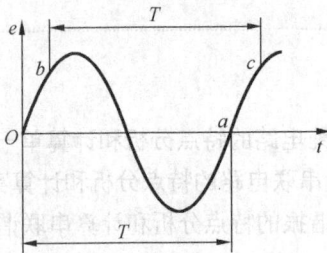

图 5.2　正弦交流电的周期

（2）频率。交流电在 1s 的时间内重复变化的次数称为频率，用字母 f 表示，单位为赫兹（Hz），简称赫。

根据周期和频率的定义可知，周期和频率互为倒数，即

$$f = \frac{1}{T} \text{ 或 } T = \frac{1}{f} \tag{5.1}$$

例如，我国动力和照明用电的标准频率为 50Hz（习惯上称为工频），少数国家采用 60Hz 的频率。又如，高频感应电炉的电源频率为 200～300kHz，我国电视广播的频率为几十兆赫兹等。

（3）角频率。正弦交流电在单位时间内变化的弧度数称为角频率，用字母 ω 表示，单位为弧度/秒（rad/s）。

在一个周期 T 内，正弦交流电变化了 2π 弧度，角频率为

$$\omega = \frac{2\pi}{T} = 2\pi f \tag{5.2}$$

2．瞬时值、最大值、有效值

（1）瞬时值。正弦交流电在某一瞬间的大小称为瞬时值，电动势、电压和电流的瞬时值分别用字母 e、u、i 表示。

（2）最大值。正弦交流电变化时出现的最大瞬时值称为最大值，最大值又称幅值或峰值。电动势、电压和电流的最大值分别用字母 E_m、U_m、I_m 表示。

（3）有效值。有效值是根据交流电的热效应定义的。一交流电流 i 和一直流电流 I 分别通过同一电阻，如果在相同的时间内产生的热量相等，则此直流电流的数值称为该交流电流的有效值。电动势、电压和电流的有效值分别用字母 E、U、I 表示。

根据理论计算，正弦量的有效值是最大值的 0.707 倍，即

$$\left. \begin{array}{l} E = \dfrac{E_m}{\sqrt{2}} = 0.707 E_m \\[2mm] U = \dfrac{U_m}{\sqrt{2}} = 0.707 U_m \\[2mm] I = \dfrac{I_m}{\sqrt{2}} = 0.707 I_m \end{array} \right\} \tag{5.3}$$

有效值在电气工程中应用非常广泛。例如，照明电路的电源电压为 220V、动力电路的电源电压为 380V，都是指有效值；用交流电工仪表测量出来的电流、电压也是指有效值；大多数电器产品铭牌上标注的额定电压、额定电流都是指有效值。

3．相位、初相位、相位差

（1）相位。在式 $i = I_m \sin(\omega t + \varphi_0)$ 中，$(\omega t + \varphi_0)$ 是随时间变化的角度，我们把 $(\omega t + \varphi_0)$ 称为正弦交流电的相位角，简称相位，用字母 α 表示，单位为弧度（rad）。

（2）初相位。$t = 0$ 的相位称为初相位，简称初相，用字母 φ_0 表示，单位为弧度（rad）。初相的取值范围为 $-\pi$～π。

（3）相位差。两个同频率正弦交流电的相位之差，称为相位差，用字母 φ 表示，单位为弧度（rad）。相位差的取值范围为 $-\pi$～π。

若 $i_1 = I_{m1} \sin(\omega t + \varphi_1)$，$i_2 = I_{m2} \sin(\omega t + \varphi_2)$，则

$$\varphi = (\omega t + \varphi_1) - (\omega t + \varphi_2) = \varphi_1 - \varphi_2 \tag{5.4}$$

如果 $\varphi = \varphi_1 - \varphi_2 > 0$，那么就称 i_1 超前 i_2，或者 i_2 滞后 i_1。在图 5.3 中，i_1 超前 i_2 135°，或 i_2 滞后 i_1 135°。

如果 $\varphi = \varphi_1 - \varphi_2 = 0$，那么就称这两个交流电同相位。在图 5.4 中，$i_1$ 与 i_2 同相位。

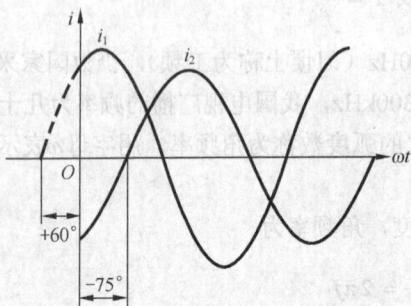

图 5.3 相位关系

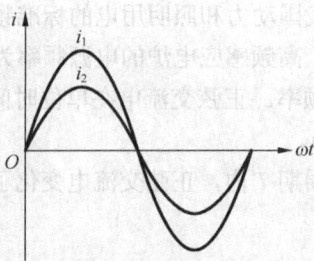

图 5.4 同相位

如果 $\varphi = \varphi_1 - \varphi_2 = 180°$，那么就称这两个交流电反相位。在图 5.5 中，$i_1$ 与 i_2 反相位。

如果 $\varphi = \varphi_1 - \varphi_2 = 90°$，那么就称这两个交流电正交。在图 5.6 中，$i_1$ 与 i_2 正交。

有效值（或最大值）、频率（或周期、角频率）和初相是表征正弦交流电的 3 个重要物理量，通常把它们称为正弦交流电的三要素。

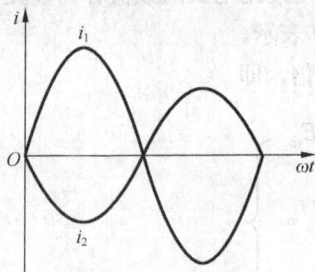

图 5.5 反相位

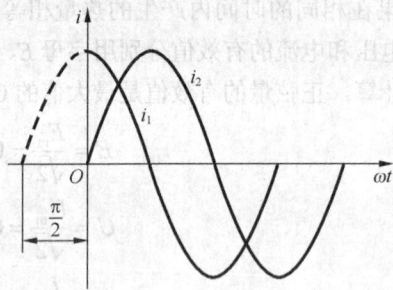

图 5.6 正交关系

【例 5.1】 已知单相正弦交流电流 i_1、i_2 的瞬时值表达式为 $i_1 = 14.1\sin\left(\omega t - \dfrac{\pi}{6}\right)$ A，$i_2 = 28.2\sin\left(\omega t + \dfrac{5\pi}{6}\right)$ A，试写出 i_1 与 i_2 的相位关系。

解： 因为

$$\varphi = \varphi_1 - \varphi_2 = -\frac{\pi}{6} - \frac{5\pi}{6} = -\pi$$

故 i_1 与 i_2 反相。

【例 5.2】 已知某正弦交流电压为 $u = 311\sin\left(100\pi t + \dfrac{\pi}{3}\right)$ V，试求该交流电压的最大值 U_m、有效值 U、频率 f 和初相位 φ_0。

解： 由已知条件可得

$$U_m = 311V$$

$$U = \frac{U_m}{\sqrt{2}} = \frac{311}{\sqrt{2}} = 220\text{V}$$

$$f = \frac{\omega}{2\pi} = \frac{100\pi}{2\pi} = 50\text{Hz}$$

$$\varphi_0 = \frac{\pi}{3}$$

作业测评

（1）已知一正弦交流电动势为 $e = 220\sin(314t + 60°)$ V，其最大值为_____，相位角为_____，角频率为_____，初相为_____。

（2）我国电力工业中交流电的频率是_____Hz，其周期为_____s。

（3）两个正弦量同相，说明两个正弦量的相位差为_____；两个正弦量反相，说明两个正弦量的相位差为_____；两个正弦量正交，说明两个正弦量的相位差为_____。

5.2 正弦交流电的表示方法

前面介绍了正弦交流电的三要素，这 3 个要素可以用几种不同的方法表示出来。

5.2.1 解析法

基础知识

解析法是指利用三角函数式表示正弦交流电随时间变化的方法。正弦交流电动势、电压和电流的解析式分别为

$$\begin{cases} e = E_m \sin(\omega t + \varphi_0) \\ u = U_m \sin(\omega t + \varphi_0) \\ i = I_m \sin(\omega t + \varphi_0) \end{cases} \tag{5.5}$$

【例 5.3】 正弦交流电的频率 $f = 50\text{Hz}$，最大值 $U_m = 220\text{V}$，初相 $\varphi_0 = 30°$，试写出电压的瞬时值表达式。

解：由于 $\omega = 2\pi f = 2\pi \times 50 = 314\text{rad/s}$

根据式（5.5）得

$$u = 220\sin(314t + 30°)\text{V}$$

5.2.2 波形图表示法

基础知识

波形图表示法是指利用三角函数式对应的正弦曲线来表示正弦交流电的表示方法，如图 5.7 所示，横坐标表示电角度 ωt 或时间 t，纵坐标表示正弦量的瞬时值，图中可以直观地表示出正弦

交流电的三要素。

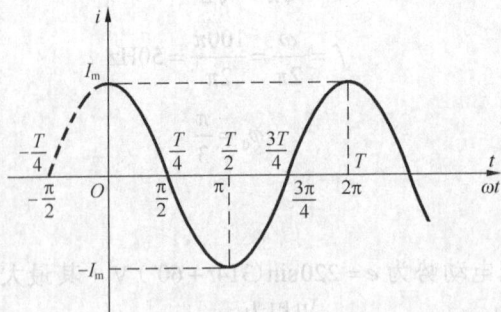

图 5.7　波形图

5.2.3　相量图表示法

基础知识

正弦量还可以用一个称为相量的有向线段表示。该线段的长度等于正弦量的有效值，该线段与横坐标轴正方向的夹角等于正弦量的初相角 φ_0。$\varphi_0 > 0$，则线段在横轴的上方；$\varphi_0 < 0$，则线段在横轴的下方。相量的符号为有效值符号上加一圆点，如用 $\dot{I}$ 表示正弦交流电流的相量，用 $\dot{U}$ 表示正弦交流电压的相量，图 5.8 画出了正弦电流和正弦电压的相量。通常把图 5.8 称为相量图。

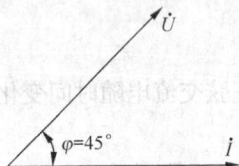

图 5.8　相量图

应用相量图时注意以下几点。

（1）同一相量图中，各正弦交流电的频率应相同。

（2）同一相量图中，相同单位的相量应按相同比例画出。

（3）一般取直角坐标轴的水平正方向为参考方向，逆时针转动的角度为正，反之为负。有时为了方便起见，也可在几个相量中任选其一作为参考相量，并省略直角坐标轴。

（4）用相量表示正弦交流电后，它们的加、减运算可按平行四边形法则进行。

必须指出：一个正弦量的解析式、波形图、相量图是正弦量的几种不同的表示方法，它们有一一对应的关系，但在数学上并不相等，如果写成 $e = E_m \sin(\omega t + \varphi_0) = \dot{E}$，则是错误的。

【例 5.4】 已知正弦电流 $i_1 = 3\sqrt{2}\sin(\omega t + \frac{2\pi}{3})$ A，$i_2 = 4\sqrt{2}\sin(\omega t + \frac{\pi}{6})$ A，试用相量图求 $i_1 + i_2$。

解： 依题意，知 $I_1 = 3$A，$\varphi_1 = \frac{2\pi}{3}$，$I_2 = 4$A，$\varphi_2 = \frac{\pi}{6}$

分别画出 i_1 和 i_2 的相量，如图 5.9 所示。根据相量相加的平行四边形法则，可得

$$I = \sqrt{I_1^2 + I_2^2} = \sqrt{3^2 + 4^2} = 5\text{A}$$

i 初相位为

$$\varphi_0 = \varphi_2 + \arctan\frac{I_1}{I_2} = 30° + \arctan\frac{3}{4} = 30° + 36.9° = 66.9°$$

所以

$$i = i_1 + i_2 = 5\sqrt{2}\sin(\omega t + 66.9°)\,\text{A}$$

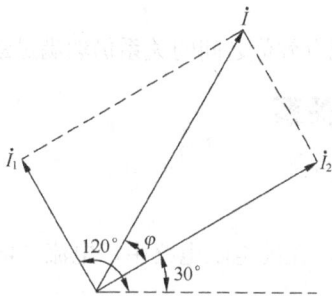

图 5.9　例 5.4 相量图

作业测评

（1）已知一正弦电动势的最大值为 311V，频率为 50Hz，初相位为 45°，试写出此电动势的瞬时值表达式，绘出波形图，并求出 $t = 0.01\text{s}$ 时的瞬时值。

（2）已知 $u_1 = 220\sqrt{2}\sin(314t - \frac{\pi}{3})\,\text{V}$，$u_2 = 110\sqrt{2}\sin(314t + \frac{\pi}{6})\,\text{V}$，试求两者间的相位差，并用相量图表示出来。

5.3 纯电阻电路

在交流电路中，只含有电阻，而没有电感和电容的电路称为纯电阻电路，如图 5.10 所示。在日常生活中使用的白炽灯、电炉和电烙铁等电器组成的电路均可以近似看成是纯电阻电路。

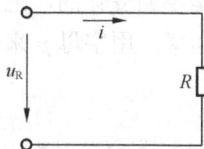

图 5.10　纯电阻电路

5.3.1　电流与电压的数量关系

基础知识

为了分析方便，设加在电阻两端的电压 u_R 初相为零，即

$$u_R = U_{Rm} \sin \omega t \quad (5.6)$$

根据欧姆定律，通过电阻的电流为

$$i = \frac{u_R}{R} = \frac{U_{Rm}}{R} \sin \omega t \quad (5.7)$$

由式（5.7）知

$$I_m = \frac{U_{Rm}}{R} \quad (5.8)$$

$$I = \frac{U_R}{R} \quad (5.9)$$

可见，电流与电压的最大值或有效值之间的关系仍然满足欧姆定律。

5.3.2　电流与电压的相位关系

基础知识

由式（5.6）和式（5.7）可知，在纯电阻电路中，电流与电压是同频率、同相位的正弦量，其波形图和相量图如图 5.11 所示。

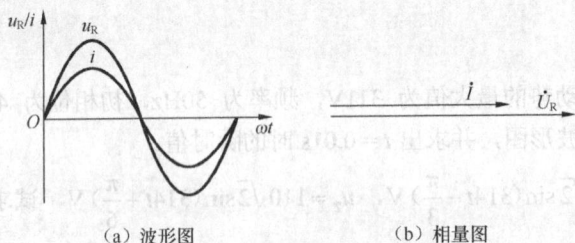

（a）波形图　　　　　　　（b）相量图

图 5.11　纯电阻电路中电流与电压的相位关系

5.3.3　电路的功率

基础知识

1. 瞬时功率

在纯电阻交流电路中，电压和电流是不断变化的，把电压瞬时值和电流瞬时值的乘积称为瞬时功率，用字母 p 来表示，即

$$p = u_R i = U_{Rm} \sin \omega t \times \frac{U_{Rm}}{R} \sin \omega t = \frac{U_{Rm}^2}{R} \sin^2 \omega t \quad (5.10)$$

瞬时功率的变化曲线如图 5.12 所示。由于电流与电压同相，所以瞬时功率在任一瞬时的数值都是正值，这就说明电阻始终在消耗电能。因此，电阻元件是一种耗能元件。

2. 有功功率

由于瞬时功率时刻在变动，不便计算，因而通常用瞬时

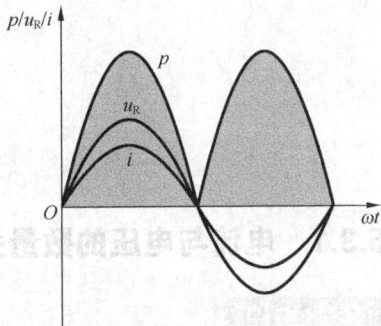

图 5.12　纯电阻电路的功率曲线

功率在一个周期内的平均值来衡量功率大小。这个平均值称为平均功率，它是电路中实际消耗的功率，又称为有功功率，用字母 P 表示，单位为瓦特（W）。理论和实验证明，纯电阻电路的有功功率为

$$P = U_R I = I^2 R = \frac{U_R^2}{R} \tag{5.11}$$

想一想

在纯电阻电路中，无论是电压和电流的关系式，还是计算功率的公式，在交流和直流电路中，形式上完全相似，但还存在哪些不同？

【例 5.5】 已知某电炉两端的电压 $u = 220\sqrt{2}\sin\left(314t + \frac{\pi}{6}\right)$ V，工作时的电阻为 100Ω，（1）试写出电流的瞬时值表达式；（2）画出电压、电流的相量图；（3）求电阻消耗的功率。

解： 由 $u = 220\sqrt{2}\sin\left(314t + \frac{\pi}{6}\right)$ V，可知 $U = 220$ V

（1）电流的瞬时值表达式为

$$i = \frac{u}{R} = \frac{220\sqrt{2}\sin\left(314t + \frac{\pi}{6}\right)}{100} = 2.2\sqrt{2}\sin\left(314t + \frac{\pi}{6}\right) \text{A}$$

（2）相量图如图 5.13 所示。

（3）电阻消耗的功率

$$P = \frac{U^2}{R} = \frac{220^2}{100} = 484 \text{W}$$

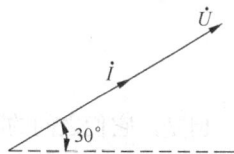

图 5.13 例 5.5 相量图

作业测评

（1）在纯电阻正弦交流电路中，已知端电压 $u = 10\sqrt{2}\sin\left(\omega t - \frac{\pi}{6}\right)$ V，电阻 $R = 20\Omega$，那么电流 $i =$ _____，电压与电流的相位差 $\varphi =$ _____，电阻上消耗的功率 $P =$ W。

（2）一个"220V/60W"的白炽灯，接到 $u = 311\sin(314t + 30°)$ V 的电源上，试写出电流的瞬时值表达式，并画出电压、电流的相量图。

5.4 纯电感电路

在交流电路中，如果用电感线圈作为负载，且线圈的电阻可以忽略不计时，那么，这个电路就称为纯电感电路，如图 5.14 所示。

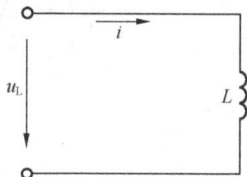

图 5.14 纯电感电路

5.4.1　电流与电压的数量关系

基础知识

根据电磁感应定律，通电后的电感线圈当电流发生变化时，将产生感应电动势阻碍电流的变化。这种阻碍作用称为电感线圈的感抗，用字母 X_L 表示，单位为欧姆（Ω）。

实验表明，感抗 X_L 与电感 L 以及电源频率 f 成正比，用公式表示为

$$X_L = \omega L = 2\pi f L \tag{5.12}$$

从式（5.12）中可以看出，对于交流电，频率 f 越高，X_L 就越大；频率 f 越低，X_L 就越小。对直流电而言，由于 $f = 0$，则 $X_L = 0$，电感相当于短路，因此，电感线圈有"通直流，阻交流"或"通低频，阻高频"的特性。感抗与频率成正比的特性在电工、电子技术中有着广泛的应用。

通过进一步的推导可以证明，在纯电感电路中，加在线圈两端的电压和通过线圈电流的最大值或有效值之间的关系也符合欧姆定律，即

$$I_m = \frac{U_{Lm}}{X_L} \tag{5.13}$$

$$I = \frac{U_L}{X_L} \tag{5.14}$$

但是，它们之间的瞬时值不符合欧姆定律。

5.4.2　电流与电压的相位关系

基础知识

实验证明，在纯电感电路中，电流与电压是同频率的正弦量，电压超前电流 90°，或者说电流滞后电压 90°。若电感线圈中通过的电流为

$$i = \sqrt{2} I \sin \omega t \tag{5.15}$$

则电压

$$u_L = \sqrt{2} U_L \sin\left(\omega t + \frac{\pi}{2}\right) \tag{5.16}$$

在纯电感电路中，电流 i 和电压 u 的波形图和相量图如图 5.15 所示。

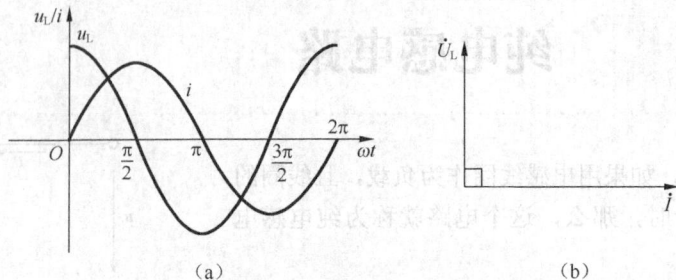

图 5.15　纯电感电路中电流与电压的相位关系

在纯电感电路中，电压超前电流90°，是否意味着先有电压后有电流?

5.4.3 电路的功率

基础知识

1. 瞬时功率

在纯电感正弦交流电路中，瞬时功率等于电压瞬时值与电流瞬时值的乘积，即

$$p = u_L i = \sqrt{2}U_L \sin\left(\omega t + \frac{\pi}{2}\right)\sqrt{2}I \sin\omega t$$

$$= 2U_L I \sin\omega t \cos\omega t$$

$$= U_L I \sin 2\omega t \tag{5.17}$$

由此可知，电感元件的瞬时功率 p 也是按正弦规律变化的，其频率为电流频率的 2 倍。其波形如图 5.16 所示。在电流一个变化周期内，瞬时功率变化两个周期，即两次为正，两次为负，数值相等，其有功功率（平均功率）为零，也就是说，纯电感元件在交流电路中不消耗电能。

2. 无功功率

电感元件不消耗电源的能量，但它与电源之间在不断地进行周期性的能量交换。

为了反映电感元件与电源之间进行能量交换的规律，我们把瞬时功率的最大值称为电感元件的无功功率，用字母 Q_L 表示，单位为乏（var）。其数学表达式为

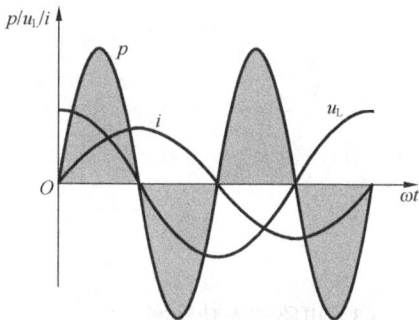

图 5.16 纯电感电路的功率曲线

$$Q_L = U_L I = I^2 X_L = \frac{U_L^2}{X_L} \tag{5.18}$$

电感元件有阻碍电流变化的作用，而自身又不消耗能量，所以在电工和电子技术中有广泛的应用，如日光灯的镇流器、电动机启动、风扇调速、电焊机调节电流的电抗器等。由于绕制线圈的导线总会有电阻，所以很难制成纯电感元件，只有在电阻很小时，可忽略不计，视为纯电感电路。

必须指出："无功"含义是交换，而不是消耗，更不能把"无功"误解为无用。在生产实践中，无功功率占有重要的地位，如具有电感的变压器、电动机等，都是靠电磁转换来进行工作的，如果没有无功功率的存在，这些设备是不能工作的。

【例 5.6】 一个 5mH 的电感线圈，接在 $u = 20\sqrt{2}\sin\left(10^6 t + \frac{\pi}{6}\right)$ V 电源上，（1）试写出电流的瞬时值表达式；（2）画出电流、电压的相量图；（3）求出电路的无功功率。

解： 由 $u=20\sqrt{2}\sin\left(10^6 t+\dfrac{\pi}{6}\right)\text{V}$，可知 $U=20\text{V}$，$\omega=10^6\text{rad/s}$

故

$$X_{\text{L}}=\omega L=10^6\times5\times10^{-3}=5\times10^3\,\Omega$$

（1）由于电流的有效值为

$$I=\frac{U}{X_{\text{L}}}=\frac{20}{5\times10^3}=4\times10^{-3}\text{A}=4\text{mA}$$

因此电流的瞬时值表达式为

$$i=4\sqrt{2}\sin\left(10^6 t+\frac{\pi}{6}-\frac{\pi}{2}\right)=4\sqrt{2}\sin\left(10^6 t-\frac{\pi}{3}\right)\text{mA}$$

（2）电流、电压的相量图如图 5.17 所示。

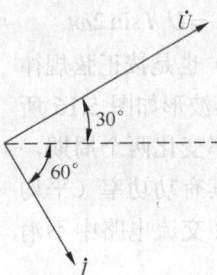

图 5.17　例 5.6 相量图

（3）电路的无功功率

$$Q_{\text{L}}=UI=20\times4\times10^{-3}=0.08\,\text{var}$$

作业测评

（1）在正弦交流电路中，已知流过电感元件的电流 $I=10\text{A}$，电压 $u=20\sqrt{2}\sin1\,000t$ V，则电流 $i=$ _____，感抗 $X_{\text{L}}=$ _____ Ω，电感 $L=$ _____H，无功功率 $Q_{\text{L}}=$ _____var。

（2）在纯电感正弦交流电路中，已知 $L=0.4\text{mH}$，流过电感的电流为 2A，电路的无功功率为 24var，试求感抗、电源频率和电感两端的电压。

5.5　纯电容电路

在交流电路中，如果只用电容器作为负载，且可以忽略介质的损耗时，那么这个电路就称为纯电容电路，如图 5.18 所示。

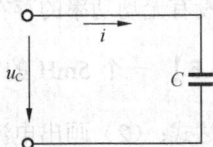

图 5.18　纯电容电路

5.5.1 电流与电压的数量关系

基础知识

与电感线圈一样，在交流电路中，电容对交流电有阻碍作用，这种阻碍作用称为容抗，用字母 X_C 表示，单位为欧姆（Ω）。

实验证明：电容器的容抗 X_C 与电容器的电容 C 以及电源频率 f 成反比，用公式表示为

$$X_C = \frac{1}{\omega C} = \frac{1}{2\pi f C} \tag{5.19}$$

从式（5.19）中可以看出，对于交流电，频率 f 越高，X_C 就越小；频率 f 越低，X_C 就越大。对于直流电而言，由于 $f = 0$，则 $X_C \to \infty$，电容相当于断路。因此，电容器有"通交流、隔直流"和"通高频、阻低频"的特性。

通过进一步的推导可以证明，在纯电容电路中，电压和电流的最大值或有效值之间的关系也符合欧姆定律，即

$$I_m = \frac{U_{Cm}}{X_C} \tag{5.20}$$

$$I = \frac{U_C}{X_C} \tag{5.21}$$

但是，它们之间的瞬时值关系不符合欧姆定律。

5.5.2 电流与电压的相位关系

基础知识

实验证明，在纯电容电路中，电流与电压是同频率的正弦量，电流超前电压 90°，或者说电压滞后电流 90°。若设电容两端的电压为

$$u_C = \sqrt{2} U_C \sin \omega t \tag{5.22}$$

则电流

$$i = \sqrt{2} I \sin \left(\omega t + \frac{\pi}{2} \right) \tag{5.23}$$

电流 i 和电压 u 的波形图和相量图如图 5.19 所示。

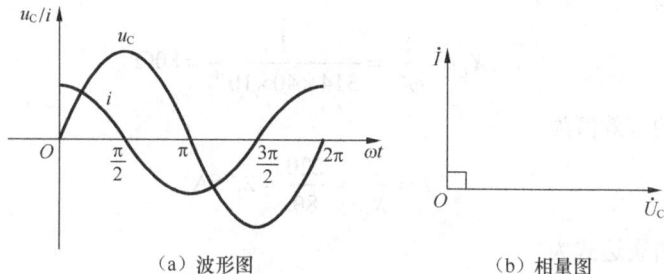

（a）波形图　　　　　　　　　　（b）相量图

图 5.19　纯电容电路中电流与电压的相量关系

5.5.3　电路的功率

基础知识

1. 瞬时功率

在纯电容正弦电流电路中，瞬时功率等于电压瞬时值与电流瞬时值的乘积，即

$$p = u_C i = \sqrt{2}U_C \sin \omega t \times \sqrt{2}I \sin\left(\omega t + \frac{\pi}{2}\right)$$

$$= 2U_C I \sin \omega t \cos \omega t$$

$$= U_C I \sin 2\omega t \qquad (5.24)$$

图 5.20 中画出了 p 的变化曲线。从图中可看出，在第一和第三个 $\frac{1}{4}$ 周期内，p 是正值，此时电容器被充电，从电源吸取能量，并把它储藏在电容器的电场中，电容器起一个负载的作用。但在第二和第四个 $\frac{1}{4}$ 周期内，p 是负值，电容器放电，它把储藏的电场能量又送回电源，电容器又起着一个电源的作用。所以在纯电容电路中，电容器也是时而"吞进"功率，时而"吐出"功率，不消耗电能，其有功功率（平均功率）为零。

2. 无功功率

虽然有功功率为零，但电路中时刻都在进行着能量的交换，与纯电感电路相似，无功功率只是衡量电容器和电源之间交换能量规模的物理量，用字母 Q_C 表示，单位为乏（var），用公式表示为

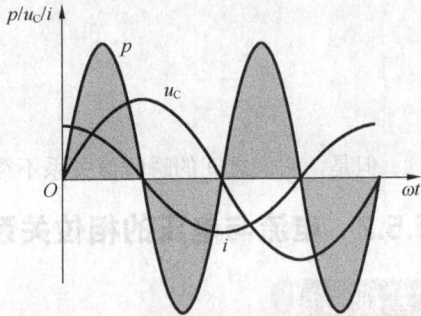

图 5.20　纯电容电路的功率曲线

$$Q_C = U_C I = I^2 X_C = \frac{U_C^2}{X_C} \qquad (5.25)$$

【例 5.7】 若把一个 $C = 40\mu F$ 的电容器接到电压为 $u = 220\sqrt{2}\sin\left(314t + \frac{\pi}{3}\right)$ V 的电源上，试求：（1）电容的容抗；（2）写出电流的瞬时值表达式；（3）画出电流和电压的相量图。

解：（1）容抗为

$$X_C = \frac{1}{\omega C} = \frac{1}{314 \times 40 \times 10^{-6}} = 80\Omega$$

（2）由于电流的有效值为

$$I = \frac{U}{X_C} = \frac{220}{80} = 2.75A$$

故电流的瞬时值表达式为

$$i = 2.75\sqrt{2}\sin\left(314t + \frac{\pi}{3} + \frac{\pi}{2}\right) = 2.75\sqrt{2}\sin\left(314t + \frac{5\pi}{6}\right)A$$

（3）电流和电压的相量图如图 5.21 所示。

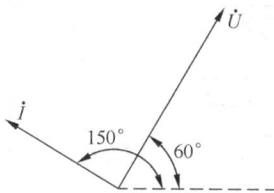

图 5.21 例 5.7 相量图

作业测评

（1）在纯电容正弦交流电路中，已知电流 $I = 10A$，电压 $u = 20\sqrt{2}\sin 1000t$ V，则电流 $i = $ _____，容抗 $X_C = $ _____ Ω，电容量 $C = $ _____ F，无功功率 $Q_C = $ _____var。

（2）把一个电容器接到 $u = 200\sqrt{2}\sin 314t$ V 的电源上，测得流过电容器上的电流为 10A，现将这个电容器接到 $u = 300\sqrt{2}\sin 628t$ V 的电源上，试求：①电容中的电流 I；②电流的瞬时值表达式；③电路的功率；④画出电压、电流的相量图。

5.6 RLC 串联电路

前面讨论的单一参数正弦交流电路只是一般正弦交流电路的特例。实际应用中大多数负载都是由电阻、电感和电容组合构成，本节主要讨论由 R、L、C 3 个元件串联组成的电路结构。

5.6.1 电压与电流的关系

基础知识

设在如图 5.22（a）所示的 RLC 串联电路中，有一正弦交流电流 $i = \sqrt{2}I\sin\omega t$ 通过，则该电流在电阻、电感、电容上产生的电压分别为

$$u_R = \sqrt{2}IR\sin\omega t$$

$$u_L = \sqrt{2}IX_L\sin\left(\omega t + \frac{\pi}{2}\right)$$

$$u_C = \sqrt{2}IX_C\sin\left(\omega t - \frac{\pi}{2}\right)$$

根据基尔霍夫第二定律可知总电压

$$u = u_R + u_L + u_C \tag{5.26}$$

对应的相量关系为

$$\dot{U} = \dot{U}_R + \dot{U}_L + \dot{U}_C \tag{5.27}$$

电压与电流的相量关系如图 5.22（b）所示。

从相量图计算可知

$$U = \sqrt{U_R^2 + (U_L - U_C)^2}$$

$$= \sqrt{(IR)^2 + (IX_L - IX_C)^2}$$

$$= I\sqrt{R^2 + (X_L - X_C)^2} \qquad (5.28)$$

$$= IZ$$

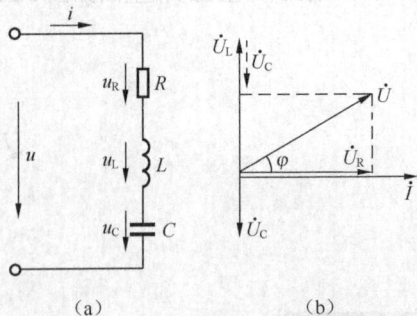

(a)　　　　　　　　(b)

图 5.22　RLC 串联电路和相量图

其中

$$Z = \sqrt{R^2 + (X_L - X_C)^2} = \sqrt{R^2 + X^2} \qquad (5.29)$$

式中：$X = X_L - X_C$——感抗与容抗之差，称为电抗，Ω。

Z——电路的阻抗，它表示电路对交流电流的阻碍作用，Ω。

由图 5.22（b）可知，总电压与电流的相位差

$$\varphi = \arctan\frac{U_L - U_C}{U_R}$$

$$= \arctan\frac{X_L - X_C}{R} \qquad (5.30)$$

$$= \arctan\frac{X}{R}$$

由于 φ 角可以为正、为负或为零，因此，电路可以有以下 3 种情况。

（1）当 $X_L > X_C$ 时，$U_L > U_C$，$\varphi > 0$，总电压超前电流，我们把电路称为感性电路，如图 5.23（a）所示。

（2）当 $X_L < X_C$ 时，$U_L < U_C$，$\varphi < 0$，总电压滞后电流，我们把电路称为容性电路，如图 5.23（b）所示。

（3）当 $X_L = X_C$ 时，$U_L = U_C$，$\varphi = 0$，总电压与电流同相，我们把电路称为阻性电路，如图 5.23（c）所示，这时电路发生谐振。

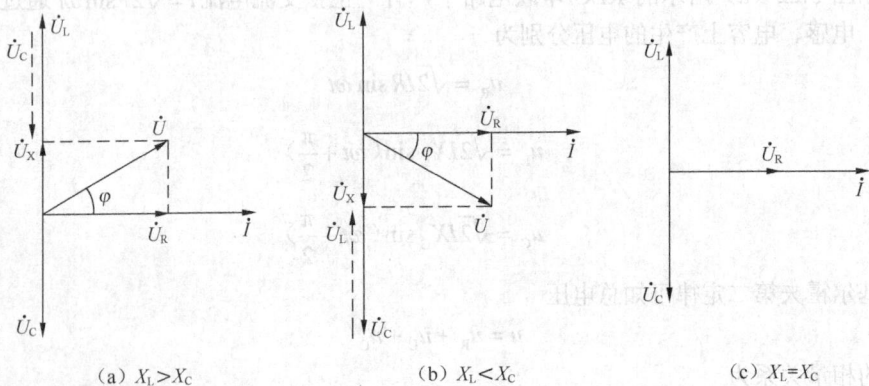

(a) $X_L > X_C$　　　　　　(b) $X_L < X_C$　　　　　　(c) $X_L = X_C$

图 5.23　相量图

5.6.2　电路的功率

基础知识

在 RLC 串联电路中，既有耗能元件，又有储能元件，既有有功功率，又有无功功率，电路的瞬时功率是 3 个元件瞬时功率之和，即

$$p = p_R + p_L + p_C \tag{5.31}$$

1．有功功率

整个电路消耗的有功功率等于电阻消耗的有功功率，即

$$P = U_R I$$

根据图 5.22（b）知

$$U_R = U \cos\varphi$$

故

$$P = UI \cos\varphi \tag{5.32}$$

2．无功功率

整个电路的无功功率等于电感和电容上的无功功率之差，即

$$Q = Q_L - Q_C = U_L I - U_C I = (U_L - U_C)\,I$$

根据图 5.22（b）知

$$U_L - U_C = U \sin\varphi$$

故

$$Q = UI \sin\varphi \tag{5.33}$$

3．视在功率

电源输出的总电流与总电压有效值的乘积，称为电路的视在功率，用字母 S 表示，单位为伏安（VA）。

$$S = UI \tag{5.34}$$

4．功率因数

有功功率与视在功率的比值称为功率因数，即

$$\cos\varphi = \frac{P}{S} \tag{5.35}$$

综合案例

在一电阻、电感、电容串联电路中，已知 $R=30\Omega$，$L=254\text{mH}$，$C=80\mu\text{F}$，电源电压 $u = 220\sqrt{2}\sin(314t + 30°)\text{V}$。试求：（1）电流 i，电压 U_R、U_L、U_C；（2）P、Q、S，$\cos\varphi$；（3）画出相量图。

【思路分析】

本案例的解题关键是先求出感抗、容抗和阻抗，再根据欧姆定律和功率的计算公式来解题。

【优化解答】

（1）线圈的感抗　　$X_L = \omega L = 314 \times 254 \times 10^{-3} = 80\Omega$

电容的容抗　　$X_C = \dfrac{1}{\omega C} = \dfrac{1}{314 \times 80 \times 10^{-6}} = 40\Omega$

电路的阻抗	$Z = \sqrt{R^2 + (X_L - X_C)^2} = \sqrt{30^2 + (80 - 40)^2} = 50\Omega$
电流的有效值	$I = \dfrac{U}{Z} = \dfrac{220}{50} = 4.4A$
总电压与电流的相位差	$\varphi = \arctan \dfrac{X_L - X_C}{R} = \arctan \dfrac{80 - 40}{30} = 53.1°$

电流的瞬时值表达式

$$i = 4.4\sqrt{2}\sin(314t + 30° - 53.1°)$$
$$= 4.4\sqrt{2}\sin(314t - 23.1°)A$$

各元件上的电压

$$U_R = IR = 4.4 \times 30 = 132V$$
$$U_L = IX_L = 4.4 \times 80 = 352V$$
$$U_C = IX_C = 4.4 \times 40 = 176V$$

（2）有功功率

$$P = UI\cos\varphi = 220 \times 4.4 \times \cos 53.1° = 581W$$

无功功率

$$Q = UI\sin\varphi = 220 \times 4.4 \times \sin 53.1° = 774\,\text{var}$$

视在功率

$$S = UI = 220 \times 4.4 = 968VA$$

功率因数

$$\cos\varphi = \dfrac{P}{S} = \cos 53.1° = 0.6$$

（3）相量图如图 5.24 所示。

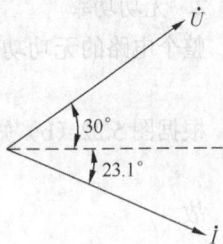

图 5.24　综合案例相量图

作业测评

（1）在 RLC 串联正弦交流电路中，已知 $R = 40\,\Omega$，$X_C = 50\,\Omega$，$U_C = 100\,V$，电路路端电压 $u = 141.4\sin 100t$ V，则 $U_L = $____V，$X_L = $____$\Omega$，$U_R = $____V（感抗小于容抗）。

（2）在 RLC 串联电路中，已知 $R = 30\Omega$，$L = 445mH$，$C = 32\mu F$，电源电压为 $u = 220\sqrt{2}\sin(314t + \dfrac{\pi}{3})$V。试求：① 电路中的电流；② 电压与电流的相位差；③ 电阻、电感和电容的电压。

5.7　串联谐振电路

在 RLC 串联电路中，当电路总电压与电流同相时，电路呈电阻性，电路的这种状态称为串联谐振。

5.7.1　串联谐振条件与谐振频率

基础知识

在 RLC 串联电路中，当电路总电压与电流同相时，相量图如图 5.23（c）所示，此时

$$U_L = U_C \tag{5.36}$$

即
$$X_L = X_C \tag{5.37}$$
所以串联谐振条件是电路的感抗等于容抗。

由于
$$X_L = X_C$$
即
$$2\pi fL = \frac{1}{2\pi fC}$$
所以谐振频率
$$f_0 = f = \frac{1}{2\pi\sqrt{LC}} \tag{5.38}$$

由式（5.38）可知，串联电路发生谐振时的频率 f_0 仅由电路本身的参数 L 和 C 确定，因此又称为电路的固有频率。当调节电源的频率使它和电路的固有频率相等时，则满足 $X_L = X_C$ 的条件，电路便发生谐振。反之，若电源频率一定时，则改变电路的 L、C，即改变电路的固有频率，使二者达到相等，也能使电路发生谐振。

5.7.2 串联谐振的特点

基础知识

（1）阻抗最小，且为电阻性，即
$$Z = \sqrt{R^2 + (X_L - X_C)^2} = R$$

（2）电路中的电流最大，且与电压同相，谐振电流为
$$I_0 = \frac{U}{Z} = \frac{U}{R}$$

（3）电阻两端电压等于总电压，电感与电容两端的电压相等，相位相反，且为总电压的 Q 倍，即
$$U_L = U_C = I_0 X_L = \frac{U}{R}X_L = \frac{X_L}{R}U = QU \tag{5.39}$$
式（5.39）中 Q 称为电路的品质因数，其大小
$$Q = \frac{X_L}{R} = \frac{X_C}{R} = \frac{2\pi f_0 L}{R} = \frac{1}{2\pi f_0 CR} \tag{5.40}$$

想一想

在 RLC 串联交流电路中，总电压是否一定大于各元件上的电压？

5.7.3 串联谐振的应用

基础知识

在无线电技术中，常利用谐振电路从众多的电磁波中选出我们所需要的信号，这一过程称为

调谐。图 5.25 所示为收音机的调谐电路。当各种不同频率的电磁波在天线上产生感应电流时，电流经过线圈 L_1 感应到线圈 L。如果我们想收听的电台频率为 500kHz，只要调节 C，使 LC 串联谐振（L 与 C 组成）频率也等于 500kHz，这时在 LC 回路中该频率信号的电流最大，在电容器两端该频率信号的电压也最大，于是，我们便能收听到 500kHz 这个电台的节目了。而其他各频率的信号，由于没有发生谐振，在回路中的电流很小，因此，就被抑制掉了。

【例 5.8】 某收音机的输入调谐电路如图 5.25 所示，已知 $L=260\mu H$，如果要收听某电台 990kHz 的广播，问可变电容 C 应该调为多大？

解： 应调整 C，使电路的固有频率 f_0 等于广播电台的发射频率，才能使电路发生谐振，即

$$f_0 = 990kHz$$

又因为

$$f_0 = \frac{1}{2\pi\sqrt{LC}}$$

所以

$$C = \frac{1}{(2\pi f_0)^2 L}$$

$$= \frac{1}{(2\times3.14\times990\times10^3)^2 \times 260\times10^{-6}}$$

$$= 9.95\times10^{-11}F = 99.5pF$$

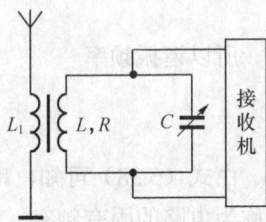

图 5.25 调谐电路

作业测评

（1）串联谐振的条件是什么？

（2）某收音机接收回路，$R=10\Omega$，$L=500\mu H$，$C=180pF$，求谐振频率。若信号电压 $U=0.1mV$，求谐振时电容上的电压。

5.8 技能训练 单相交流电路

在电工应用技术中，很多负载都是由多个元件组成的，如 RLC 串联电路就是比较典型的一种。

基础知识

1. RLC 串联交流电路总电压与各分电压的关系

瞬时值 $$u = u_R + u_L + u_C$$

相量值 $$\dot{U} = \dot{U}_R + \dot{U}_L + \dot{U}_C$$

有效值 $$U = \sqrt{U_R^2 + (U_L - U_C)^2}$$

当电路中 $X_C = 0$，即 $U_C = 0$ 时，电路就是 RL 串联电路；

当电路中 $X_L = 0$，即 $U_L = 0$ 时，电路就是 RC 串联电路。

2．交流电量的测量及交流仪表的使用

（1）交流电流的测量。测量交流电流应采用交流电流表。测量时，将交流电流表与被测电路串联。交流电流表的端钮无"＋"、"－"之分，接线时无须考虑被测电流的实际方向，交流电流表的指示值为被测电流的有效值。

（2）交流电压的测量。测量交流电压应采用交流电压表。测量时，将交流电压表与被测电路并联。交联电压表的端钮无"＋"、"－"之分，接线时无须考虑被测电压的极性，交流电压表的指示值为被测电压的有效值。

【实验目标】

（1）验证串联交流电路中，总电压与各元件端电压之间的关系。

（2）掌握交流电流表和交流电压表的使用。

【实验条件】

实验条件如表 5.1 所示。

表 5.1　　　　　　　　　　　　　实验条件

序　　号	代　　号	名　　称	规　　格	数　　量	单　　位
1	HL	白炽灯	220V、40W	2	个
2	L	镇流器	220V、40W	1	个
3	C	电容器	4.75μF、600V	1	个
4		交流电流表	0～0.5A	1	个
5		万用表		1	个
6		导线		若干	根
7		实验板	自制	1	块

【操作步骤】

（1）RR 串联交流电路。

① 按图 5.26 所示将两个白炽灯 HL1 和 HL2 串联接入电路，经检查无误后接通电源。

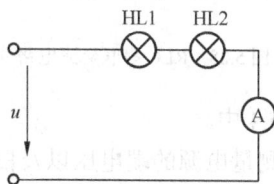

图 5.26　RR 串联交流电路

② 将交流电流表的读数填入表 5.2 中。

表 5.2　　　　　　　　　　　　测量结果记录表

电流 I	电源端电压 U	HL1 端电压 U_1	HL2 端电压 U_2	电压之间的关系

③ 用万用表的交流电压挡分别测量电源的端电压以及两个白炽灯的端电压，并将测量结果填入表 5.2 中。

（2）RL 串联交流电路。

① 按图 5.27 所示将一个白炽灯与镇流器串联接入电路，经检查无误后接通电源。

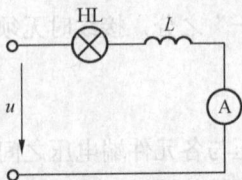

图 5.27　RL 串联交流电路

② 将交流电流表的读数填入表 5.3 中。

③ 用万用表的交流电压挡分别测量电源的端电压以及白炽灯和镇流器的端电压，并将测量结果填入表 5.3 中。

表 5.3　　　　　　　　　　测量结果记录表

电流 I	电源端电压 U	白炽灯端电压 U_R	镇流器端电压 U_L	电压之间的关系

（3）RLC 串联交流电路。

① 按图 5.28 所示将白炽灯、镇流器和电容器串联接入电路，经检查无误后接通电源。

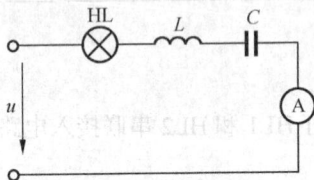

图 5.28　RLC 串联交流电路

② 将交流电流表的读数填入表 5.4 中。

③ 用万用表的交流电压挡分别测量电源的端电压以及白炽灯、镇流器和电容器的端电压，并将测量结果填入表 5.4 中。

表 5.4　　　　　　　　　　测量结果记录表

电流 I	电源端电压 U	白炽灯端电压 U_R	镇流器端电压 U_L	电容器端电压 U_C	电压之间的关系

【思考与能力检测】

（1）根据表 5.3 中的数据，分析 $U \neq U_R + U_L$ 的原因。

（2）根据表 5.4 中的数据，计算 RLC 串联交流电路中 P、Q、S 各量的值。

（3）根据表 5.4 中的数据，画出相量图。

本 章 小 结

（1）正弦交流电的瞬时值表达式：$i = I_m \sin(\omega t + \varphi_0)$。

（2）正弦交流电的三要素：最大值（有效值）、初相和角频率（频率或周期）。

（3）正弦交流电的 3 种表示方法：解析法、波形图表示法和相量图表示法。

（4）单一参数交流电路和 RLC 串联电路的特性。

项 目	R	L	C	RLC 串联电路
阻抗	R	$X_L = 2\pi f L$	$X_C = \dfrac{1}{2\pi f C}$	$Z = \sqrt{R^2 + (X_L - X_C)^2}$
电流与电压的数量关系	$I = \dfrac{U_R}{R}$	$I = \dfrac{U_L}{X_L}$	$I = \dfrac{U_C}{X_C}$	$I = \dfrac{U}{Z}$
电流与电压的相位关系	电流与电压同相	电压超前电流 $\dfrac{\pi}{2}$	电流超前电压 $\dfrac{\pi}{2}$	$\varphi = \arctan \dfrac{X_L - X_C}{R}$
有功功率	$P = U_R I$ $= I^2 R = \dfrac{U_R^2}{R}$	$P = 0$	$P = 0$	$P = UI\cos\varphi$
无功功率	$Q = 0$	$Q = U_L I$ $= I^2 X_L = \dfrac{U_L^2}{X_L}$	$Q = U_C I$ $= I^2 X_C = \dfrac{U_C^2}{X_C}$	$Q = UI\sin\varphi$

（5）串联谐振的条件是 $X_L = X_C$，谐振频率 $f_0 = \dfrac{1}{2\pi\sqrt{LC}}$。

思 考 与 练 习

1. 判断题

（1）交流电的周期越长，说明交流电变化得越快。 （　　）

（2）在纯电感正弦交流电路中，电压有效值不变，增加电源频率时，电路中电流将增大。

　　　　　　　　　　　　　　　　　　　　　　　　　　　　　　　　　　　　　（　　）

（3）在 RL 串联正弦交流电路中，有 $Z = R + X_L$。 （　　）

（4）交流电路的阻抗随电源频率的升高而增大，随频率的下降而减小。 （　　）

（5）已知某电路上电压 $u = 311\sin(314t - \dfrac{\pi}{4})\,\mathrm{V}$，电流 $i = 14.14\sin(314t + \dfrac{\pi}{12})\,\mathrm{A}$，此电路属容性电路。 （　　）

（6）无功功率是无用的功率。 （　　）

2. 选择题

（1）一正弦交流电压波形如图 5.29 所示，其瞬时值表达式为（　　）。

    A．$u = 20\sin(\omega t - 180°)\,\mathrm{V}$ B．$u = -20\sin(\omega t + 90°)\,\mathrm{V}$

    C．$u = -20\sin(\omega t - 90°)\,\mathrm{V}$

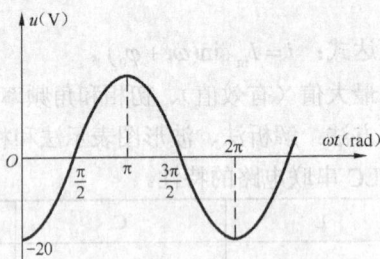

图 5.29　选择题（1）电压波形图

（2）已知两个正弦量为 $i_1 = 10\sin(314t + 90°)\,\mathrm{A}$，$i_2 = 10\sin(628t + 30°)\,\mathrm{A}$，则（　　）。

    A．i_1 比 i_2 超前 60°   B．i_1 比 i_2 滞后 60°   C．不能判断相位差

（3）已知一个电阻上的电压为 $u = 10\sqrt{2}\sin(314t - \dfrac{\pi}{2})\,\mathrm{V}$，测得电阻上所消耗的功率为 20W，则这个电阻的阻值为（　　）。

    A．5Ω   B．10Ω   C．40Ω

（4）在纯电感正弦交流电路时，当电流 $i = \sqrt{2}I\sin 314t\,\mathrm{A}$ 时，则电压（　　）。

    A．$u = \sqrt{2}IL\sin(314t + \dfrac{\pi}{2})\,\mathrm{V}$ B．$u = \sqrt{2}I\omega L\sin(314t - \dfrac{\pi}{2})\,\mathrm{V}$

    C．$u = \sqrt{2}I\omega L\sin(314t + \dfrac{\pi}{2})\,\mathrm{V}$

（5）在纯电容正弦交流电路中，当电流 $i = \sqrt{2}I\sin(314t + \dfrac{\pi}{2})\,\mathrm{A}$ 时，电容上的电压为（　　）。

    A．$u = \sqrt{2}I\omega C\sin(314t + \dfrac{\pi}{2})\,\mathrm{V}$ B．$u = \sqrt{2}I\omega C\sin 314t\,\mathrm{V}$

    C．$u = \sqrt{2}I\dfrac{1}{\omega C}\sin 314t\,\mathrm{V}$

（6）在 RL 串联电路中，电阻上电压为 16V，电感上电压为 12V，则总电压 U 为（　　）。

    A．28V   B．20V   C．4V

（7）如图 5.30 所示的交流电路中，若频率升高，各灯泡亮度的变化是（　　）。

    A．只有灯泡 A 变亮   B．只有灯泡 B 变亮   C．只有灯泡 C 变亮

（8）如图 5.31 所示为正弦交流电路，交流电压表 V1 的读数为 50V，V2 的读数为 40V，则

V3 有读数应为（　　　）。

    A．90V   B．30V   C．10V

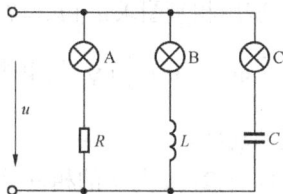

图 5.30　选择题（7）电路图   图 5.31　选择题（8）电路图

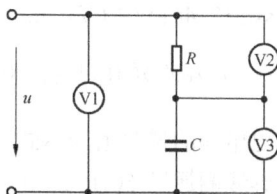

3．填空题

（1）如图 5.32 所示为正弦交流电流波形图，当 $t = 0$ 时，其瞬时值 $i =$____A；当 $t = 0.005$s 时，$i =$____A；当 $t = 0.01$s 时，$i =$____A；当 $t = 0.015$s 时，$i =$____A；当 $t = 0.02$s 时，$i =$____A。

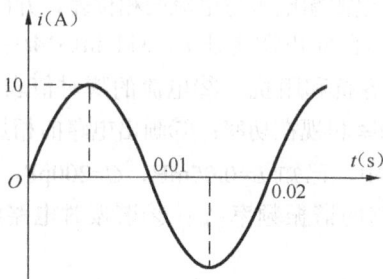

图 5.32　填空题（1）电流波形图

（2）交流电_____称为频率，用字母____表示，其单位为_____，频率与周期之间关系为_____。

（3）正弦交流电的三要素为_____、_____和_____。

（4）某交流电压为 $u = 380\sin\left(314t + \dfrac{\pi}{2}\right)$V，此交流电压的有效值为_____V。

（5）已知某正弦电流在 $t = 0$ 时，瞬时值为 0.5A，电流初相位为 30°，则其有效值为_____A。

（6）若电路中某元件两端电压 $u = 36\sin(314t - 180°)$V，电流 $i = 4\sin(314t + 180°)$A，则该元件是_____。

（7）感抗是表示_____，感抗与频率成_____比，其值 $X_L =$_____，单位为_____。

（8）在纯电容正弦交流电路中，增大电源频率时，其他条件不变，电路中电流将_____。

（9）在 RLC 串联正弦交流电路中，当 X_L____X_C 时，电路是感性电路；当 X_L____X_C 时，电路是容性电路；当 X_L____X_C 时，电路发生谐振。

4．计算题

（1）已知交流电压为 $u = 220\sin\left(100t - \dfrac{2}{3}\pi\right)$V，试求：$U_m$、$U$、$f$、$T$、$\varphi_0$ 各为多少？

（2）让 8A 的直流电流和最大值为 10A 的交流电流分别通过阻值相同的电阻，问：相同时间内，哪个电阻的发热量大？为什么？

（3）已知 $u_1 = 8\sin(314t + 90°)\text{V}$，$u_2 = 6\sin 314t\ \text{V}$，试用相量图求 $u_1 + u_2 = ?$

（4）将一个阻值为 48.4Ω 的电炉接到电压 $u = 220\sqrt{2}\sin(314t + \frac{\pi}{4})\text{V}$ 的电源上，求：①通过电炉的电流；②写出电流的瞬时值表达式；③电炉消耗的功率。

（5）已知一电感线圈通过 50Hz 的电流时，其感抗为 20Ω，u 与 i 的相位差为 90°，试问：当频率提高到 5000Hz 时，其感抗是多少？此时 u 与 i 的相位差是多少？

（6）把 $C = 57.9\mu\text{F}$ 的电容接在电压 $u = 311\sin(314t - \frac{\pi}{6})\text{V}$ 的电源上，试求：①电路中电流的有效值，并写出电流的瞬时值表达式；②电路中的无功功率；③若电源的频率是 100Hz，则电路的容抗为多少？其电流的有效值又为多少？

（7）在 RL 串联电路中，已知 $R=8Ω$，$X_L=6Ω$，电源端电压 $U=220\text{V}$。求：①电路中的电流；②每个元件两端的电压；③电源端电压与电流的相位差，并画出电压、电流的相量图。

（8）在 RLC 串联电路中，已知电源电压 $u = 311\sin(314t - 15°)\text{V}$，$R=20Ω$，$L=63.5\text{mH}$，$C=80\mu\text{F}$。求：①电路的感抗、容抗和阻抗；②电流的瞬时值表达式；③各元件上的电压有效值；④电路的有功功率、无功功率和视在功率；⑤画出电路的相量图。

（9）在 RLC 串联谐振电路中，已知 $L=0.05\text{mH}$，$C=200\text{pF}$，品质因数 $Q=100$，交流电压的有效值 $U = 1\text{mV}$。试求：①电路的谐振频率 f_0；②谐振时电路中的电流 I_0；③电容上的电压 U_C。

第6章

三相交流电路

在工农业生产和日常生活中的交流电源几乎都是由三相电源供给的，单相交流电源只不过是三相电源的一相而已。本章主要学习三相正弦交流电的概念、三相交流电源的连接、三相负载的连接及三相功率等重要强电知识。

知识目标

◎ 了解三相交流电的产生和特点。

◎ 掌握三相电源绕组及三相负载的连接。

◎ 掌握三相对称负载星形连接和三角形连接时，负载相电压和线电压、负载相电流和线电流的关系，并了解中性线的作用。

◎ 掌握三相对称电路电压、电流和功率的计算方法。

技能目标

◎ 学会三相负载星形和三角形的连接方法。

◎ 能应用三相对称负载星形、三角形连接的特点分析三相交流电路。

◎ 能应用三相交流电的知识分析和解决实际问题。

6.1 三相交流电的概述

所谓三相电源就是由三个频率相同、最大值相等、相位互差 120° 的正弦电动势组成的供电电源。用导线把电源和负载正确地连接起来，就构成了三相交流电路，简称三相电路。把组成三相交流电路中的每一相电路称为一相。

三相交流电与单相交流电相比，具有以下特点。

（1）三相交流发电机比同样体积的单相交流发电机输出的功率大。

（2）在输送的功率、电压相同和输电距离、线路损耗相等的情况下，采用三相制输电比单相输电所用的导线的用量可以节约 25%。

（3）三相异步电动机具有结构简单、价格低廉、性能良好、工作可靠等优点。

6.1.1 三相对称电动势的产生

基础知识

三相对称正弦交流电动势是由三相交流发电机产生的。图 6.1（a）所示为最简单的三相交流发电机的示意图，它是由定子和转子组成的。在定子上嵌入 3 个完全相同的绕组，每个绕组称为一相，合称三相绕组。绕组的始端分别用 U1、V1、W1 表示，末端分别用 U2、V2、W2 表示，这三相绕组在空间位置上彼此相隔 120°。转子为电磁铁，磁感应强度沿转子表面按正弦规律分布。

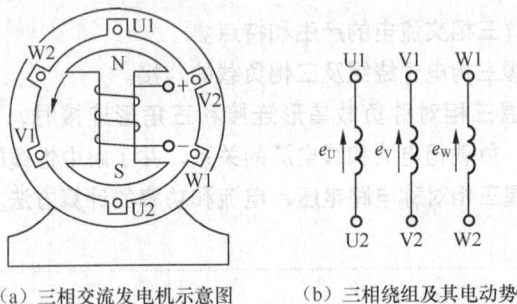

（a）三相交流发电机示意图　　（b）三相绕组及其电动势

图 6.1　三相交流发电机

当转子以角速度 ω 作逆时针方向旋转时，则在三相绕组中分别感应出振幅相等、频率相同、相位互差 120° 的 3 个感应电动势，这三相电动势称为三相对称电动势，电动势的参考方向规定为绕组的末端指向始端，如图 6.1（b）所示。3 个绕组中的电动势的瞬时值表达式分别为

$$e_U = \sqrt{2}E\sin\omega t$$
$$e_V = \sqrt{2}E\sin(\omega t - 120°) \tag{6.1}$$
$$e_W = \sqrt{2}E\sin(\omega t + 120°)$$

如果以 e_U 为参考正弦量，那么三相对称电动势的波形图和相量图如图 6.2 所示。显而易

见，V 相绕组的 e_V 比 U 相绕组的 e_U 滞后 120°，W 相绕组的 e_W 比 V 相绕组的 e_V 滞后 120°。

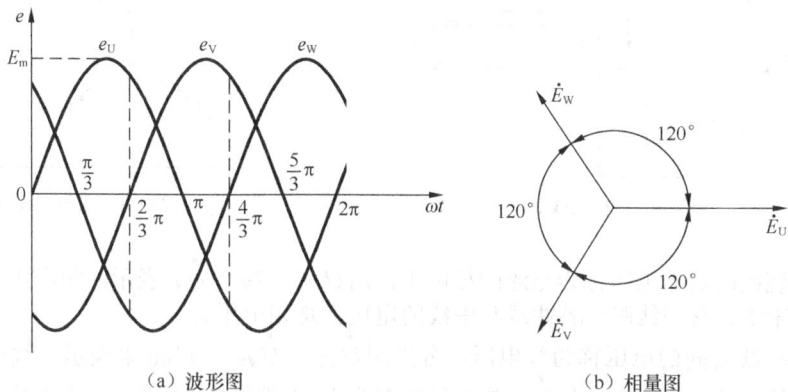

（a）波形图　　　　　　　　（b）相量图

图 6.2　三相对称电动势的波形图和相量图

在实际工作中经常提到三相交流电的相序问题，所谓相序就是指三相电动势达到最大值的先后顺序。在图 6.2 中，最先达到最大值的是 e_U，其次是 e_V，再次是 e_W。它们的相序是 U—V—W，称为正相序；反之是负相序或逆相序，即 W—V—U。通常三相对称电动势的相序都是指正相序。

6.1.2　三相对称电源的连接

基础知识

三相发电机的每相绕组都是独立的电源，均可以采用图 6.3 所示的方式向负载供电。这是 3 个独立的单相电路，构成三相六线制，这种接法有六根输电线，既不经济又没有实用价值。在现代供电系统中，电源的三相绕组通常用星形连接或三角形连接两种方式。

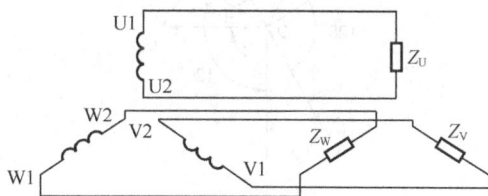

图 6.3　三相六线制

1. 三相电源绕组的星形连接

将三相发电机中三相绕组的末端 U2、V2、W2 连接在一起，始端 U1、V1、W1 引出作输出线，这种连接方式称为星形（Y 形）连接。从始端 U1、V1、W1 引出的 3 根线称为相线或端线（俗称火线），末端接成的一点称为中性点，简称中点，用 N 表示；从中性点引出的输电线称为中性线，简称中线，低压供电系统的中性点是直接接地的，把接大地的中性点称为零点，而把接地的中性线称为零线。工程上，U、V、W 3 根相线分别用黄、绿、红 3 种颜色来区别。有中线的三相制称为三相四线制，如图 6.4 所示；无中线的三相制称为三相三线制，如图 6.5 所示。

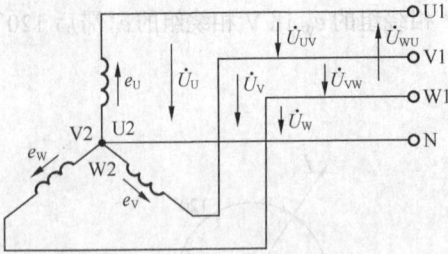

图 6.4　三相四线制

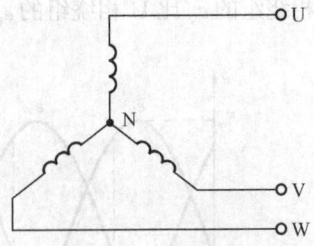

图 6.5　三相三线制

电源每相绕组两端的电压称为电源的相电压，用 $\dot{U}_U$、$\dot{U}_V$、$\dot{U}_W$ 表示。相电压的参考方向规定为始端指向末端，有中线时，各相线与中线的电压就是相电压。

任意两根相线之间的电压称为线电压，分别用 $\dot{U}_{UV}$、$\dot{U}_{VW}$、$\dot{U}_{WU}$ 来表示，线电压的参考方向由注脚字母的先后次序决定，如 $\dot{U}_{UV}$ 的电压方向为由 U 端指向 V 端。在电工技术中，通常用 U_P 表示相电压的有效值，用 U_L 表示线电压的有效值。

如果忽略电源绕组的内阻，各相电压等于各相电动势，由于三相电动势为对称的关系，因此 3 个相电压也是对称的，由基尔霍夫第二定律可知

$$\dot{U}_{UV} = \dot{U}_U - \dot{U}_V$$
$$\dot{U}_{VW} = \dot{U}_V - \dot{U}_W \tag{6.2}$$
$$\dot{U}_{WU} = \dot{U}_W - \dot{U}_U$$

相电压和线电压的相量图如图 6.6 所示。画相量图时可以先画出相量 $\dot{U}_U$、$\dot{U}_V$、$\dot{U}_W$，然后根据上述表达式分别画出相量 $\dot{U}_{UV}$、$\dot{U}_{VW}$、$\dot{U}_{WU}$。由图 6.6 可见，线电压也是对称的，各线电压超前对应的相电压30°。

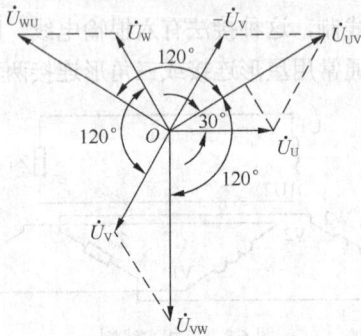

图 6.6　三相电源星形连接的电压相量图

对于线电压和相电压间的数量关系，也很容易从相量图上得出

$$U_{UV} = \sqrt{3}U_U$$
$$U_{VW} = \sqrt{3}U_V \tag{6.3}$$
$$U_{WU} = \sqrt{3}U_W$$

由此得出线电压和相电压的数量关系为

$$U_L = \sqrt{3}U_P \tag{6.4}$$

综上所述，三相四线制供电系统具有以下特点。

（1）有两组供电压，即相电压和线电压。

（2）3个相电压和3个线电压均为对称电压。

（3）线电压的大小等于相电压的 $\sqrt{3}$ 倍。

（4）各线电压在相位上比对应的相电压超前 30°。

在日常使用的三相四线制低压供电系统中，相电压为 220V，线电压为 380V。

2. 三相电源绕组的三角形连接

将三相电源内每绕组的末端和另一相绕组的始端依次相连的连接方式，称为三角形（△形）连接，如图 6.7 所示。由于只需接出 3 根端线，因此构成的是三相三线制输电电路。

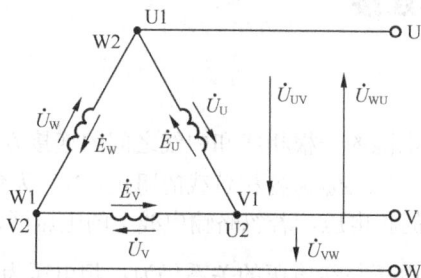

图 6.7 三相电源的三角形连接

与星形连接不同，当三相绕组接成三角形时，由于每相绕组直接接在两根端线之间，则线电压就是相电压，即

$$U_L = U_P \tag{6.5}$$

若三相电动势为三相对称电动势，则三角形闭合回路的总电动势等于零，即

$$\dot{E} = \dot{E}_U + \dot{E}_V + \dot{E}_W = 0$$

由此可得出结论：这时电源绕组内部不存在环流。

想一想 三相电源绕组采用三角形连接时，如果有一相接反，后果如何？采用星形连接时，如果也有一相接反，后果又将如何？

【例 6.1】 三相四线制供电系统中，已知相电压为 220V，试求线电压是多少？

解： 根据式（6.4）可得

$$U_L = \sqrt{3}U_P = \sqrt{3} \times 220 = 380V$$

作业测评

（1）三相对称电动势是指_____相等、_____相同、相位_____的三个正弦电动势。

（2）发电机采用三相四线制输电时可以获得两种电压，即_____和_____，它们在数值上表示关系为_____，在相位上的关系是_____。

三相负载的连接

三相电路中的负载，可以分为三相对称负载和三相不对称负载两种，如果每相负载的阻抗相等、性质相同，这种三相负载称为三相对称负载，如三相电动机、三相变压器等；否则，称为三相不对称负载，如日常生活中的照明电路等。

三相负载也有两种连接方式，即星形（Y 形）连接和三角形（△形）连接。

6.2.1 三相负载的星形连接

基础知识

把三相负载分别接在三相电源的一根相线和中线之间的连接方式，称为三相负载的星形（Y形）连接。如图 6.8 所示，Z_U、Z_V、Z_W 为各相负载的阻抗，N′ 为负载的中性点。

负载两端的电压称为负载的相电压，若忽略输电线上的电压降，则负载的相电压等于电源的相电压。因此，三相负载的相电压与线电压的关系仍为：相电压为线电压的 $\dfrac{1}{\sqrt{3}}$，并滞后对应的线电压 30°。

在相电压的作用下，有电流经过负载。通过每相负载的电流称为相电流，3 个相电流分别用 $\dot{I}_U$、$\dot{I}_V$、$\dot{I}_W$ 表示，其有效值通常用 I_P 表示；通过相线的电流称为线电流，3 个线电流分别用 $\dot{I}_U$、$\dot{I}_V$、$\dot{I}_W$ 表示，其有效值通常用 I_L 表示。

由图 6.8 可知，当三相负载星形连接时，线电流等于相电流，即

$$I_L = I_P \tag{6.6}$$

通过中性线的电流称为中线电流，用 $\dot{I}_N$ 表示，其有效值用 I_N 表示，它等于 3 个相电流的相量和，即

$$\dot{I}_N = \dot{I}_U + \dot{I}_V + \dot{I}_W \tag{6.7}$$

如果三相负载为三相对称负载，那么流过每相负载的相电流也是对称的，如图 6.9 所示，则

$$\dot{I}_N = \dot{I}_U + \dot{I}_V + \dot{I}_W = 0$$

此时

$$I_P = \frac{U_P}{Z}$$

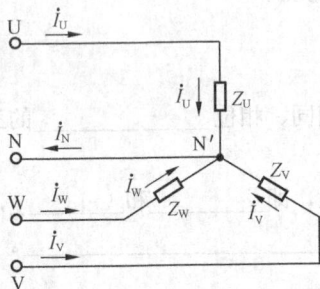

图 6.8 三相负载的星形连接

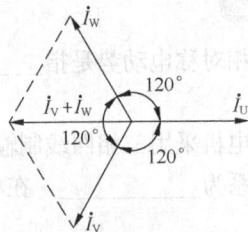

图 6.9 三相对称负载星形连接的电流相量图

在这种情况下，由于中线没有电流通过，中线可以省去，成为星形连接的三相三线制供电线路，如图 6.10 所示。

在实际应用中，绝大部分与电源连接的为不对称负载，因此，各相电流的大小不一定相等，相位差不一定为 120°，中线电流也不为零。这时，只有中线存在才能保证三相电路成为 3 个独立回路，不会因负载的变动而相互影响。当中线断开后，各相电压就不再相等了，计算和实际测量都证明，阻抗较小的相电压低，阻抗较大的相电压高，这可能烧坏接在相电压升高电路中的电器。

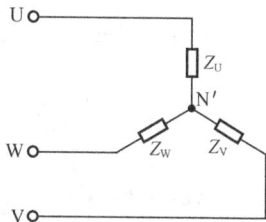

图 6.10　三相对称负载的星形连接

综上所述，中线的作用是使星形连接的不对称负载的相电压保持对称，所以在三相负载不对称的低压供电系统中，不允许在中线上安装熔断器或开关，而且中线常用钢丝制成，以免断开引起事故。

【例 6.2】　星形连接的电动机，其各相绕组的电阻 $R = 30\Omega$，感抗 $X_L = 40\Omega$，接在线电压为 380V 的电源上。求负载的相电流、线电流。

解：由于电动机各相绕组承受的电压为电源相电压，即

$$U_P = \frac{U_L}{\sqrt{3}} = \frac{380}{\sqrt{3}} = 220V$$

而电动机各相绕组的阻抗

$$Z = \sqrt{R^2 + X_L^2} = \sqrt{30^2 + 40^2} = 50\Omega$$

故负载的线电流、相电流为

$$I_L = I_P = \frac{U_P}{Z} = \frac{220}{50} = 4.4A$$

6.2.2　三相负载的三角形连接

基础知识

把三相负载分别接在三相电源每两根相线之间的连接方式，称为三相负载的三角形（△形）连接。如图 6.11 所示，在三角形连接中，由于各相负载是接在两根相线之间，因此负载的相电压就是线电压，即

$$U_P = U_L \tag{6.8}$$

三角形连接的负载接上电源后，也会产生相电流和线电流，图 6.11 中所标的 $\dot{I}_U$、$\dot{I}_V$、$\dot{I}_W$ 为线电流，$\dot{I}_{UV}$、$\dot{I}_{VW}$、$\dot{I}_{WU}$ 为相电流，根据基尔霍夫第一定律可得

$$\dot{I}_U = \dot{I}_{UV} - \dot{I}_{WU}$$

$$\dot{I}_V = \dot{I}_{VW} - \dot{I}_{UV} \tag{6.9}$$

$$\dot{I}_W = \dot{I}_{WU} - \dot{I}_{VW}$$

当三相负载对称时，3 个相电流是对称的，相量图如图 6.12 所示，由图中可见，线电流也是

对称的，各线电流总是滞后于对应的相电流30°。

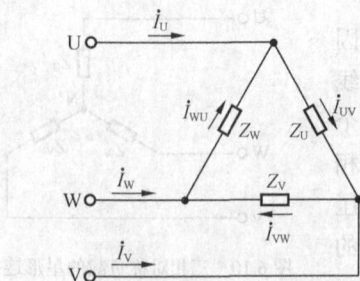

图6.11　三相负载的三角形连接

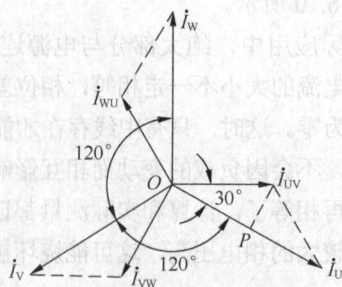

图6.12　三相对称负载三角连接时的电流相量图

对于线电流和相电流之间的数量关系，也很容易从相量图上得出，即

$$I_U = \sqrt{3} I_{UV}$$
$$I_V = \sqrt{3} I_{VW} \qquad (6.10)$$
$$I_W = \sqrt{3} I_{WU}$$

由此得出，线电流与相电流的数量关系为

$$I_L = \sqrt{3} I_P \qquad (6.11)$$

想一想　如果三相负载不对称，式（6.11）还成立吗？

【**例 6.3**】　三相异步电动机的定子绕组可看成是三相对称负载。若电动机每相绕组的电阻为 6Ω，感抗为 8Ω，电源线电压为 380V，试求绕组作星形连接和三角形连接时的相电流和线电流。

解： 绕组作星形连接时的相电压为

$$U_P = \frac{U_L}{\sqrt{3}} = \frac{380}{\sqrt{3}} = 220V$$

而电动机每相绕组的阻抗为

$$Z = \sqrt{R^2 + X_L^2} = \sqrt{6^2 + 8^2} = 10\Omega$$

故相电流和线电流为

$$I_L = I_P = \frac{U_P}{Z} = \frac{220}{10} = 22A$$

绕组作三角形连接时的相电压为

$$U_P = U_L = 380V$$

故相电流为

$$I_P = \frac{U_P}{Z} = \frac{380}{10} = 38A$$

线电流为

$$I_L = \sqrt{3} I_P = \sqrt{3} \times 38 = 66A$$

6.2.3　三相负载的功率

基础知识

三相交流电路同单相交流电路一样，也有有功功率、无功功率和视在功率。

在三相交流电路中，不论负载采用星形连接还是三角形连接，三相负载消耗的总功率为各相负载消耗的功率之和，即

$$P = P_U + P_V + P_W = U_U I_U \cos\varphi_U + U_V I_V \cos\varphi_V + U_W I_W \cos\varphi_W \tag{6.12}$$

式（6.12）中，U_U、U_V、U_W 是各相的相电压，I_U、I_V、I_W 是各相的相电流，$\cos\varphi_U$、$\cos\varphi_V$、$\cos\varphi_W$ 是各相的功率因数。

在三相对称交流电路中，相电压、相电流的有效值和负载的功率因数都相等，因而式（6.12）可以变为

$$P = 3U_P I_P \cos\varphi \tag{6.13}$$

在实际工作中，测量线电压、线电流往往比测量相电压、相电流方便，所以三相功率的计算公式常用线电压、线电流来表示。

当三相对称负载作星形连接时，由于

$$U_L = \sqrt{3}U_P , \quad I_L = I_P$$

则

$$P = 3U_P I_P \cos\varphi = 3\frac{U_L}{\sqrt{3}} I_L \cos\varphi = \sqrt{3}U_L I_L \cos\varphi$$

当三相对称负载作三角形连接时，由于

$$U_L = U_P , \quad I_L = \sqrt{3}I_P$$

则

$$P = 3U_P I_P \cos\varphi = 3U_L \frac{I_L}{\sqrt{3}} \cos\varphi = \sqrt{3}U_L I_L \cos\varphi$$

因此，三相对称负载无论是星形连接还是三角形连接，其总有功功率均为

$$P = \sqrt{3}U_L I_L \cos\varphi \tag{6.14}$$

在应用式（6.14）计算功率时，应注意式中的 φ 角仍是负载相电压与相电流之间的相位差，而不是线电压与线电流之间的相位差。

同理，可得到三相对称负载的无功功率和视在功率的表达式

$$Q = 3U_P I_P \sin\varphi = \sqrt{3}U_L I_L \sin\varphi \tag{6.15}$$

$$S = 3U_P I_P = \sqrt{3}U_L I_L \tag{6.16}$$

综合案例

今有一台三相电炉，每相负载的电阻 $R=10\Omega$，试求：

（1）在 380V 线电压的作用下，电炉分别接成三角形和星形时，各从电网取用多少功率？

（2）在 220V 线电压的作用下，若采用三角形连接，取用的功率又是多少？

【思路分析】

本案例的关键是注意区分三相对称负载星形连接和三角形连接时线电压与相电压、线电流与相电流的关系。

【优化解答】

（1）在 380V 线电压的作用下，电炉接成三角形时，相电压等于电源的线电压，即

$$U_P = U_L = 380V$$

相电流为

$$I_P = \frac{U_P}{R} = \frac{380}{10} = 38A$$

线电流为

$$I_L = \sqrt{3}I_P = \sqrt{3} \times 38 = 66A$$

电炉从电网中取用的有功功率为 $P = \sqrt{3}U_L I_L \cos\varphi = \sqrt{3} \times 66 \times 380 \times 1 = 43\,439W$

当电炉接成星形，则每相负载的相电压为 $U_P = \frac{U_L}{\sqrt{3}} = \frac{380}{\sqrt{3}} = 220V$

此时的线电流等于相电流，即 $I_L = I_P = \frac{U_P}{R} = \frac{220}{10} = 22A$

电炉从电网中取用的有功功率为 $P = \sqrt{3}U_L I_L \cos\varphi = \sqrt{3} \times 380 \times 22 \times 1 = 14\,480W$

（2）在 220V 线电压的作用下，若采用三角形连接，相电压等于电源的线电压，即

$$U_P = U_L = 220V$$

相电流为

$$I_P = \frac{U_P}{R} = \frac{220}{10} = 22A$$

线电流为

$$I_L = \sqrt{3}I_P = \sqrt{3} \times 22 = 38A$$

电炉从电网取用的有功功率为 $P = \sqrt{3}U_L I_L \cos\varphi = \sqrt{3} \times 220 \times 38 \times 1 = 14\,480W$

这说明，在线电压一定的前提下，负载作三角形连接时的功率是作星形连接时的功率的 3 倍；而在相电压一定的前提下，不管负载作三角形连接还是作星形连接，负载所消耗的功率均相等。

作业测评

（1）在三相四线制供电电路中，线电流是相电流的_____倍，线电压是相电压的_____倍，如果负载是三相对称负载，中线电流等于_____。

（2）有一三相对称负载，每相负载的额定电压为 220V，当三相电源的线电压为 380V 时，负载应作_____连接；当三相电源的线电压为 220V 时，负载应作_____连接。

（3）有一台星形连接的发电机，试求下列情况下线电压的有效值。

① 已知相电压的最大值为 179V。

② 已知相电压的有效值为 220V。

6.3 技能训练

6.3.1 三相负载的星形连接

基础知识

在现代供电系统中，绝大多数都采用了三相制供电方式，而单相交流电源多数也是从三相交流电源中获得的，在日常生活和工作中的用电负载也有单相和三相之分，典型的单相负载有照明电路、家用电器等；三相负载的星形连接是指将三相负载分别接相线和中性线之间的连接方式，而三相对称负载的星形连接的特点是 $U_L = \sqrt{3}U_P$，$I_L = I_P$。

【实验目标】

（1）熟练掌握三相负载的星形连接方法。

（2）验证三相对称负载作星形连接时，负载的线电压和相电压、线电流和相电流之间的关系。

（3）明确中性线的作用。

【实验条件】

实验条件如表 6.1 所示。

表 6.1 实验条件

序　号	代　号	名　称	规　格	数　量	单　位
1		灯泡	15W/220V	6	个
2	S1	开启式负荷开关		1	个
3	S2、S3	开关		2	个
4		三相电源插头		1	只
5		三相调压器		1	台
6		导线		若干	根
7		交流电流表	0～1A	3	个
8		万用表		1	个
9		实验板	自制	1	块

【操作步骤】

（1）测量三相四线制交流电的相电压、线电压的数值，并将测量结果记入表 6.2 中。

表 6.2 测量结果记录表

各点电压	U_U/V	U_V/V	U_W/V	U_{UV}/V	U_{VW}/V	U_{WU}/V
测量值						

（2）按图 6.13 所示连接好电路。

（3）经检查无误后接通电源，合上开关 S3、S2 和 S1，测量各相负载两端的相电压、线电压和线电流的数值，并将测量结果记入表 6.3 中，同时观察各个灯泡的亮度是否相同。

（4）断开中性线开关 S3，重复上述测量，并将测量结果也记入表 6.3 中，同时观察各个灯泡的亮度，并与接中性线时相比较（有无变化）。

（5）将开关 S1、S2 断开，U 相负载的灯泡改为一个，其他两相仍为两个灯泡。合上 S3，然后闭合 S1 开关，重复第（3）项内容的测量，将测量结果记入表 6.3 中，并观察各相灯泡的亮度。

（6）再将中性线开关 S3 断开，重复第 3 项内容的测量，并将测量结果记入表 6.3 中，并观察哪一相灯泡最亮（做此项最好用三相调压器供电，以防止将 U 相灯泡烧坏）。

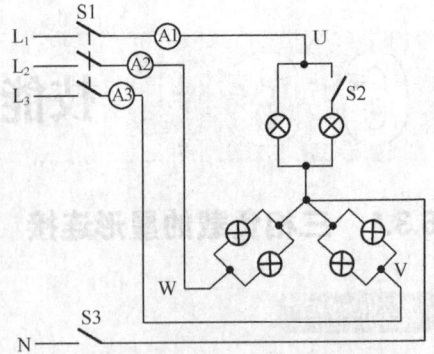

图 6.13　三相负载星形连接电路

表 6.3　　　　　　　　　　　　　测量结果记录表

参　　数		负 载 对 称		负 载 不 对 称	
		有 中 性 线	无 中 性 线	有 中 性 线	无 中 性 线
线电压	U_{UV}/V				
	U_{VW}/V				
	U_{WU}/V				
相电压	U_U/V				
	U_V/V				
	U_W/V				
相电流	I_U/A				
	I_V/A				
	I_W/A				
灯泡亮度					

【思考与能力检测】

（1）三相负载作星形连接时，中性线的作用是什么？

（2）在什么情况下必须有中性线，在什么情况下可以不用中性线？

（3）三相不对称负载作星形连接时，各相灯泡的亮度是否受中性线的影响？为什么？

6.3.2　三相负载的三角形连接

基础知识

三相负载除了星形连接以外，还有三角形连接。两种接法的连接方式及特点都是不一样的。三相负载的三角形连接是指将三相负载的首尾相连，再分别连在三相电源的两根相线之间的接法，而三相对称负载三角形连接时的特点是 $U_L = U_P$、$I_L = \sqrt{3} L_P$。

【**实验目标**】

（1）熟练掌握三相负载的三角形连接方法。

（2）验证三相对称负载作三角形连接时，负载的相电压和线电压、相电流和线电流之间的关系。

（3）明确三相负载两种连接方式的不同之处。

【**实验条件**】

实验条件如表 6.4 所示。

表 6.4 　　　　　　　　　　　　　　　实 验 条 件

序　号	代　号	名　　称	规　格	数　　量	单　位
1		灯泡	15W/220V	6	个
2	S1	开启式负荷开关		1	个
3	S2	开关		2	个
4		三相电源插头		1	只
5		三相调压器		1	台
6		导线		若干	根
7		交流电流表	0～1A	6	个
8		万用表		1	个
9		实验板	自制	1	块

【**操作步骤**】

（1）按图 6.14 所示连接好电路。

（2）电源的选择。若用线电压/相电压为 380V/220V 的交流电源，则应使电源输出线电压为 220V（可用调压器来改变电源线电压，使之为 220V）。

（3）经检查无误后，接通开关 S2、S1，测量各相负载两端的电压、相电流和线电流的数值，并将测量结果记入表 6.5 中，同时观察灯泡亮度是否相同。

（4）断开开关 S2，使之成为三角形连接的不对称负载，重复上述测量，并将测量结果记入表 6.5 中。

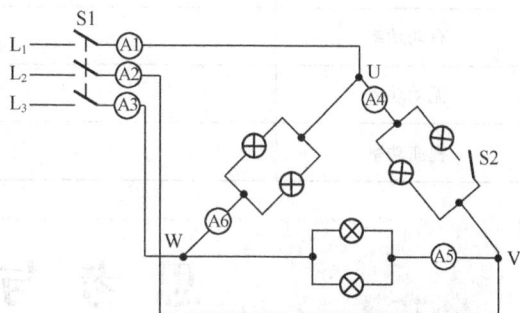

图 6.14 三相负载三角形连接电路

表 6.5 　　　　　　　　　　　　　　　测量结果记录表

负　载	U_U/V	U_V/V	U_W/V	I_U/V	I_V/A	I_W/A	I_{UV}/A	I_{VW}/A	I_{WU}/A	灯 泡 亮 度
对称负载										
不对称负载										

【思考与能力检测】

（1）根据测量结果记录表中的数据，验证三相负载作三角形连接时，线电流和相电流之间的数量关系。

（2）三相负载作三角形连接时，负载不对称会影响灯泡正常工作吗？

本 章 小 结

（1）三相正弦交流电是由三相交流发电机产生的，三相对称交流电动势的基本特征是：3 个交流电动势的最大值相等、频率相同、相位互差 $120°$。

（2）三相对称电源有星形连接和三角形连接两种形式。星形连接时，$U_L = \sqrt{3}U_P$；三角形连接时，$U_L = U_P$。

（3）中性线的作用是使星形连接的不对称负载的相电压保持对称。

（4）三相负载有星形连接和三角形连接两种形式。

（5）三相对称电路的电压、电流及功率。

连接方式	星形连接	三角形连接
线电压与相电压	数量关系：$U_L = \sqrt{3}U_P$ 相位关系：线电压超前对应的相电压 $30°$	$U_L = U_P$
线电流与相电流	$I_L = I_P$	数量关系：$I_L = \sqrt{3}I_P$ 相位关系：线电流滞后对应的相电流 $30°$
有功功率	$P = 3U_P I_P \cos\varphi = \sqrt{3}U_L I_L \cos\varphi$	
无功功率	$Q = 3U_P I_P \sin\varphi = \sqrt{3}U_L I_L \sin\varphi$	
视在功率	$S = 3U_P I_P = \sqrt{3}U_L I_L$	

思 考 与 练 习

1. 判断题

（1）当负载作星形连接时，必须有中线。　　　　　　　　　　　　　　　　　　　（　　）

（2）当三相负载越接近对称时，中线电流就越小。　　　　　　　　　　　　　　　（　　）

（3）三相负载的相电流是指电源相线上的电流。　　　　　　　　　　　　　　　　（　　）

（4）三相不对称负载星形连接时，为了使各相电压保持对称，必须采用三相四线制供电。

　　　　　　　　　　　　　　　　　　　　　　　　　　　　　　　　　　　　　　（　　）

（5）三相对称负载星形连接时可以采用三相三线制供电。　　　　　　　　　　　　（　　）

（6）负载三角形连接时，线电流是相电流的 $\sqrt{3}$ 倍。　　　　　　　　　　　　　（　　）

（7）一个三相四线制供电电路中，若相电压为 220V，则电路线电压为 311V。　　　　（　　）

2．选择题

（1）已知三相对称电压中，V 相电压 $u_V = 220\sqrt{2}\sin(314t+\pi)$ V，则 U 相和 W 相电压为（　　）。

A．$u_U = 220\sqrt{2}\sin(314t+\dfrac{\pi}{3})$ V，$u_W = 220\sqrt{2}\sin(314t-\dfrac{\pi}{3})$ V

B．$u_U = 220\sqrt{2}\sin(314t-\dfrac{\pi}{3})$ V，$u_W = 220\sqrt{2}\sin(314t+\dfrac{\pi}{3})$ V

C．$u_U = 220\sqrt{2}\sin(314t+\dfrac{2}{3}\pi)$ V，$u_W = 220\sqrt{2}\sin(314t-\dfrac{2}{3}\pi)$ V

（2）一个三相四线制供电电路中，相电压为 220V，则火线与火线间的电压为（　　）。

A．220V　　　　　　　　B．311V　　　　　　　　C．380V

（3）如图 6.15 所示三相四线制电源中，用电压表测量电源线的电压以确定零线，测量结果 $U_{12}=380V$，$U_{23}=220V$，则（　　）。

A．2 号为零线　　　　　　B．3 号为零线　　　　　　C．4 号为零线

（4）如图 6.16 所示，三相电源线电压为 380V，$R_1=R_2=R_3=10\Omega$，则电压表和电流表读数分别为（　　）。

A．220V、22A　　　　　　B．380V、38A　　　　　　C．380V、$38\sqrt{3}$ A

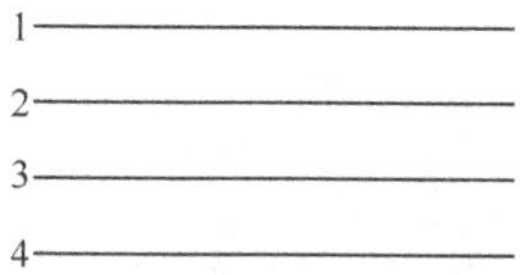

图 6.15　选择题（3）示意图

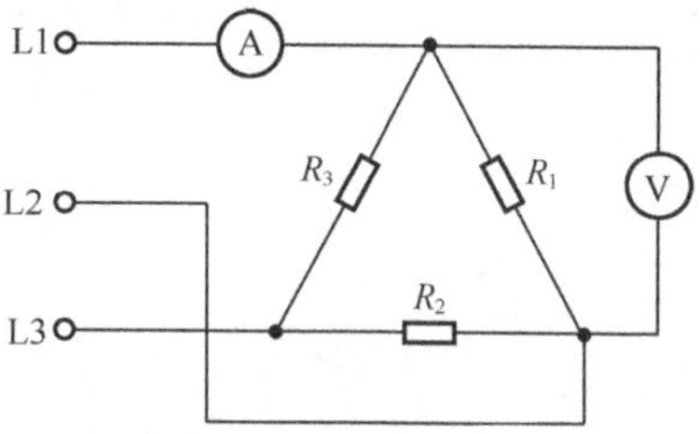

图 6.16　选择题（4）电路图

（5）同一三相对称负载接在同一电源中，负载作三角形连接时的相电流、线电流、有功功率分别是作星形连接时的（　　）倍。

A．$\sqrt{3}$、$\sqrt{3}$、$\sqrt{3}$　　　　　B．$\sqrt{3}$、$\sqrt{3}$、3　　　　　C．$\sqrt{3}$、3、3

3．填空题

（1）电力工程上采用_____、_____、_____3 种颜色分别表示 U、V、W 三相。

（2）已知三相对称交流电中 $i_U = 10\sqrt{2}\sin(314t+60°)$ A，则 $i_V = $ _____，$i_W = $ _____。

（3）三相电路中，相电流是流过_____的电流，线电流是流过_____的电流。

（4）三相不对称负载星形连接时，必须采用_____供电，中线不许安装_____和_____。

（5）三相对称负载三角形连接时，线电压是相电压的_____倍，线电流是相电流的_____倍。

（6）三相对称电源线电压 $U_L=380V$，对称负载每相阻抗 $Z=10\Omega$，若接成星形，则线电

流 $I_L =$ _____A；若接成三角形，则线电流 $I_L =$ _____A。

（7）三相对称负载在同一电源中接成三角形和星形，则负载作三角形连接时的功率是作星形连接时的功率的_____倍。

4. 计算题

（1）试求 3 个 100Ω 的电阻在下列两种连接方式中的线电流，并加以比较：①接成星形，线电压为 380V；②接成三角形，线电压为 220V。

（2）有一对称三相三线制电路，电源线电压为 380V，每相负载由电阻 16Ω、感抗 40Ω、容抗 28Ω 串联组成，试求：负载分别按星形连接和三角形连接时的相电流和线电流。

（3）一三相对称负载，接入线电压 $U_L = 220V$ 的三相电源上，线电流 $I_L = 5A$，负载的功率因数为 0.8，求电路的有功功率、无功功率和视在功率。

5. 操作题

给你一支验电笔或一个万用表，你能确定三相四线制供电电路中的相线和中线吗？试说出所用方法。

第 7 章

常见半导体器件

　　随着科学技术的日益发展，电子技术已深入到生产和生活的各个方面。各种自动化装置、通信、计算机、家用电器、文化生活等都离不开二极管、三极管等基本电子器件。因为它们是由半导体材料制成的，所以又称为半导体管或半导体器件，半导体器件是电子电路的核心器件。本章主要学习二极管、三极管等半导体器件的工作原理和主要特性。

知识目标

◎ 了解半导体的基本知识，理解并熟悉 PN 结的导电特性。
◎ 理解二极管、三极管等半导体器件的工作原理和主要特性。
◎ 掌握晶闸管的工作特性。

技能目标

◎ 掌握万用表检测二极管和三极管的方法。

7.1 半导体的基本知识

7.1.1 半导体及其特性

基础知识

在自然界中，存在着许多不同的物质，按照导电能力的大小分为导体、半导体和绝缘体 3 类。能导电的物质称为导体；不能导电的物质称为绝缘体；导电能力介于导体和绝缘体之间的物质，就称为半导体（如硅、锗等）。由于硅和锗是原子规则排列的单晶体，因此用半导体材料制成的半导体管通常也叫晶体管。

半导体具有以下特性。

（1）导电特性。半导体的导电特性与金属导体不同。金属导体是由负电荷（自由电子）导电，而半导体是由负电荷（自由电子）和正电荷（空穴）同时参与导电。纯净半导体中，导电的正、负电荷数相等。

（2）敏感特性。半导体的导电能力对环境变化很敏感。例如，环境温度每上升 1℃时，半导体的电阻率将下降百分之几到百分之几十。某些半导体还分别对光照、气体、磁及机械力等十分敏感。这就是半导体的热敏性、光敏性、气敏性、磁敏性、压敏性、力敏性等。利用这些特性可以将半导体制成多种特殊的半导体器件，如热敏电阻、光电二极管等。

（3）掺杂特性。纯净的半导体导电能力很弱，如果人为地掺入某种微量的元素（这个过程称为掺杂），半导体的导电性能将明显地变化。大多数半导体器件都是利用这一特性制成。

7.1.2 PN 结及其单向导电性

基础知识

在常温下，纯净的半导体导电能力很差，不能直接用来制造半导体器件。在纯净的半导体硅或锗中掺入不同的微量杂质元素（如五价元素磷或三价元素硼）后，就能得到两种导电特性不同的半导体。

在这两种半导体中，导电的正、负电荷数不再相等，以负电荷（自由电子）导电为主的半导体称为 N 型半导体；以正电荷（空穴）导电为主的半导体称为 P 型半导体。

将纯净的半导体掺杂形成 P 型和 N 型半导体，这并非是最后的目的。对制造半导体器件来说，最重要的是得到通过特殊工艺所形成的 P 型和 N 型半导体交界面——PN 结，如图 7.1 所示。PN 结具有单向导电的特性，它是制造二极管、三极管和场效应管等半导体器件的基础。

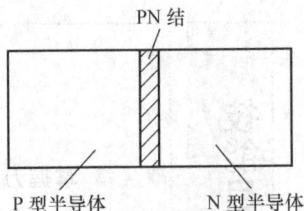

图 7.1 PN 结示意图

作业测评

（1）常用的半导体材料有_____和_____。

（2）半导体具有_____、_____和_____3 种特性。

（3）PN 结具有_____性。

7.2 晶体二极管

7.2.1 二极管的结构、符号和分类

基础知识

1．二极管的结构和符号

晶体二极管也称半导体二极管，简称二极管。二极管实质上就是一个 PN 结，在 PN 结的 P 区引出一个电极称为正极，又叫阳极；在 N 区引出一个电极称为负极，又叫阴极。再将这个 PN 结封装起来就形成了一个二极管，用字母 VD 表示，其结构和图形符号如图 7.2 所示，箭头的指向为 PN 结加正向电压时电流的方向。

(a) 结构　　　　(b) 图形符号

图 7.2 二极管的结构和图形符号

2．二极管的分类

二极管的分类方法很多，一般有以下几种方法。

（1）按半导体材料分，有硅二极管、锗二极管、砷化镓二极管等。硅二极管通过电流能力强，多用于整流电路；锗二极管通过电流能力差，在电视机、收音机的检波电路中用得最多。

（2）按二极管制造工艺不同分，有点接触型、面接触型、平面型等。点接触型二极管 PN 结面积小，结电容小，允许通过的正向电流小，常用于高频、超高频、检波等；面接触型二极管 PN 结面积大，结电容大，允许通过的正向电流也大，常用于大功率整流电路中；平面型二极管 PN 结面积可做得较小，也可做得较大，常用于脉冲数字电路中作开关管。

7.2.2 二极管的导电特性

基础知识

1．二极管的伏安特性

二极管的伏安特性是指二极管两端所加电压与通过它的电流之间的关系，用于定量描述这两者关系的曲线叫伏安特性曲线，如图 7.3 所示。

（1）正向特性。

OA 段：由于 PN 结外加正向电压低，外电场不足以克服内电场对多数载流子扩散的阻碍，所以多数载流子不能顺利扩散，正向电流极小，这个电压区域称为死区电压或门限电压，用 U_{th} 表示。硅

二极管死区电压约为 0.5V；锗二极管死区电压约为
0.2V。

AB 段：当正向电压大于死区电压时，随着外
加电压的增加，外电场削弱了内电场对多数载流
子扩散的阻碍作用，使正向电流迅速增大，特性
曲线接近于直线，二极管处于正向导通状态，此
时管子两端电压降 U_V 不大，硅管约为 0.7V，锗管
约为 0.3V（理想管为 0V）。

（2）反向特性。

OC 段：给二极管加反向电压时，反向电压加
强了 PN 结内电场，使二极管呈现很大电阻。但在
反向电压作用下，少数载流子很容易越过 PN 结形

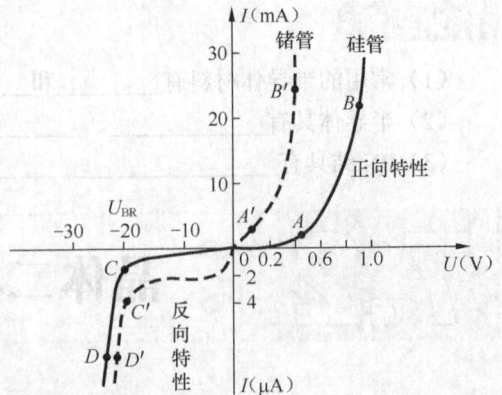

图 7.3　二极管的伏安特性曲线

成反向电流，由于少数载流子数量的限制，反向电流在外加反向电压增大时并无明显增大，这个
区域称为反向截止区，此时电流称为反向饱和电流。通常硅管的反向电流为几微安到几十微安，
锗管的反向电流为几十微安到几百微安。这个电流是衡量二极管质量优劣的重要参数，其值越
小，质量越好。

C 点：当反向电压增大到超过某一值时，反向电流会突然增大，这种现象称为反向击穿现
象，发生反向击穿时所需的外加电压称为反向击穿电压 U_{BR}。二极管在发生反向击穿后，若反向
电压和反向电流的乘积不超过它所允许的最大耗散功率，则击穿是可逆的，即当反向电压下降到
击穿电压以下时，管子又会回复击穿前状态而不致损坏。

通过以上分析可以看出：

① 二极管的电压与电流变化不呈线性关系，其内阻不是常数，故二极管属于非线性器件；

② 二极管具有单向导电性，即外加正向电压大于死区电压时，二极管导通；外加反向电压
时，二极管截止；

③ 二极管正向导通后，正向电压变化范围很小，近似恒压特性；

④ 锗二极管比硅二极管的正向电流上升快，正向电压降小，但锗管比硅管的反向电流大得
多，受温度影响明显。

2．二极管的主要参数

二极管的参数是衡量二极管性能和质量的一些数据。二极管的参数较多，但应用时最主要的
是下面几个参数。

（1）最大整流电流。最大整流电流是指二极管长时间正常工作时允许通过的最大正向平均电
流，常称为额定工作电流，用字母 I_{FM} 表示。使用时，应注意流过二极管的实际电流不大于这个
数值，否则可能损坏二极管。

（2）最大反向工作电压。最大反向工作电压是指二极管正常使用时所允许加的最高反向电
压，常称为额定工作电压，用字母 U_{RM} 表示。其值通常取二极管反向击穿电压 U_{BR} 的一半左
右，使用时如果超过此值，二极管将有被击穿的危险。

（3）最大反向电流。最大反向电流是指最大反向工作电压下的反向电流，用字母 I_{RM} 表示。
此值越小，表示二极管的单向导电性越好。

验证二极管的单向导电性

操作步骤

（1）按图 7.4 所示连接好电路。

（2）观察指示灯的变化情况。

结论：二极管加正向电压（正偏）时导通，加反向电压（反偏）时截止，即二极管具有单向导电性。

（a）二极管加正向电压　　（b）二极管加反向电压

图 7.4 案例电路图

【**例 7.1**】 硅二极管电路如图 7.5 所示，判断各电路中二极管的工作状态，并确定各电路的输出电压 U_{AB}。若二极管为理想管时，U_{AB} 是多少？

解：（1）如图 7.5（a）所示，设 B 点为参考点，假设断开二极管 VD，则

$$V_E = 6V，\quad V_F = 0$$

所以

$$U_{EF} = V_E - V_F = 6 - 0 = 6V > 0.5V$$

此时二极管正偏导通，而二极管两端电压 $U_V = 0.7V$，故

$$U_{AB} = V_E - U_V = 6 - 0.7 = 5.3V$$

若二极管为理想管，由于 $U_V = 0$，故

$$U_{AB} = V_E - U_V = 6 - 0 = 6V$$

（2）如图 7.5（b）所示，设 B 点为参考点，假设断开二极管 VD，则

$$V_E = 6V，\quad V_F = 0$$

此时二极管负极的电位大于正极的电位，二极管反偏截止，通过二极管的电流为 0，故

$$U_{AB} = U_R = 0$$

若二极管为理想管，同理 $U_{AB} = 0$。

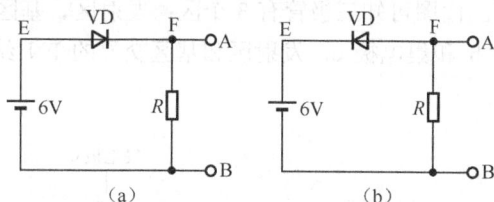

图 7.5 例 7.1 电路图

【**例 7.2**】 图 7.6 所示电路中，VD1、VD2 为硅管，电源电动势 E 为 10V，电阻 R 为 1kΩ，求流过二极管的电流 I 为多少？

解：由于硅管的正向压降

$$U_{V1} = U_{V2} = 0.7V$$

故流过二极管的正向电流

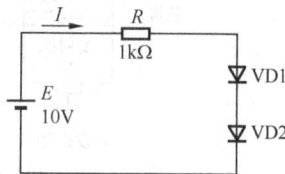

图 7.6 例 7.2 电路图

$$I = \frac{U}{R} = \frac{E - U_{V1} - U_{V2}}{R}$$

$$= \frac{10 - 0.7 - 0.7}{1 \times 10^3} = 8.6 \times 10^{-3} \, \text{A} = 8.6 \, \text{mA}$$

作业测评

（1）二极管实质就是一个_____，P 区的引出端叫_____极或_____极，N 区的引出端叫_____极或_____极。

（2）二极管按制造工艺的不同可分为_____型、_____型和_____型。

（3）二极管的正向接法是_____接电源的正极，_____接电源的负极，反向接法时相反。

7.3 晶体三极管

晶体二极管没有放大作用，它只能用于整流、检波、开关及稳压等电路。在需要放大电信号的电路中，广泛应用晶体三极管，简称三极管。三极管是电子技术中最重要，而且应用最广泛的半导体器件。

7.3.1　三极管的结构、符号和分类

基础知识

1. 三极管的结构和符号

三极管是在一块半导体材料上制成两块掺杂浓度不同的 N 型半导体区中间夹一块 P 型半导体区，或两块掺杂浓度不同的 P 型半导体区中间夹一块 N 型半导体区，用字母 VT 表示，其结构和图形符号如图 7.7 所示。由图可知三极管有 3 个区：发射区、基区和集电区。由 3 个区分别引出电极：发射极 e、基极 b 和集电极 c。发射区和基区交界的 PN 结称为发射结，集电区和基区交界的 PN 结称为集电结。

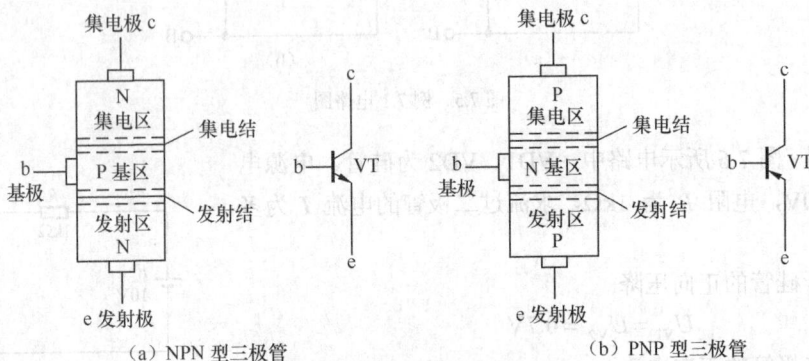

（a）NPN 型三极管　　　　　　　　　　（b）PNP 型三极管

图 7.7　三极管的结构和图形符号

三极管根据 3 个区半导体材料性质不同，可分为 NPN 型和 PNP 型两种类型，两种图形符号区别在于发射极箭头的方向不同，箭头方向表示发射结加正向偏置时电流的方向。

2．三极管的分类

三极管的种类很多，通常按以下几方面进行分类。

（1）根据制造材料不同，分为硅管和锗管。

（2）根据内部结构不同，分为 NPN 型和 PNP 型，目前市场上销售的硅管多数是 NPN 型，锗管多数是 PNP 型。

（3）根据三极管工作频率不同，分为高频管（工作频率≥3MHz）和低频管（工作频率＜3MHz）。

（4）根据功率不同，分为小功率管（耗散功率＜1W）和大功率管（耗散功率≥1W）。

（5）根据用途不同，分为普通管和开关管。

7.3.2　三极管的电流放大作用

三极管有 3 个电极，用它组成放大器时，一个电极作为信号输入端，另一个电极作为信号输出端，则第三个电极势必成为输入和输出信号的公共端。根据公共端选用发射极、基极或集电极的不同，三极管有共发射极、共基极和共集电极 3 种不同的连接方式，如图 7.8 所示。3 种连接方式中使用最多的是共发射极连接方式。

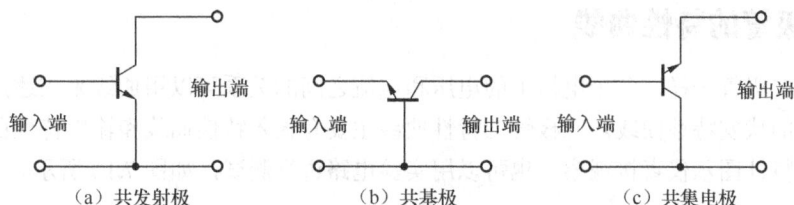

（a）共发射极　　　　　　（b）共基极　　　　　　（c）共集电极

图 7.8　三极管连接方式

基础知识

1．三极管的工作电压

三极管具有放大作用是由它的内部结构决定的，但是还要满足外部电路条件，这个条件是：发射结加正向偏置电压，集电结加反向偏置电压。三极管由于有 NPN 型和 PNP 型的区别，所以外加电压极性也不同，如图 7.9 所示。

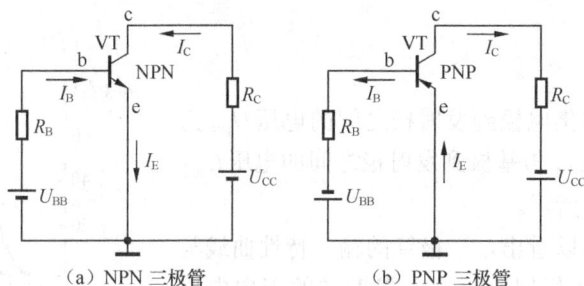

（a）NPN 三极管　　　　　　　　（b）PNP 三极管

图 7.9　三极管工作电压

对于 NPN 型三极管，c、b、e 3 个电极的电位必须符合：$V_C > V_B > V_E$；对于 PNP 型三极管，电源极性与 NPN 型刚好相反，3 个电极电位必须符合：$V_C < V_B < V_E$。

2．三极管内部电流分配关系

根据基尔霍夫第一定律，将三极管看成一个广义的节点，流入一个节点的电流之和恒等于流出该节点的电流之和。无论是 NPN 型或 PNP 型都满足这一规律，都有

$$I_E = I_B + I_C \tag{7.1}$$

3．三极管的电流放大作用

三极管的内部结构特点决定了 $I_C \gg I_B$，且 I_C 与 I_B 是成比例存在和变化的，将集电极电流与基极电流之比称为三极管的共发射极直流电流放大系数，用字母 $\bar{\beta}$ 表示。

$$\bar{\beta} = \frac{I_C}{I_B} \tag{7.2}$$

把集电极电流的变化量与基极电流的变化量之比称为三极管的共发射极交流电流放大系数，用字母 β 表示。

$$\beta = \frac{\Delta I_C}{\Delta I_B} \tag{7.3}$$

通过控制基极回路很小的电流，便可以实现对集电极较大电流的控制，这就是三极管的电流放大作用。

7.3.3　三极管的特性曲线

三极管与二极管一样，各个电极上的电压和电流之间的关系可以用曲线来描述，这种关系曲线就是三极管的伏安特性曲线。三极管的特性曲线主要有输入特性曲线和输出特性曲线两种，它可以用晶体管特性图示仪直接观察，也可以用实验电路进行测试，如图 7.10 所示。

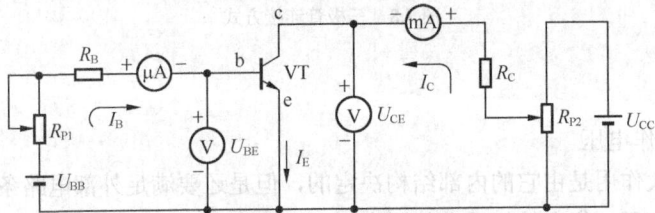

图 7.10　三极管特性曲线测试

基础知识

1．输入特性曲线

输入特性曲线是指集电极到发射极之间的电压 U_{CE} 为某一常数时，基极电流 I_B 与基极到发射极之间的电压 U_{BE} 的关系曲线，如图 7.11 所示。

从输入特性曲线可以看出，三极管的输入特性曲线与二极管的正向特性曲线相似，只有当发射结的正向电压 U_{BE} 大于死区电压（硅管 0.5V，锗管 0.2V）时，才产生基

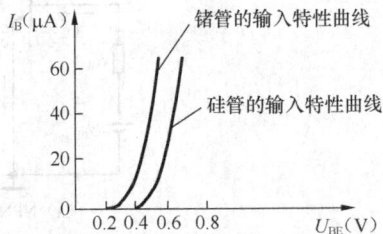

图 7.11　三极管输入特性曲线

极电流 I_B，这时三极管处于正常放大状态，发射结两端电压为 U_{BE}（硅管为 0.7V，锗管为 0.3V）。

2. 输出特性曲线

输出特性曲线是指当基极电流 I_B 为某一常数时，集电极电流 I_C 与集电极到发射极之间的电压 U_{CE} 的关系曲线，如图 7.12 所示。

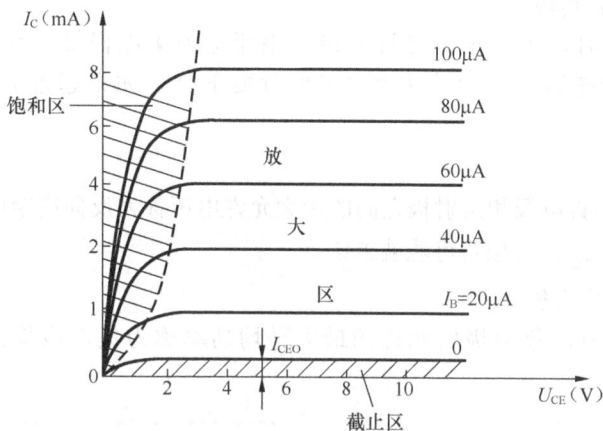

图 7.12 三极管输出特性曲线

从三极管的输出特性曲线可知，三极管的工作状态可以分成 3 个区域：截止区、放大区和饱和区，这 3 个区对应着三极管的 3 种工作状态。

（1）截止区。把 $I_B = 0$ 的那条曲线与横坐标之间所夹的区域称为截止区。三极管工作在截止区时，发射结和集电结都处于反向偏置，无论 U_{CE} 怎么变化，集电极电流都近似为零，从输出特性曲线可知，在 $I_B = 0$ 时集电极仍有一个极小的电流，称为穿透电流 I_{CEO}，它不受基极电流控制，因此三极管截止状态的特征是：$I_B = 0$，$I_C \approx 0$，集电极和发射极之间相当于断路。

（2）放大区。输出特性曲线的平直部分组成的区域称为放大区。三极管工作在放大区时，发射结加正向偏置，集电结加反向偏置，三极管放大状态的特征是：I_C 受 I_B 控制，I_B 改变时，I_C 也随着改变，I_C 的大小与 U_{CE} 基本无关，此时有 $\Delta I_C = \beta \Delta I_B$。工作在放大区，曲线越平坦，间距越均匀，则管子的线性放大性能越好。

（3）饱和区。在输出特性曲线中，所有曲线拐点的连线与纵坐标所夹的区域称为饱和区。三极管工作在饱和区时，发射结和集电结都处于正向偏置，三极管处于饱和状态，三极管饱和状态的特征是：U_{CE} 很低，I_C 不受 I_B 控制，三极管失去放大作用，集电极和发射极之间相当于一个接通的开关。

7.3.4 三极管的主要参数

三极管的主要参数是管子性能的主要指标，也是选择和使用三极管时的基本依据。

基础知识

1. 电流放大系数

电流放大系数有共发射极直流放大系数 $\bar{\beta}$ 和共发射极交流放大系数 β。对于性能良好的三极管，$\overline{\beta} \approx \beta$，二者不再严格区分。

2. 穿透电流

基极开路（$I_B = 0$）时，集电极和发射极之间的反向电流称为穿透电流，用字母 I_{CEO} 表示。I_{CEO} 随温度的升高而增大，I_{CEO} 越小，管子性能越稳定。硅管穿透电流比锗管小，因此硅管比锗管稳定性好。

3. 集电极最大允许电流

三极管正常工作时，集电极所允许的最大电流称为集电极最大允许电流，用字母 I_{CM} 表示。当 I_C 超过一定值时，电流放大系数 β 值就要下降，如果超过 I_{CM}，则 β 值下降到不能允许的程度。

4. 反向击穿电压

基极开路时，加在集电极和发射极之间的最大允许电压称为反向击穿电压，用字母 $U_{(BR)CEO}$ 表示。如果 $U_{CE} > U_{(BR)CEO}$，三极管可能被击穿。

5. 集电极最大耗散功率

三极管正常工作时，集电极所允许的最大平均功率称为集电极最大耗散功率，用字母 P_{CM} 表示。

> 想一想　　三极管有两个 PN 结，二极管有一个 PN 结，能否用两只二极管反串作为一只三极管使用？

作业测评

（1）晶体三极管有两个 PN 结，即_____结和_____结；有 3 个电极，即_____极、_____极和_____极，分别用字母_____、_____和_____表示。

（2）三极管工作时只有发射结正向电压 U_{BE} 大于_____时，才会产生基极电流及相应集电极电流。

（3）已知三极管的发射极电流 $I_E = 3.24\text{mA}$，基极电流 $I_B = 40\mu\text{A}$，求集电极电流 I_C 的数值。

7.4　其他常见主要半导体器件

半导体器件除了二极管、三极管外，常用主要半导体器件还有晶闸管、稳压二极管和发光二极管等。

7.4.1　晶闸管

晶闸管是硅晶体闸流管的简称，俗称可控硅，常用晶闸管有单向和双向两大类。主要用于大功率的交流电能与直流电能的相互转换，将交流电转换成直流电，其输出直流电压具有可控性。

基础知识

1. 晶闸管的结构和符号

晶闸管用字母 VS 表示，其结构和图形符号如图 7.13 所示。晶闸管外部有 3 个电极，内部是由 PNPN 四层半导体构成，最外层的 P 层和 N 层分别引出阳极 A 和阴极 K，中间的 P 层引出门极（或称控制极）G，内部有 3 个 PN 结。晶闸管的外形有螺栓式、平板式、塑封管式等，如图 7.14 所示。

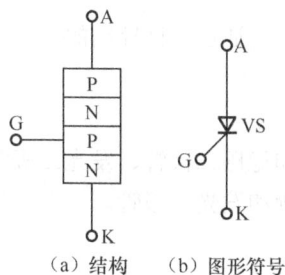

（a）结构　（b）图形符号

图 7.13　晶闸管的结构和图形符号

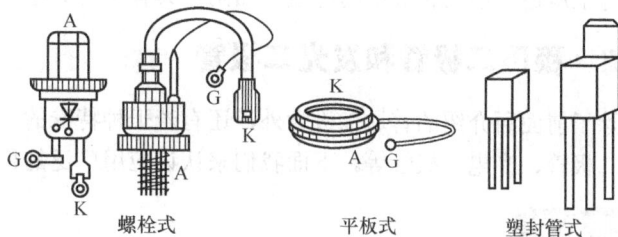

螺栓式　　　　平板式　　　　塑封管式

图 7.14　晶闸管的外形

2. 晶闸管的工作特性

图 7.15 所示为晶闸管的特性电路。图中晶闸管阳极 A、阴极 K、负载和电源 E_{AA} 构成的回路称为主回路，晶闸管控制极 G、阴极 K、开关 S 和电源 E_{GG} 构成的回路称为控制回路。通过实验可以发现晶闸管有如下工作特性。

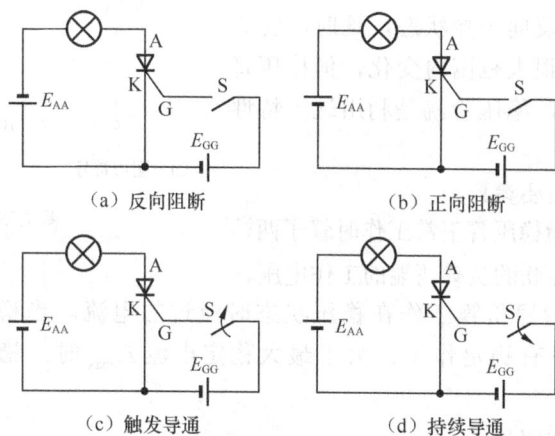

（a）反向阻断　　　　　　（b）正向阻断

（c）触发导通　　　　　　（d）持续导通

图 7.15　晶闸管的特性电路

（1）反向阻断性。给晶闸管加反向电压，即阳极 A 接电源负极，阴极 K 接电源正极，而控制极 G 不加电压或加正向（或反向）电压，白炽灯都不亮，如图 7.15（a）所示。说明晶闸管不导通，具有反向阻断性。

（2）正向阻断性。晶闸管加正向电压（阳极 A 接电源正极，阴极 K 接电源负极），而控制极 G 不加正向电压，白炽灯不亮，如图 7.15（b）所示。说明晶闸管不导通，具有正向阻断性。

（3）正向触发导通。阳极与阴极之间加正向电压，控制极和阴极之间也加正向电压（称为触发电压，G 接电源正极，K 接电源负极），当 S 闭合时，则白炽灯亮，如图 7.15（c）所示。说明晶闸管正向触发导通。

（4）持续导通。晶闸管一旦导通，除去触发电压（断开开关 S），白炽灯仍然亮，晶闸管继续导通，如图 7.15（d）所示。说明晶闸管控制极的作用仅仅是触发晶闸管导通，一旦晶闸管导通，控制极便失去作用。

（5）重新关断。要使已导通的晶闸管重新关断，必须把阳极与阴极之间电压减小到一定值或零。

综上所述，晶闸管导电的特点：晶闸管具有单向导电性，其导通是通过门极控制的。

7.4.2 稳压二极管和发光二极管

除了前面所介绍的普通二极管外，还有若干种特殊的二极管，如稳压二极管、发光二极管、变容二极管、光电二极管等。下面我们来认识应用广泛的稳压二极管和发光二极管。

基础知识

1. 稳压二极管

（1）稳压二极管的工作特性。稳压二极管简称稳压管，是一种用特殊工艺制造的面结型半导体硅二极管，用字母 VD_Z 表示，其图形符号和伏安特性曲线如图 7.16 所示。稳压管的正向特性和普通二极管相似，但其反向特性与普通二极管不同，在电子电路中，稳压管工作于反向击穿状态，这时尽管流经稳压管的电流可以在很大范围内变化，但稳压管的反向电压都基本不变，稳压管就是利用这一特性进行稳压的。

（2）稳压二极管的主要参数。

① 稳定电压 U_Z 是指稳压管正常工作时管子两端的电压，也是与稳压管并联的负载两端的工作电压。

② 稳定电流 I_Z 是指稳压管工作在稳压状态时流过的电流。当稳压管稳定电流小于最小稳定电流 I_{Zmin} 时，没有稳定作用；大于最大稳定电流 I_{Zmax} 时，稳压管会因电流过大而损坏。

（3）稳压二极管的使用。

① 稳压管在电路中需要反接才能稳压；若接反，相当于电源短路，会使稳压管过热而烧坏。

② 稳压管必须在电源电压高于它的稳压值时才能稳压。

③ 在使用过程中，当一个稳压管的稳压值不够时，可以用多个稳压管串联使用，但绝对不能并联使用，这是由于每个稳压管的稳压值有差异，并联后会造成各管的电流分配不均匀，使电流分配大的稳压管过载而损坏。

2. 发光二极管

发光二极管和普通二极管一样是由一个 PN 结组成的，也具有单向导电性。由于采用砷化

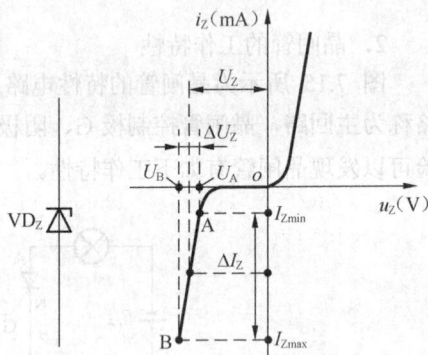

（a）图形符号　　　　（b）伏安特性曲线

图 7.16 稳压二极管

镓、磷化镓等半导体材料，所以在通过正向电流时会发出光，发光的颜色取决于所用材料，可发出红、黄、绿、橙及红外光等，也有一些能发出多种颜色的变色发光二极管。发光二极管的图形符号及工作电路如图 7.17 所示。

发光二极管加正向偏置时，其发光亮度随电流的增大而提高，为限制其工作电流，通常都要串联限流电阻 R。由于发光二极管的工作电压低，工作电流小，所以用发光二极管作为显示器件具有体积小、功耗小、发光稳定、显示快和寿命长等优点，故得到广泛的应用。

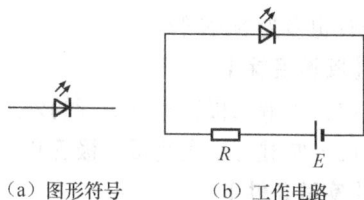

图 7.17 发光二极管的图形符号及工作电路

作业测评

（1）硅晶体闸流管简称_____，俗称_____。

（2）晶闸管有 3 个电极：_____、_____和_____，分别用字母_____、_____和_____表示。

（3）如图 7.18 所示，已知 VD_{Z1} 的稳定电压为 8V，VD_{Z2} 的稳定电压为 10V，它们的正向压降为 0.7V，试求各电路的输出电压 U_o。

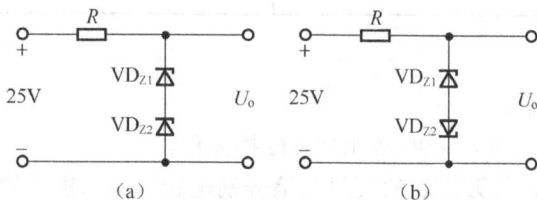

图 7.18 作业测评（3）电路图

7.5 技能训练 二极管和三极管的万用表检测

在实际生产中，如果二极管的极性判别错误，那么管子将没法正常工作。判别二极管的极性除了采用直观判别外，常采用万用表的电阻挡测量二极管的电阻来判别它的极性及其质量好坏。

三极管的测试最好用晶体管特性图示仪，可以直观地显示三极管的特性曲线，但是在实际生产实践中不一定都有这样的条件，所以经常使用万用表对三极管进行检测。

基础知识

1. 直观识别二极管的极性

二极管正、负极性一般要在外壳上标出。二极管有色点的一端为正极；有的二极管上面有电路符号，其极性与电路符号相同；有的二极管有标志环，标志环的一端是它的负极。

2. 三极管管型的直观判别

对小功率金属壳三极管，NPN 型管壳高度比 PNP 型低得多，且有一突出标志。塑料小功率三极管也多为 NPN 管。

【实验目标】

（1）了解二极管和三极管的外形并掌握其管脚辨别的常用方法。

（2）掌握万用表测量二极管和三极管的测试方法。

【实验条件】

实验条件如表 7.1 所示。

表 7.1　　　　　　　　　　　　　　实 验 条 件

序　号	代　号	名　称	规　格	数　量	单　位
1	VD	二极管		2	个
2	VT	三极管	NPN 型	1	个
3	VT	三极管	PNP 型	1	个
4	R	电阻	10kΩ	1	个
5		万用表		1	个

【操作步骤】

（1）晶体二极管的测试。

① 选择万用表电阻挡 R×100Ω 或 R×1kΩ 挡量程。

② 如图 7.19 所示，将万用表的两只表笔分别碰触被测二极管的两个管脚，观察指针偏转，读出阻值大小；对换红黑表笔，分别再用两只表笔碰触被测二极管的两个管脚，观察指针偏转，读出阻值大小。

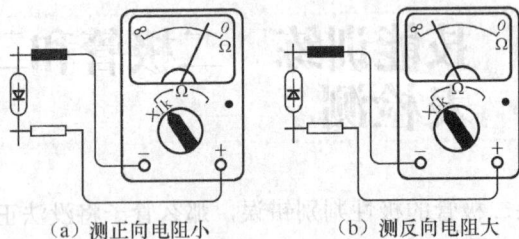

(a) 测正向电阻小　　　　　　　　(b) 测反向电阻大

图 7.19　用万用表检测二极管

③ 如果得到的两次阻值相差很多，一大一小，则说明被测二极管的质量是正常的，并可知：阻值较小时黑表笔所碰触管脚是被测二极管的阳（正）极，红表笔所碰触管脚是被测二极管的阴（负）极，如果得到的两次阻值都很小，则说明被测二极管的质量是不正常的；如果得到的两次阻值都很大，则说明被测二极管内部可能开路。

（2）三极管的判别（管脚极性及管型）。使用三极管前必须首先知道 3 个管脚的极性和三极管的管型（NPN 型还是 PNP 型）。除了查三极管手册或用专门仪器测试外，最简单的方法就是用万用表测试。

① 先判定基极和管型。如图 7.20 所示，把万用表转换开关转至"Ω"挡，选用 R×100Ω或 R×1kΩ挡。用黑表笔接三极管的任意管脚，红表笔先后接触其余两个管脚，如果阻值都很小（或都很大），则黑表笔接的管脚是基极。如果测试结果不符合上述条件，就需要另换一个管脚试验，直到找出基极为止。两次阻值都很小的是 NPN 型管；两次阻值都很大的是 PNP 型管。

② 判定集电极和发射极。测试方法如图 7.21 所示，对于 NPN 型管，知道基极后，假设剩下的两只管脚中的一只为集电极 c，在 b、c 间接入电阻 $R = 10\sim100k\Omega$，或用两个手指捏住基极 b 和假定的集电极 c（但两极不能接触），黑表笔接触 c，红表笔接触 e，读出一个阻值；然后再把上述假设的 c、e 对调一下，用同样的方法再测得一个阻值。比较两次读数大小，读数较小的一次假设正确，即黑表笔接的是集电极 c，剩下的一个便是发射极 e。

对于 PNP 型管，调换图 7.21 所示的红、黑表笔的位置，仍按上述方法测试，即读数较小的一次，红表笔接的是集电极 c。

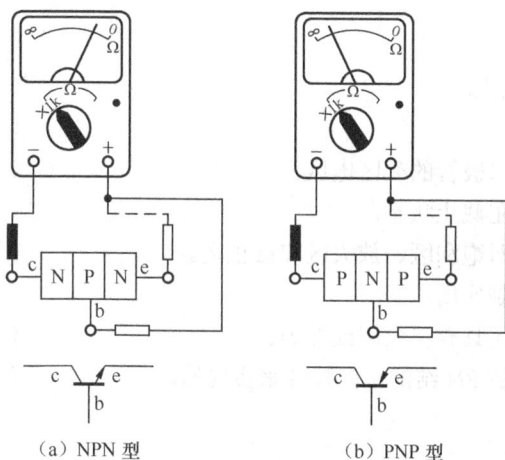

（a）NPN 型　　　　　　（b）PNP 型

图 7.20　三极管基极的判别

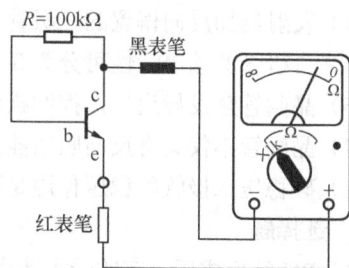

图 7.21　三极管集电极、发射极的判别

使用万用表的 R×1Ω或 R×10kΩ挡进行测量时，有可能对二极管和三极管造成怎样的损坏？

本 章 小 结

（1）导电能力介于导体和绝缘体之间的物质称为半导体。硅和锗是主要的半导体材料。

（2）杂质半导体分为 N 型半导体和 P 型半导体两种，PN 结是构成半导体器件的基础，其重要特性就是单向导电性。

（3）二极管由一个 PN 结构成，也具单向导电性。

（4）三极管有两个 PN 结（发射结和集电结）、3 个区（发射区、基区和集电区）和 3 个电极（发射极、基极和集电极）。

（5）三极管的电流放大作用的实质是基极电流对集电极电流的控制作用，即通过控制基极回路很小的电流，便可实现对集电极较大电流的控制。

三极管电流分配关系是 $I_E = I_B + I_C$，三极管的共发射极交流电流放大系数是 $\beta = \dfrac{\Delta I_C}{\Delta I_B}$。

（6）晶闸管具有 3 个极（阳极、阴极和控制极），它具有可控单向导电性。

（7）稳压二极管是一种工作于反向电压条件的晶体管。

思 考 与 练 习

1. 判断题

（1）PN 结正向偏置时导通，反向偏置时截止。　　　　　　　　　　　　　（　　）

（2）二极管是线性元件。　　　　　　　　　　　　　　　　　　　　　　（　　）

（3）硅晶体二极管的死区电压小于锗晶体二极管的死区电压。　　　　　　（　　）

（4）发射结加反向偏置的三极管一定工作在截止状态。　　　　　　　　　（　　）

（5）三极管的输出特性可分为 3 个区域，即饱和区、放大区和截止区。　（　　）

（6）晶闸管触发导通后，控制极仍具有控制作用。　　　　　　　　　　　（　　）

（7）晶闸管不仅具有反向阻断能力，而且还具有正向阻断能力。　　　　（　　）

（8）硅稳压二极管的稳压作用是利用其内部 PN 结的正向特性来实现的。（　　）

2. 选择题

（1）PN 结形成后，它的最大特点是具有（　　　）。

　　A．导电性　　　　　　　　　　B．绝缘性　　　　　　　　　C．单向导电性

（2）如果二极管的阳极电位是 $-20V$，阴极电位是 $-15V$，则该二极管处于（　　　）。

　　A．正偏　　　　　　　　　　　B．反偏　　　　　　　　　　C．零偏

（3）如果二极管的正、反向电阻都很大，则该二极管（　　　）。

　　A．正常　　　　　　　　　　　B．已被击穿　　　　　　　　C．内部断路

（4）当三极管的发射结正偏、集电结反偏时，该管工作在（　　　）。

　　A．放大状态　　　　　　　　　B．饱和状态　　　　　　　　C．截止状态

（5）用直流电压表测量 NPN 型三极管中管子各极电位是 $U_B = 4.7\,V$，$U_E = 4\,V$，$U_C = 10\,V$，则该三极管的工作状态是（　　　）。

　　A．截止状态　　　　　　　　　B．饱和状态　　　　　　　　C．放大状态

（6）三极管的伏安特性是指它的（　　　）。

　　A．输入特性　　　　　　　　　B．输出特性　　　　　　　　C．输入特性和输出特性

（7）发光二极管工作时，应加（　　　）。

　　A．正向电压　　　　　　　　　B．反向电压　　　　　　　　C．正向电压或反向电压

（8）稳压二极管正常工作时，应加（　　　）。

A．正向电压   B．反向电压   C．正向电压或反向电压

3．填空题

（1）二极管具有_____，即加正向电压时_____，加反向电压时_____。

（2）硅二极管导通时的正向压降约为_____V，锗二极管导通时的正向压降约为_____V。

（3）三极管的输出特性可分为3个区域，即_____区、_____区和_____区。

（4）满足 $I_C = \beta I_B$ 关系时，三极管工作在_____区。

（5）晶闸管导通的条件是：在_____和_____之间加正向电压的同时，在_____和_____之间也加正向电压。

（6）稳压管在电路中要有稳压作用，它的正极必须接电源的_____极，它的负极接电源的_____极。

4．计算题

（1）如图7.22所示，电源电动势 E 为10V，电阻为 $10\text{k}\Omega$，二极管为硅管，试计算正向电流的数值。如果二极管反接，则二极管上的电压数值为多少？（设二极管反向电流为0）

（2）某三极管 $\beta = 50$，$I_B = 20\mu\text{A}$，试求 I_C 的值。

（3）某电路中的三极管，当 $I_B = 6\mu\text{A}$ 时，$I_C = 0.5\text{mA}$；当 $I_B = 16\mu\text{A}$ 时，$I_C = 1.2\text{mA}$。试求这个三极管的 β 值。

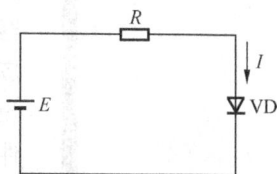

图7.22 计算题（1）电路图

放 大 电 路

放大电路的基本功能是将微弱的电信号（电压、电流或功率）放大到所需要的数值，从而使电子设备的终端执行元器件（如继电器、仪表、扬声器等）有所动作或显示。它在许多现代电子设备中应用极广，早期的放大器是由分立元器件组成的，近年来许多电子设备中的放大器已用集成电路组件构成。本章主要介绍由分立元器件组成的各种基本放大电路，特别以 NPN 管共射极放大电路为主，讨论它们的电路结构、工作原理、分析方法、特点及应用。

知识目标

◎ 掌握放大电路静态工作点的估算方法及动态性能分析。

◎ 了解多级放大电路级间的耦合方式及特点。

◎ 了解负反馈对放大电路性能的影响及掌握 4 种负反馈放大电路的判断方法。

◎ 了解 OTL、OCL 功放电路的特点及掌握其工作原理。

◎ 掌握差动放大电路抑制零漂工作原理。

◎ 掌握反相、同相比例运放，加法、减法运算电路的特点及工作原理。

技能目标

◎ 了解熟悉有关运放集成电路的性能。

◎ 掌握几种运算电路的安装及测试方法。

8.1 低频电压放大电路

一个性能良好且复杂的分立元器件放大器或集成放大器组成的内部电路都是由一些基本的放大电路组成的。下面让我们来了解基本放大电路的组成原则。

8.1.1 基本放大电路的组成

基础知识

图 8.1 所示为一个典型的单级共射放大电路（固定偏置电路）。VT 是 NPN 型半导体三极管（下称三极管），是放大电路的核心器件，起电流控制作用。U_{CC} 是配置的直流电源，一方面为放大电路提供能源；另一方面与 R_c、R_b 相配合，保证 VT 的发射结正偏、集电结反偏，使三极管工作在放大区内，电路实现不失真放大。R_c 为集电极负载电阻，它能将集电极电流的变化量转化为电压变化量，实现电压放大。R_b 为基极偏置电阻，除了与 U_{CC} 配合保证 VT 的发射结正偏外，同时又决定静态基极电流值，该值与放大性能的好坏有密切的联系。C_1 和 C_2 称为耦合电容，一是通交流，使

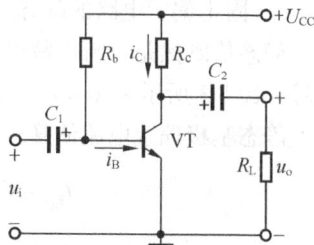

图 8.1 固定偏置电路

输入信号从输入端经放大电路放大后输送到负载上去，即起耦合作用；二是隔直流，使信号源或负载不影响放大电路静态时的工作状态。为了保证这种"通交流、隔直流"的作用，C_1、C_2 用的是有极性电容器，且容量足够大，一般为几微法到几十微法之间。

归纳起来，放大电路组成原则有以下几点。

（1）要有一个直流电源提供能源。

（2）电源极性应保证三极管的发射结正偏、集电结反偏。

（3）要有输入回路，将输入信号的电压转换为输入电流去控制输出电流。

（4）要有输出回路及负载，将输出电流转换成输出电压，实现电压放大。

（5）要使三极管工作在线性区，必须合理设置静态工作点。

想一想

图 8.1 所示电路中，信号源 u_i 和负载 R_L 是不是放大电路的组成部分？

8.1.2 固定偏置及分压式偏置电路的静态工作点

当放大器未加信号，即 $u_i = 0$ 时，称为静态。这时的直流电流 I_B、I_C 和直流电压 U_{BE}、U_{CE} 在输入、输出曲线上对应着一点，称为静态工作点，或简称 Q 点，如图 8.2 所示。由于 U_{BE} 基本恒定，所以在讨论静态工作点时主要是考虑 I_B、I_C 和 U_{CE} 3 个量，并分别用静态基极偏置电流 I_{BQ}、静态集电极电流 I_{CQ} 和静态集电极电压 U_{CEQ} 表示。

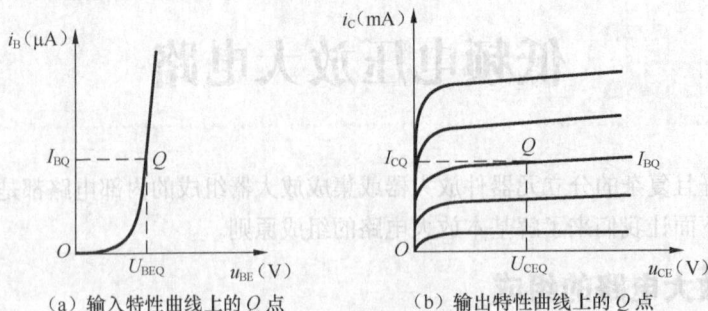

(a) 输入特性曲线上的 Q 点　　　　(b) 输出特性曲线上的 Q 点

图 8.2　放大器的静态工作点

基础知识

1. 固定偏置电路的静态工作点

静态值既然是直流，故可用交流放大电路的直流通路来分析计算。图 8.3 所示为图 8.1 电路的直流通路。

静态基极偏置电流估算式为

$$I_{BQ} = \frac{U_{CC} - U_{BEQ}}{R_b} \approx \frac{U_{CC}}{R_b} \qquad (8.1)$$

因为 U_{BE} 比 U_{CC} 小得多，故可忽略不计。

静态集电极电流估算式为

$$I_{CQ} \approx \beta I_{BQ} \qquad (8.2)$$

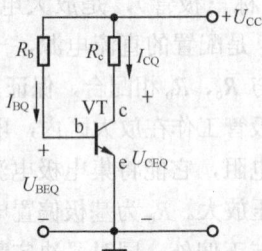

图 8.3　固定偏置电路的直流通路

静态集电极电压估算式为

$$U_{CEQ} = U_{CC} - I_{CQ}R_C \qquad (8.3)$$

2. 分压式偏置电路的静态工作点

在前面介绍的基本放大电路的静态工作点是通过设置合适的基极偏置电阻 R_b 来实现的。R_b 的阻值确定之后，I_{BQ} 就被确定了，所以，这种电路又称为固定偏置电路。它的结构虽简单，但它最大的缺点是静态工作点不稳定，受环境温度、电源电压和更换三极管影响较大。下面介绍一种较为广泛应用的分压式偏置电路，它能改善以上缺点。

图 8.4 （a）所示的分压式偏置电路与前面固定偏置电路的区别在于：三极管基极接了两个分压电阻 R_{b1} 和 R_{b2}，发射极串联了电阻 R_e 和电容 C_e，该电路的结构特点如下。

（1）利用上偏置电阻 R_{b1} 和下偏置电阻 R_{b2} 组成串联分压器，为基极提供稳定的静态工作电压 U_{BQ}。图 8.4 （b）所示为图 8.4 （a）的直流通路。

若流过 R_{b1} 的电流为 I_1，流过 R_{b2} 的电流为 I_2，则 $I_1 = I_2 + I_{BQ}$，如果电路满足 $I_2 >> I_{BQ}$，则静态基极电压为

$$U_{BQ} \approx \frac{R_{b2}}{R_{b1} + R_{b2}} \cdot U_{CC} \qquad (8.4)$$

由此可见，U_{BQ} 只取决于 U_{CC}、R_{b1} 和 R_{b2}，它们都不随温度的变化而变化，所以 U_{BQ} 将稳定不变。

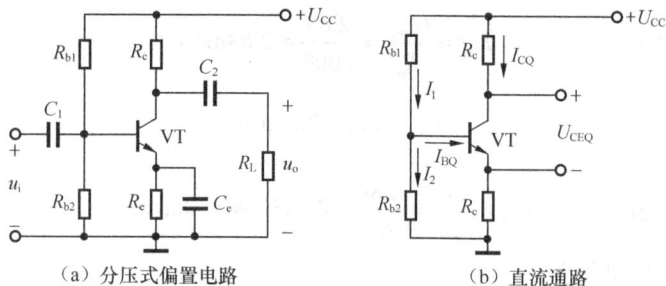

图 8.4 分压式偏置电路

（2）利用发射极电阻 R_e，自动使静态电流强度 I_{EQ} 稳定不变。由图 8.4（b）的直流通路可看出：$U_{BQ} = U_{BEQ} + U_{EQ}$，若满足 $U_{BQ} \gg U_{BEQ}$，则静态集电极电流为

$$I_{CQ} \approx I_{EQ} = \frac{U_{EQ}}{R_e} = \frac{U_{BQ} - U_{BEQ}}{R_e} \approx \frac{U_{BQ}}{R_e} \tag{8.5}$$

静态基极偏置电流为

$$I_{BQ} \approx \frac{I_{CQ}}{\beta} \tag{8.6}$$

静态集电极与发射极间电压为

$$U_{CEQ} = U_{CC} - I_{CQ}(R_c + R_e) \tag{8.7}$$

由此可见静态电流 I_{EQ} 也是稳定的。

综上所述，如果电路能满足 $I_2 \gg I_{BQ}$ 和 $U_{BQ} \gg U_{BEQ}$ 两个条件，那么静态工作电压 U_{BQ}、静态工作电流 I_{EQ}（或 I_{CQ}）将主要由外电路参数 U_{CC}、R_{b1}、R_{b2} 和 R_e 决定，与环境温度、三极管的参数几乎无关。

图 8.4（a）所示电路中，发射极旁路电容 C_e 对电路的静态工作点是否有影响，为什么？

【例 8.1】 在图 8.1 中，已知 $U_{CC} = 12V$，$R_c = 4k\Omega$，$R_b = 300k\Omega$，$\beta = 37.5$，试求放大器的静态工作点。

解：静态基极偏置电流 $I_{BQ} = \dfrac{U_{CC} - U_{BEQ}}{R_b} \approx \dfrac{U_{CC}}{R_b} = \dfrac{12}{300} = 0.04mA$

静态集电极电流 $\qquad I_{CQ} \approx \beta I_{BQ} = 37.5 \times 0.04 = 1.5mA$

静态集电极电压 $\qquad U_{CEQ} = U_{CC} - I_{CQ}R_c = 12 - 1.5 \times 4 = 6V$

【例 8.2】 在图 8.4（a）中，已知 $U_{CC} = 12V$，$R_c = 2k\Omega$，$R_{b1} = 7.6k\Omega$，$R_{b2} = 2.4k\Omega$，$R_e = 1k\Omega$，$\beta = 60$，试求放大器的静态工作点。

解：静态基极电压 $\qquad U_{BQ} \approx \dfrac{R_{b2}}{R_{b1} + R_{b2}} U_{CC} = \dfrac{2.4}{7.6 + 2.4} \times 12 = 2.88V$

静态发射极电流 $\qquad I_{EQ} \approx \dfrac{U_{BQ}}{R_e} = \dfrac{2.88}{1\,000} \approx 2.88\text{mA}$

静态集电极电流 $\qquad I_{CQ} \approx I_{EQ} = 2.88\text{mA}$

静态基极偏置电流 $\qquad I_{BQ} \approx \dfrac{I_{CQ}}{\beta} = \dfrac{2.88}{60} = 0.048\text{mA} = 48\mu\text{A}$

静态集电极与发射极间电压

$$U_{CEQ} = U_{CC} - I_{CQ}(R_c + R_e) = 12 - 2.88 \times (1 + 2) = 3.36\text{V}$$

8.1.3　单管放大电路动态性能分析

当放大器加有输入信号，即 $u_i \neq 0$ 时，称为动态。单管放大电路动态性能分析主要确定放大电路的电压放大倍数 A_u、输入电阻 r_i 和输出电阻 r_o 等。

现设输入信号 u_i 为正弦信号，即 $u_i = U_{im}\sin\omega t$，则图 8.1 中三极管的各个电流和电压瞬时值都含有直流分量和交流分量，其中直流分量一般就是静态值。而所谓放大，只考虑其中的交流分量。动态分析最基本的方法就是微变等效电路法。

> 基础知识

1. 三极管的微变等效电路

三极管及微变等效电路如图 8.5 所示，在低频小信号电路中，三极管从输入两端看，就是一个导通的 PN 结，因此可用一个电阻 r_{be} 表示，r_{be} 称为三极管的输入电阻，它与静态工作电流 I_C 有关。

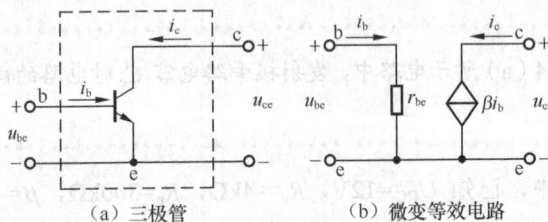

（a）三极管　　　　　　（b）微变等效电路

图 8.5　三极管及微变等效电路

$$r_{be} = \dfrac{u_{be}}{i_b} \tag{8.8}$$

对于低频小功率三极管估算为

$$r_{be} = 300 + (1+\beta)\dfrac{26(\text{mV})}{I_{EQ}(\text{mA})}\Omega \tag{8.9}$$

从输出特性看，放大区中的 i_c 基本上与 u_{ce} 无关，而只与 i_b 有关，其关系由 β 来决定，即 $i_c \approx \beta i_b$。这样，从输出 c、e 两端看，三极管就是一个受 i_b 控制的电流源。

2. 放大电路的微变等效电路

由三极管的微变等效电路和放大电路的交流通路可得出放大电路的微变等效电路。如图 8.6

所示为图 8.1 的交流通路及微变等效电路。对于交流分量而言，C_1、C_2 可视为短路；直流电源内阻可忽略不计，对于交流而言可视为短路。

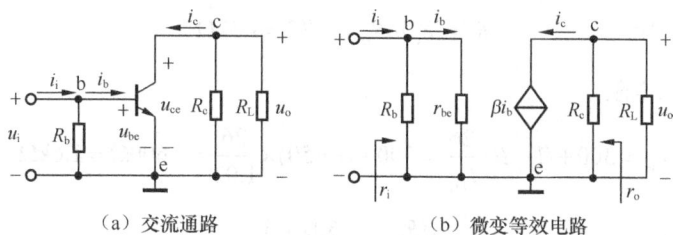

（a）交流通路　　　　　　　（b）微变等效电路

图 8.6　交流通路及微变等效电路

3．动态性能参数的计算

（1）电压放大倍数 A_u。放大器的电压放大倍数 A_u 是指输出电压 u_o 与输入电压 u_i 的比值，即

$$A_u = \frac{u_o}{u_i} \tag{8.10}$$

由于输入信号电压 $u_i = i_b r_{be}$，输出信号电压 $u_o = -i_c(R_c /\!/ R_L) = -i_c R_L{}' = -\beta i_b R_L{}'$　（式中 $R_L{}' = R_c /\!/ R_L$），则

$$A_u = -\frac{\beta R_L{}'}{r_{be}} \tag{8.11}$$

当放大电路不带负载（即空载）时，$R_L{}' = R_c$，即放大电路空载时的电压放大倍数为

$$A_u = -\frac{\beta R_c}{r_{be}} \tag{8.12}$$

（2）输入电阻 r_i。放大器的输入电阻 r_i 是指从放大器的输入端看进去的交流等效电阻。由图 8.6 可得

$$r_i = R_b /\!/ r_{be} \tag{8.13}$$

若 $R_b \gg r_{be}$，则

$$r_i \approx r_{be} \tag{8.14}$$

（3）输出电阻 r_o。对负载来说，放大器又相当于一个具有内阻的信号源，这个内阻就是放大电路的输出电阻 r_o。由图 8.6 可看出，R_c 是等效电流源的内阻，所以

$$r_o \approx R_c \tag{8.15}$$

综上所述，动态性能分析主要步骤为：画出放大电路的交流通路；根据放大电路的交流通路画出微变等效电路；根据放大电路的微变等效电路，利用线性电路的求解方法计算 A_u、r_i 和 r_o。

【例 8.3】 在图 8.1 中，已知 $U_{CC} = 6\text{V}$，$R_c = 3\text{k}\Omega$，$R_b = 265\text{k}\Omega$，$R_L = 3\text{k}\Omega$，$\beta = 50$，试求放大电路的静态工作点、电压放大倍数 A_u、输入电阻 r_i 和输出电阻 r_o。

解：静态基极偏置电流　　　　$I_{BQ} \approx \dfrac{U_{CC}}{R_b} = \dfrac{6}{265} \approx 0.02\text{mA}$

静态集电极电流　　　　　　$I_{CQ} \approx \beta I_{BQ} = 50 \times 0.02 = 1\text{mA}$

静态发射极电流　　　　　$I_{EQ} = I_{CQ} + I_{BQ} = 1 + 0.02 = 1.02\text{mA}$

静态集电极电压　　　　　$U_{CEQ} = U_{CC} - I_{CQ}R_c = 6 - 1 \times 3 = 3\text{V}$

由于等效负载电阻　　　　$R_L' = R_c \mathbin{//} R_L = 3 \mathbin{//} 3 = 1.5\text{k}\Omega$

而三极管的输入电阻

$$r_{be} = 300 + (1 + \beta)\frac{26}{I_{EQ}} = 300 + (1 + 50) \times \frac{26}{1.02} = 1\,600\Omega = 1.6\text{k}\Omega$$

故电压放大倍数　　　　　$A_u = -\dfrac{\beta R_L'}{r_{be}} = -\dfrac{50 \times 1.5}{1.6} \approx -46.9$

输入电阻　　　　　　　　$r_i \approx r_{be} = 1.6\text{k}\Omega$

输出电阻　　　　　　　　$r_o \approx R_c = 3\text{k}\Omega$

8.1.4　多级放大电路的耦合方式

单管放大电路在实际应用中，往往经放大后的输出电压或功率仍然不够大，或性能不够稳定，或某些指标达不到要求等，故实际电路一般多是由几级基本放大电路及它们的改进型组合而成，称为多级放大电路。其组成通常包括输入级、中间级、推动级和输出级等几个部分，如图 8.7 所示。信号源和放大器之间，放大器中各级之间，放大器与负载之间的连接方式，称为耦合方式。最常用的耦合方式有直接耦合、阻容耦合和变压器耦合 3 种。

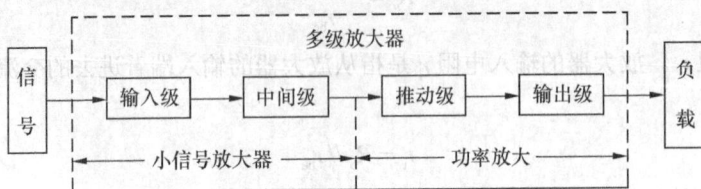

图 8.7　多级放大电路框图

基础知识

1．直接耦合

直接耦合方式：放大器各级之间，放大器与信号源或负载直接连接起来，或者经电阻等能通过直流的元件连接起来的方式，如图 8.8 所示。

直接耦合方式的特点：没有电抗性元件，能放大交流信号、变化极其缓慢的超低频信号和直流信号。

应用：现代集成放大器的内部电路都是采用直接耦合方式。这种耦合方式得到越来越广泛的应用。

存在的缺点：各级静态工作点要相互影响，要产生零点漂移。

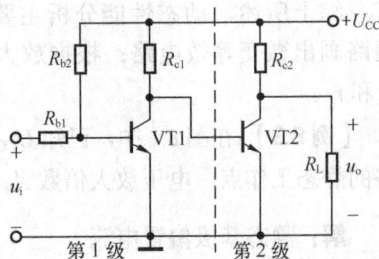

图 8.8　直接耦合两级放大电路

在直接耦合放大电路中，当输入信号为零时，输出电压会随时间改变出现偏离静态值的变化称为零点漂移。零点漂移现象严重时，就能淹没真正的输出信号。所以零点漂移的大小是衡量直接耦合放大器性能的一个重要指标。

放大器产生零点漂移的原因：除了元器件参数的老化、电源电压的波动以外，最主要的是温度对三极管参数的影响所造成的静态工作点波动，而在多级直接耦合放大器中，整个放大电路的零点漂移指标主要由第1级电路的零点漂移所决定。

减小零点漂移的主要措施有以下几种。

（1）采用高质量的电阻元件，并通过"老化"来提高它们的稳定性。

（2）采用高稳定度的稳压电源。

（3）采用高质量的硅三极管。

（4）采用温度补偿电路。

（5）采用差动式放大电路来进行温度补偿，这是一种十分有效的方法。

2．阻容耦合

放大器中各级间，放大器与信号源，放大器与负载采用电阻和电容的连接来传送信号，这种方式为阻容耦合方式。如图 8.9 所示，两级阻容耦合放大电路的第 1 级电路的输出信号通过耦合电容 C_2 传送到第 2 级的输入电阻上，即级间也采用了阻容耦合方式。

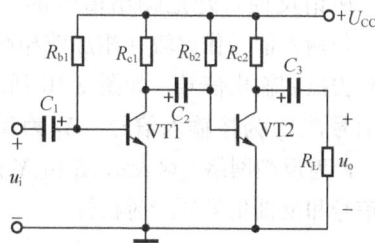

图 8.9 两级阻容耦合放大电路

阻容耦合方式的特点如下。

（1）电路的静态工作点彼此独立，电路的设计和调整灵活方便。

（2）阻容耦合电路不适合放大变化缓慢的信号，只能放大频率较高的交流信号，故也称它为交流放大器。

（3）由于集成工艺难以制作大容量的电容器，因此阻容耦合方式还不能应用于集成放大器的内部电路。

3．变压器耦合

这种耦合方式是在放大器的各级之间，以及放大器与信号源和负载之间，采用变压器耦合来传送交流信号。这种耦合方式可以实现阻抗的变换，但由于变压器体积大、笨重，而且也不能放大缓慢变化的信号，因此这种耦合方式，除了有时应用于功率输出级之外，在一般低频放大器中已经很少使用。

作业测评

（1）放大器未加信号称为静态，这时的直流电流_____和直流电压_____在输入、输出曲线上对应着一点，称为静态工作点，或简称 Q 点。

（2）放大电路动态性能分析主要确定放大电路的_____、输入电阻 r_i 和输出电阻 r_o 等。

（3）多级放大电路组成通常包括_____级、_____级、_____级和_____级。

（4）多级放大电路常用的耦合方式有_____、_____、_____。

（5）在图 8.4（a）中，已知 $U_{CC}=15V$，$R_c=500\Omega$，$R_{b1}=7.6k\Omega$，$R_{b2}=2.4k\Omega$，$R_e=1k\Omega$，

$\beta = 40$，试求放大器的静态工作点。

8.2 负反馈放大电路

负反馈在电子电路中的应用十分广泛，几乎所有实用的放大电路都要引入负反馈。因此，了解负反馈对放大器的影响是非常必要的。

8.2.1 反馈的基本概念

基础知识

所谓反馈，是把输出信号的一部分或全部引回到输入回路，与输入信号作比较（相加或相减），然后用比较所得的偏差信号去控制输出信号，如图 8.10 所示。X_i 为输入信号，X_o 为输出信号，X_d 为净输入信号，X_f 为反馈信号，A 为基本放大电路，F 为反馈网络，$\otimes$ 表示 X_i 和 X_f 两信号的叠加，+、−表示输入信号和反馈信号的瞬时极性。

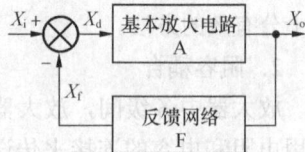

图 8.10 反馈放大器框图

8.2.2 反馈性质的判断

基础知识

1. 有、无反馈的判断

判断有、无反馈，首先看在放大电路中输出端与输入端有、无电路连接，如果有电路连接，则就有反馈，否则就没有反馈，如图 8.11 所示。

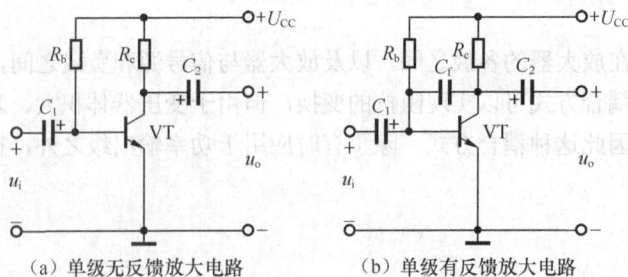

（a）单级无反馈放大电路　　　　（b）单级有反馈放大电路

图 8.11 有、无反馈的判断

2. 交、直流反馈的判断

按反馈信号的交、直流成分可以分为直流（静态）反馈和交流（动态）反馈。

交流反馈：反馈回来的信号是交流量。影响电路的交流性能，交流负反馈的目的是为了改善放大器的性能指标，如图 8.12（b）所示。

直流反馈：反馈信号是直流量。影响电路的直流性能，直流负反馈的目的是稳定静态工作点，如图 8.12（a）所示。

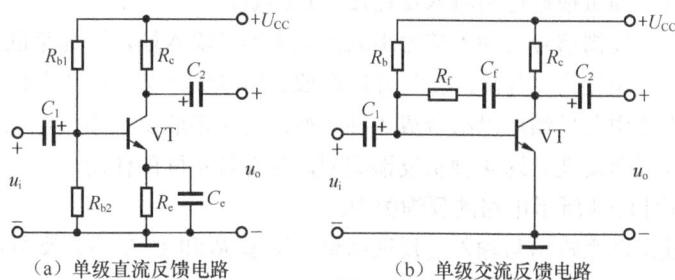

（a）单级直流反馈电路　　　　（b）单级交流反馈电路

图 8.12　交流反馈、直流反馈的判断

3．正、负反馈的判断

判断反馈极性通常采用电压瞬时极性法。简单地说就是假设输入（信号）极性，看反馈效果。先假设输入信号电压对地的瞬时极性为正，用"+"或"↑"表示；然后根据电路输出量与输入量的相位关系，决定电路各点的瞬时极性是"+"还是"-"；最后推出反馈信号的瞬时极性，若反馈信号加强了输入信号则为正反馈；若反馈信号削弱了输入信号则是负反馈，如图 8.13 所示。

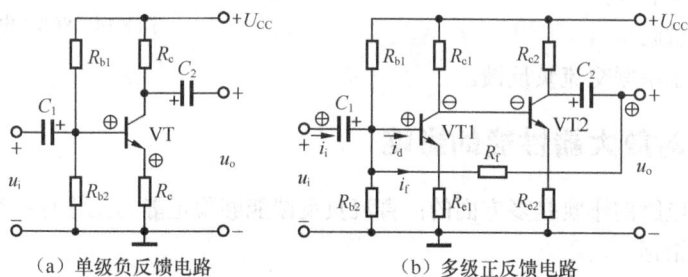

（a）单级负反馈电路　　　　　　（b）多级正反馈电路

图 8.13　正、负反馈的判断

8.2.3　负反馈4种类型的判断

在判断负反馈 4 种类型之前，应首先明确电压反馈、电流反馈、串联反馈和并联反馈。

基础知识

1．电压反馈和电流反馈

按反馈信号和输出信号的关系，分为电压反馈和电流反馈两类。

电压反馈是指反馈信号 u_f（或 i_f）与输出电压 u_o 成正比例，所以电压负反馈有稳定输出电压的作用。

电流反馈是指反馈信号 u_f（或 i_f）与输出电流 i_o 成正比例，所以电流负反馈有稳定输出电流的作用。

判定电压反馈和电流反馈可采用输出端短接法。假定把放大器负载短接 $R_L=0$，即令 $u_o=0$，此时如果反馈信号也为零，则为电压反馈，否则为电流反馈。

2．串联反馈和并联反馈

串联反馈和并联反馈可根据电路输入端连接方式判断。

若在输入回路中，反馈信号与输入信号串联在放大器净输入端，则为串联反馈。

若在输入回路中，反馈信号与输入信号并联在放大器净输入端，则为并联反馈。

综上所述，放大器中负反馈可以组合成 4 种类型：电压串联负反馈、电压并联负反馈、电流串联负反馈、电流并联负反馈。这 4 种负反馈类型，各有各不同的作用。

【例 8.4】 判断图 8.14 所示电路的反馈类型。

解： 首先，要找出联系输出与输入的反馈网络，这里 R_f 和 C_f 支路为反馈网络，由于电容 C_f 的隔直作用，反馈信号只有交流量，因此是交流反馈。用瞬时极性法来判断反馈极性：假设输入信号电压 u_i 对地的瞬时极性为 "+" 的时刻，各处电压极性如图 8.14 中所标 "+"、"−" 可知，输入信号电压 u_i 与反馈信号 u_f 实际上是相减的，所以是负反馈放大电路。

净输入信号 $u_{id} = u_i - u_f$，所以是串联反馈。

反馈信号 $u_f = \dfrac{R_{e1}}{R_{e1} + R_f} u_o$，若 $u_o = 0$，则 $u_f = 0$，所以是电压负反馈。

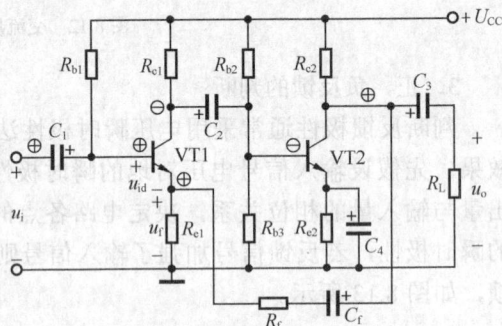

图 8.14　例 8.4 电路图

故该电路为电压串联交流负反馈。

8.2.4　负反馈对放大器性能的影响

负反馈对放大电路的影响是多方面的：直流负反馈能够稳定静态工作点；交流负反馈能够改善放大电路的性能指标。

基础知识

交流负反馈对放大电路的影响如下。

1．负反馈对放大倍数的影响

从负反馈的一般关系式中可以看出，负反馈放大电路的放大倍数比没有反馈时的放大倍数要小，可见引入负反馈将使电路的放大倍数降低。但由于负反馈有削弱输入信号的作用，所以可稳定输出量，也就可稳定放大倍数。

2．负反馈对输入电阻的影响

负反馈对输入电阻的影响，取决于反馈网络在输入端的连接方式，而与输出端的连接方式无关。

（1）串联负反馈使输入电阻增大。如图 8.15 所示，在串联负反馈中，反馈电压与输入电压相互抵消，使净输入电压（$u_{id} = u_i - u_f$）减小，输入电流 i_i 也随之减小，而输入电阻 $r_i = u_i / i_i$，故在输入信号 u_i 不变的情况下，相当于放大器输入电阻增大了。

（2）并联负反馈使放大器的输入电阻减小。如图 8.16 所示，在并联负反馈中，反馈电路是以并联（对信号源而言）形式接入时，输入信号不变，而引入的并联负反馈信号对输入电流起分流作用，这时，i_i 增大。输入电阻 $r_i = u_i / i_i$ 在输入信号电压 u_i 不变的情况下，相当于放大器输入电阻减小了。

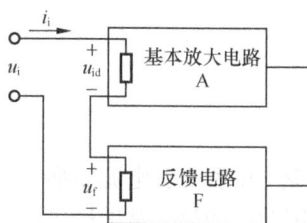

图 8.15　串联负反馈对输入电阻的影响

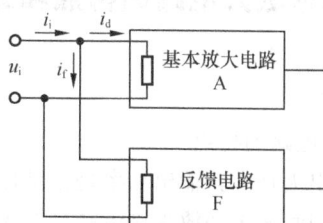

图 8.16　并联负反馈对输入电阻的影响

3．负反馈对输出电阻的影响

负反馈对输出电阻的影响，取决于反馈网络在输出端的取样方式。

（1）电压负反馈使放大器的输出电阻减小，这是因为电压负反馈可使放大器的输出电压在负载变动时保持基本稳定，使之接近恒压源。

（2）电流负反馈使放大器的输出电阻增大，这是因为电流负反馈可使放大器的输出电流在负载变动时保持基本稳定，使之接近恒流源。

4．负反馈对放大器通频带的影响

负反馈降低了由于信号频率变化而引起的放大倍数的不稳定程度，结果就表现为扩展了放大器的通频带。在中频区，输入信号被削减较多；在低频和高频区，输入信号被削减较少。

5．负反馈对放大器非线性失真的影响

当放大器输入正弦信号时，由于三极管输入与输出特性的非线性，有可能使放大器输出信号的波形正、负半周幅度不一致，即产生非线性失真。

当放大器中引入负反馈后，负反馈信号使输入信号变为预失真信号经过放大器放大后恰好得到补偿，使输出信号正、负半周幅度接近相等，从而减小了非线性失真。

作业测评

（1）所谓反馈，就是把＿＿＿＿＿＿＿＿引回到输入回路，与输入信号作比较，然后用比较所得的偏差信号去控制输出信号。

（2）放大器按反馈信号和输出信号的关系，分为＿＿＿＿＿＿和电流反馈两类；根据电路输入端连接方式分为＿＿＿＿＿＿和并联反馈。

（3）放大电路引入负反馈的放大倍数比没有反馈时的放大倍数要小，可见将使电路的＿＿＿＿降低。

（4）当放大器中引入负反馈后，负反馈信号使输入信号变为预失真信号经过放大器放大后恰好得到补偿，从而减小了＿＿＿＿＿＿失真。

8.3 功率放大电路

功率放大电路（简称功放）的作用是将电压放大传送来的信号进行功率放大，向负载提供所需信号的功率，它处在多级放大电路的末级。

8.3.1 功率放大电路的特点和分类

基础知识

1. 功放电路的特点

（1）输出大功率。输出功率是指受信号控制的输出交变电压和交变电流的乘积，即负载所得到的功率。同时要求功放管输出有足够大的电流和电压。因此，功放管常工作在接近极限状态，选择功放管要考虑极限参数。

（2）提高效率。功放电路的效率是指负载得到的信号功率与电源供给的直流功率之比。提高效率可以在相同输出功率的条件下，减小能量损耗，减小电源容量，降低成本。

（3）减小失真。功放电路的工作电流和电压要超过特性曲线的线性范围，甚至接近于三极管的饱和区和截止区，将造成非线性失真较严重。因此，在使用中必须兼顾提高交流输出功率和减小非线性失真这两方面的指标。

（4）改善热稳定性。由于功放电路有相当一部分功率损耗在功放管集电结上，将会引起功放管结温上升，可能会导致管子烧毁。因此，大功率管都要安装散热器，以便获得大的输出功率。

2. 功放电路的分类

（1）按功放管静态工作点的设置分为甲类、乙类、甲乙类等。

① 甲类功放。功放管导通时间为一个周期。在单管放大电路中，为了得到不失真的输出波形，将静态工作点设置在合适位置（i_c 大于 0），如图 8.17（a）所示。因此，静态时功耗大。

② 乙类功放。功放管导通时间为半个周期。其工作点设置在截止区（$i_c = 0$），如图 8.17（b）所示。因此，出现了严重的波形失真。

③ 甲乙类功放。功放管导通时间大于半个周期。其工作点设置靠近截止区（i_c 略大于 0），如图 8.17（c）所示。因此，甲乙类功放，减小了静态功耗，但也出现了严重的波形失真。

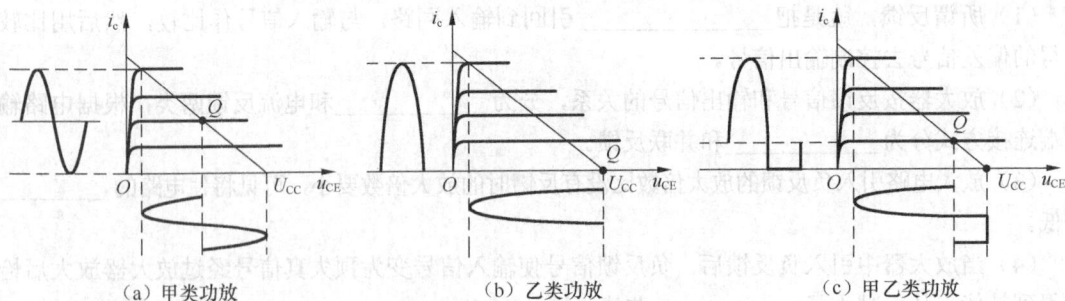

| (a) 甲类功放 | (b) 乙类功放 | (c) 甲乙类功放 |

图 8.17 功率放大电路的分类

（2）按功放的输出端特点分为变压器耦合功率放大器、无输出变压器功率放大器（OTL）、无输出电容功率放大器（OCL）和桥式功率放大器（BTL）等。

变压器耦合功率放大器虽可变换阻抗特性，使负载获得最大输出功率，但由于变压器体积大、频率特性较差、不便于集成化，目前较少应用。OTL 和 OCL 能克服以上缺点，所以得到广泛应用。OTL 和 OCL 通常是由两个功放管组成互补对称结构功放电路。

8.3.2 无输出变压器功率放大器（OTL）

基础知识

1. 乙类 OTL 电路

如图 8.18 所示，VT1 和 VT2 是两个不同类型的功放管，两管特性基本相同，其输出采用阻容耦合。

在静态时，由于电路结构对称，所以 $V_A = U_{CC}/2$，因两管均无偏置，均处于截止状态，$I_{BQ} = 0$，$I_{CQ} = 0$，即电路工作于乙类状态。

当输入信号 u_i 为正半周时，NPN 型的 VT1 管导通，而 PNP 型的 VT2 管则截止。此时 VT1 以射极输出的方式向负载 R_L 提供电流 $i_o = i_{c1}$，从而在 R_L 上得到输出电压的正半周波形。当输入信号 u_i 为负半周时，NPN 型的 VT1 管截止，而 PNP 型的 VT2 管则导通。此时电容 C 上的电压（$U_c = U_{CC}/2$）作为电源，VT2 以射极输出的方式向负载 R_L 提供电流 $i_o = i_{c2}$，从而在 R_L 上得到输出电压的负半周波形。这样，在输入信号 u_i 的一个周期内，放大电路中 VT1 和 VT2 轮流导通，最终在负载上得到一个放大了的输出电压 u_o。

图 8.18 乙类 OTL 电路

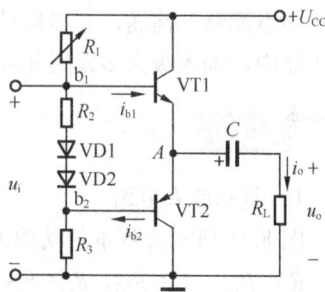

这种电路由于两个管子工作在乙类状态，静态电流几乎等于零，故电路的效率很高，可达 70%以上，但也存在一个缺点，就是输入电压从零上升时需克服 PN 结的一个死区造成的失真，这种失真称为交越失真。为了避免产生交越失真，最好采用甲乙类功放电路。

2. 甲乙类 OTL 电路

图 8.19 所示为甲乙类 OTL 电路，调节 R_1 使 b_1b_2 间的电压保证在静态时两管处于临界导通状态。当输入信号 u_i 为正半周时，VT1 管立即导通，而 VT2 管则截止；反之当输入信号 u_i 为负半周时，VT2 管立即导通，而 VT1 管则截止，这样，就避免了产生交越失真。两管导电时间实际上要略大于半个周期。在输入信号 u_i 的一个周期内，放大电路中 VT1 和 VT2 轮流导通，最终在负载上得到一个放大了的完整输出电压 u_o。

图 8.19 甲乙类 OTL 电路

这种电路由于采用了有极性的大电容 C，因此影响了放大电路的低频性能，也无法实现集成化。

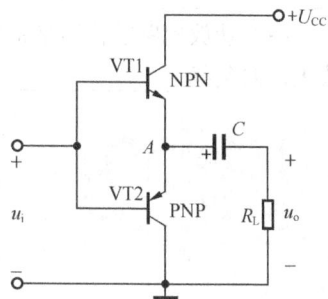

8.3.3 无输出电容功率放大器（OCL）

基础知识

OCL 电路能够克服 OTL 电路存在的缺点，主要原因是采用双电源供电，可以取消输出耦合电容，变交流耦合为直接耦合方式。OCL 电路工作原理与 OTL 电路工作原理相似。图 8.20 所示为 OCL 互补对称功放电路，这种电路既省去了大电容，又改善了低频响应，目前已得到比较广泛的应用。

（1）功放电路按功放管_____的设置分类：主要可分为甲类、乙类、甲乙类等。

（2）功放电路按功放的输出端特点分类：可分_____、_____、_____和_____等。

（3）功放电路的作用是将电压放大传送来的信号进行功率放大，向负载_____。

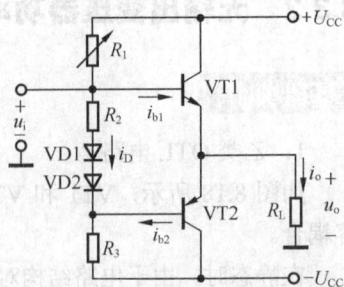

图 8.20　OCL 互补对称功放电路

8.4　集成运算放大电路

集成电路是应用半导体制造工艺把三极管、场效应管、电阻等元器件以及它们之间的连线都做在同一硅片上，然后封装在管壳里。这样制成的具有特定功能的电子电路称为集成电路。它的特点是体积小、重量轻、性能好、功耗低、可靠性高。

集成电路按功能可分为模拟集成电路和数字集成电路两大类。模拟集成电路按其特点分为集成运算放大器、集成稳压器、集成功率放大器等。其中集成运算放大器应用最广泛。

8.4.1　差动式放大电路

集成运算放大器是一种高放大倍数的直接耦合多级放大器。直接耦合方式的放大电路又存在着"零点漂移"问题，在多级放大器中，第 1 级的"零点漂移"影响尤其严重，因此在集成运算放大器中，输入级大多采用差动放大电路有效地抑制零点漂移现象。

1．差动放大电路

图 8.21 所示为基本差动放大电路，它要求两边电路要完全对称，即 VT1 和 VT2 特性完全一致，$R_{s1}=R_{s2}$，$R_{b1}=R_{b2}$，$R_{c1}=R_{c2}$。实际电路中很难做到完全对称，故采用图 8.22 所示的具有射极公共电阻的差放电路，它是由两个相同的共射单管放大电路组成，采用 U_{CC}、U_{EE} 两个电源供电。输入从两个管子基极送入，称为双端输入方式；输出从两个管子集电极之间取出，$u_o = u_{c1} - u_{c2}$，称为双端输出方式。

（1）静态分析。由于两边电路对称，即 VT1 和 VT2 特性一致，$R_{s1}=R_{s2}$，$R_{c1}=R_{c2}$，R_e 为 VT1 和 VT2 射极公共电阻。当 $u_{i1} = u_{i2} = 0$ 时，$i_{B1}=i_{B2}$，$i_{C1}=i_{C2}$，$u_{C1}=u_{C2}$，静态时输出电压 $\Delta U_o = 0$。

（2）共模输入动态分析。两个输入端信号大小相等、极性也相同，称为共模信号。

由于温度变化可以等效为输入端加入的共模信号，下面分析对当温度升高时，射极公共电阻 R_e 对共模信号的抑制作用。其过程如下：

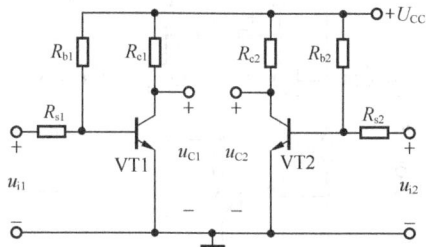

图 8.21 基本差动放大电路

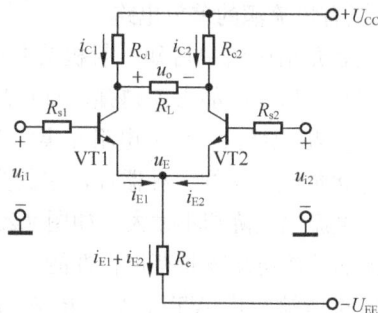

图 8.22 具有射极公共电阻的差放电路

T（温度）$\uparrow \rightarrow i_{C1}\uparrow$、$i_{C2}\uparrow \rightarrow (i_{E1}+i_{E2})\uparrow \rightarrow u_{Re}=(i_{E1}+i_{E2})R_e\uparrow \rightarrow u_E\uparrow \rightarrow u_{BE1}\downarrow$、$u_{BE2}\downarrow \rightarrow i_{B1}\downarrow$、$i_{B2}\downarrow \rightarrow i_{C1}\downarrow$、$i_{C2}\downarrow \rightarrow u_o=u_{C1}-u_{C2}=0$。

上述过程是利用电流负反馈抑制零点漂移（温漂）的过程，R_e 越大，负反馈的作用越强，每管的零点漂移越小，则抑制共模信号的作用就越强。

共模输入差动放大电路的电压放大倍数，称为"共模放大倍数"，用 A_c 表示。当两边电路对称时，由以上分析可知，$u_{C1}=u_{C2}$，$u_o=u_{C1}-u_{C2}=0$，因此共模放大倍数 $A_c=0$。即使两边电路不完全对称时，A_c 也很小。

（3）差模输入差动放大电路的放大能力。两个输入端信号大小相等、极性相反，称为差模信号。

当 u_{i1}、u_{i2}（大小相等、极性相反）分别加于差动放大电路的两个输入端时，在两边电路完全对称的条件下，在 VT1 和 VT2 的集电极产生的电流 i_{C1}、i_{C2} 大小相等、极性相反；同理，i_{E1}、i_{E2} 也大小相等、极性相反，它们共同作用于 R_e 产生电压将相互抵消。所以对于差模信号来说，R_e 可以认为短路。

差模输入差动放大电路的电压放大倍数，称为"差模放大倍数"，用 A_d 表示。

在两边电路完全对称的条件下，由于

$$u_{i1}=-u_{i2}, \quad u_{C1}=-u_{C2}$$

则

$$u_i=u_{i1}-u_{i2}=2u_{i1}; \quad u_o=u_{C1}-u_{C2}=2u_{C1}$$

故

$$A_d=\frac{u_o}{u_i}=\frac{2u_{C1}}{2u_{i1}}=\frac{u_{C1}}{u_{i1}}=A_{d1}=A_{d2} \tag{8.16}$$

（4）共模抑制比（CMRR）。为了衡量差动放大电路对差模信号的放大能力和对共模信号的抑制能力，常用共模抑制比（CMRR）来衡量。共模抑制比是指差模放大倍数 A_d 与共模放大倍数 A_c 之比，即

$$CMRR=\frac{A_d}{A_c} \tag{8.17}$$

综上所述，差动放大电路只对差模信号具有放大能力，但只相当单管电路放大能力，$A_d=A_{d1}=A_{d2}$；对于共模信号没有放大能力，$A_c=0$，但能有效抑制零点漂移。

2．具有恒流源的差放电路

由上面介绍电路中可知：射极公共电阻 R_e 越大，抑制共模信号的能力就越强，维持静态工作点的电源 U_{EE} 相应增大，但大电阻在集成电路中不易制作。为此希望有这样一种器件，它的交流等效电阻很大，直流电压降却不太大。如图 8.23 所示，具有恒流源的差放电路就具有这种性能。

该电路恒流源由 VT3、R_1、R_2 和 R_{e3} 组成，VT3 的基极电位由 R_1 和 R_2 分压固定。当温度升高时，抑制零点漂移工作过程如下：

图 8.23　具有恒流源的差放电路

T （温度）$\uparrow \rightarrow i_{C1} \uparrow$、$i_{C2} \uparrow \rightarrow i_{C3} \uparrow \rightarrow i_{E3} \uparrow \rightarrow u_{Re3}=i_{E3}R_{e3} \uparrow \rightarrow u_{BE3} \downarrow$（VT3 的基极电位由 R_1 和 R_2 分压固定）$\rightarrow i_{B3} \downarrow \rightarrow i_{C3} \downarrow$。

经以上分析可知：当温度升高时，开始使 i_{C3} 增加，最终又使 i_{C3} 减少，因此 i_{C3} 保持不变，同时 i_{C1}、i_{C2} 也保持不变，从而能有效抑制零点漂移。

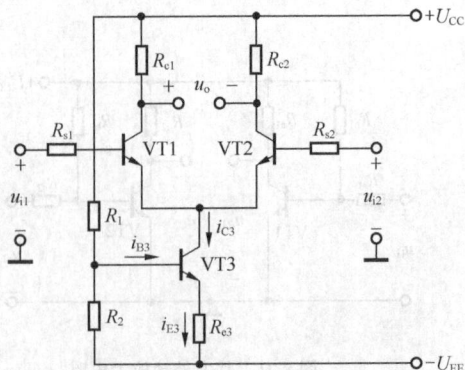

8.4.2　集成运算放大器简介

集成运算放大器（简称集成运放）实质上是一个多级直接耦合高电压放大倍数的电压放大电路，在通常情况下，都将其看成是理想的集成运放。它主要用于各种数字运算（如加法、减法、乘法、除法、积分和微分等），目前已广泛应用到信号处理、信号变换及信号发生等各方面。

> **基础知识**

1．集成运放的组成及各部分作用

集成运放的内部电路是由输入级、中间级、输出级和偏置电路组成，如图 8.24 所示。

各部分的作用如下。

（1）输入级。通常由差动放大电路构成，目的是为了减小放大电路的零点漂移，提高输入阻抗。

图 8.24　集成运放的组成框图

（2）中间级。通常由共发射极放大电路构成，目的是为了获得较高的电压放大倍数。

（3）输出级。通常由互补对称电路构成，目的是为了减小输出电阻，提高电路的带负载能力。

（4）偏置电路。一般由各种恒流源电路构成，作用是为上述各级电路提供稳定、合适的偏置电流，决定各级的静态工作点。

2．集成运放的主要性能指标

（1）开环差模电压放大倍数 A_{uo} 指集成运放无外加反馈时输出电压与输入差模电压之比，即

$$A_{uo} = \frac{u_o}{u_{i1} - u_{i2}} \tag{8.18}$$

此值越高，构成的放大电路工作越稳定，精度也越高。

（2）差模输入电阻 r_{id} 指运算放大器开环时，输入电压的变化与由它引起的输入电流的变化之比，也就是从放大器两个输入端看入的动态电阻。此值越大，集成运放向信号源索取的电流越

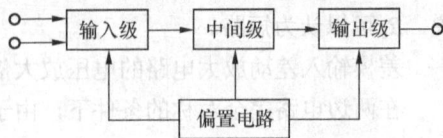

小，运算精度越高。

（3）开环输出电阻 r_o 指集成运放开环时的动态输出电阻。此值越小，集成运放带负载的能力越强。

（4）共模抑制比 CMRR 用来衡量集成运放的放大和抗零漂移、抗共模干扰的能力，此值越大越好。

3．集成运放的符号

集成运放在电路中可以作为一个完整的独立器件来使用，因此在进行电路分析时，它可以用一个等效电路来代替各种型号的运放，通常用如图 8.25 所示的电路符号来表示。图中运放符号有两个输入端：一个为同相输入端 u_+，另一个为反相输入端 u_-；有一个输出端 u_o。

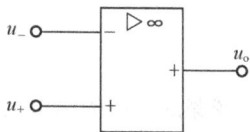

图 8.25 理想运放的电路符号

所谓同相输入端是指反相输入端接地，同相输入端接输入信号，则输出信号和输入信号极性相同。所谓反相输入端是指同相输入端接地，反相输入端接输入信号，则输出信号和输入信号极性相反。

8.4.3 集成运算放大电路的线性应用

基础知识

1．集成运放的理想化

（1）理想集成运放的基本概念。为了简化分析并突出主要性能，通常把集成运放看成理想的，其应当满足下列条件。

① 开环差模电压放大倍数 $A_{uo} \to \infty$。

② 开环差模输入电阻 $r_{id} \to \infty$。

③ 开环输出电阻 $r_o \to 0$。

④ 共模抑制比 CMRR $\to \infty$。

（2）集成运放的两个重要特点。理想集成运放工作在线性区，利用它的理想参数可以导出下面两条重要结论。

① 虚短。理想集成运放的两输入端之间的电压差为零，即 $u_- = u_+$。

② 虚断。理想集成运放的两输入端不取电流，即 $i_- = i_+ = 0$。

一般实际集成运放工作在线性区时，其参数很接近理想条件，也基本具备这两个特点，即有 $u_- = u_+$，$i_- = i_+ = 0$，所以可用于分析各种集成运放的线性应用电路。

2．集成运放

（1）反相比例集成运放。如图 8.26 所示，按前面介绍的负反馈放大器的分类判断方法，可知这是电压并联负反馈电路。在理想情况下，存在 $u_- = u_+$ "虚短" 关系，这个电路是由反相端输入，同相端经 R_b 接地，R_b 称为输入平衡电阻，选择参数时，应使 $R_b = R_1 /\!/ R_f$，使集成运放两个输入端的外接电阻相等，确保其处于平衡对称的工作状态。

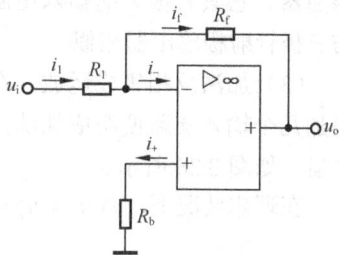

图 8.26 反相比例集成运放

由于 $i_+ = 0$，则 $u_+ = 0$，所以 $u_- = u_+ = 0$，我们把这个反相端不接地而电位为零称为"虚地"。

由于 $i_- = i_+ = 0$，则 $i_1 = i_f$，即 $\dfrac{u_i}{R_1} = -\dfrac{u_o}{R_f}$

故该集成运放的电压放大倍数为

$$A_{uf} = \frac{u_o}{u_i} = -\frac{R_f}{R_1} \qquad (8.19)$$

该集成运放的输出电压为

$$u_o = -\frac{R_f}{R_1} u_i \qquad (8.20)$$

式（8.20）表明，该集成运放的输出电压与输入电压相位相反，大小成一定比例关系，故该电路称为反相比例集成运放。如果 $R_f = R_1$，则输出电压与输入电压相位相反，大小相等，称为反相器。

（2）同相比例集成运放。如图 8.27 所示，按前面介绍的负反馈放大器的分类判断方法，可判断这是电压串联负反馈电路。在理想情况下，存在 $u_- = u_+$ "虚短"关系，由于 $i_- = i_+ = 0$，则 $u_+ = u_i$，$u_- = \dfrac{R_1}{R_1 + R_f} u_o$。

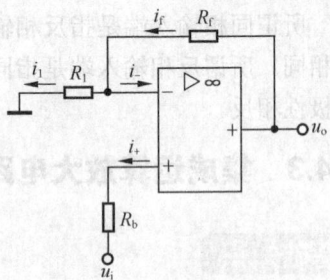

图 8.27 同相比例集成运放

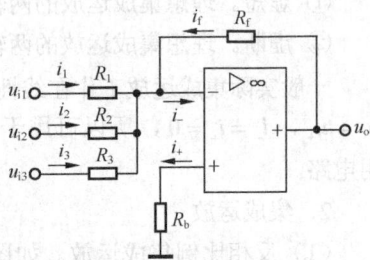

故该集成运放的电压放大倍数为

$$A_{uf} = \frac{u_o}{u_i} = 1 + \frac{R_f}{R_1} \qquad (8.21)$$

该集成运放的输出电压为

$$u_o = (1 + \frac{R_f}{R_1}) u_i \qquad (8.22)$$

式（8.22）表明，电路的输出电压与输入电压相位相同，大小成一定比例关系，但一定大于 1，故该电路称为同相比例集成运放。如果 $R_f = 0$，或 $R_1 = \infty$，此时，$A_f = 1$，即输出电压与输入电压大小相等相位相同，这种电路称为电压跟随器。它具有很大的输入电阻和很小的输出电阻，其作用与三极管射极输出器相似。

（3）加法反相集成运放。在反相比例集成运放的基础上增加几个输入支路便组成加法反相集成运放，也称为反相加法器，如图 8.28 所示。

图 8.28 反相加法器

在理想情况下，有 $u_- = u_+ = 0$，$i_- = i_+ = 0$，因此可列出 $i_f = i_1 + i_2 + i_3$

而

$$i_1 = \frac{u_{i1}}{R_1}, \quad i_2 = \frac{u_{i2}}{R_2}, \quad i_3 = \frac{u_{i3}}{R_3}$$

故

$$u_o = -i_f R_f = -(i_1 + i_2 + i_3)R_f = -(\frac{R_f}{R_1}u_{i1} + \frac{R_f}{R_2}u_{i2} + \frac{R_f}{R_3}u_{i3}) \qquad (8.23)$$

式（8.23）表明，输出电压等于各输入电压按照不同比例相加，式中"–"号表示输出电压和输入电压反相。

若 $R_1 = R_2 = R_3 = R_f$，则

$$u_o = -(u_{i1} + u_{i2} + u_{i3}) \qquad (8.24)$$

式（8.24）表明，输出电压等于各输入电压之和，实现了求和运算。

（4）减法集成运放。图 8.29 所示为集成运放组成的基本差值集成运放，它的同相输入端与反相输入端都接有输入信号，在理想情况下，$i_- = 0$，$u_- = u_+$，则 $i_1 = i_2$，

即 $\frac{u_{i1} - u_-}{R_1} = \frac{u_- - u_o}{R_2}$，而 $u_+ = \frac{R_4}{R_3 + R_4}u_{i2}$，故

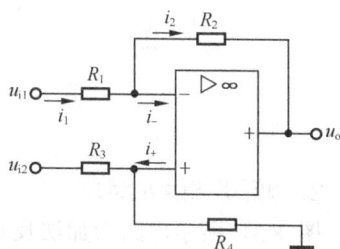

图 8.29 差值集成运放

$$u_o = \frac{R_4}{R_3 + R_4} \cdot \frac{R_1 + R_2}{R_1}u_{i2} - \frac{R_2}{R_1}u_{i1} \qquad (8.25)$$

当外电路电阻满足平衡对称条件 $R_1 = R_3$，$R_2 = R_4$ 时，则

$$u_o = -\frac{R_2}{R_1}(u_{i1} - u_{i2}) \qquad (8.26)$$

式（8.26）表明，电路的输出电压与两个输入电压的差值成正比，故称为"减法集成运放"，即电路实现了差值运算。差值集成运放也称为差动集成运放。

作业测评

（1）差动放大电路只对差模信号具有放大能力，对于_____没有放大能力，但能有效抑制零点漂移。

（2）集成运放的内部电路是由_____、_____、_____和偏置电路组成。

（3）在图 8.27 中，$R_1 = 20k\Omega$，则 $R_f = 100k\Omega$，$u_i = 50mV$，试求输出电压 u_o 的大小。

8.5 技能训练 集成运放测试

集成运放的典型线性应用主要是各种数字运算，如加法、减法、乘法、除法、积分、微分等。通过安装及测试下列电路，熟悉几种主要集成运放的性能和特点；掌握万用表对其线性应用电路的测试方法，了解有关此类集成运放的性能。

基础知识

1. 反相比例集成运放

图 8.30 所示为反相比例集成运放，其电压放大倍数 $A_{uf} = \frac{u_o}{u_i} = -\frac{R_f}{R_1}$，输出电压 $u_o = -\frac{R_f}{R_1}u_i$。

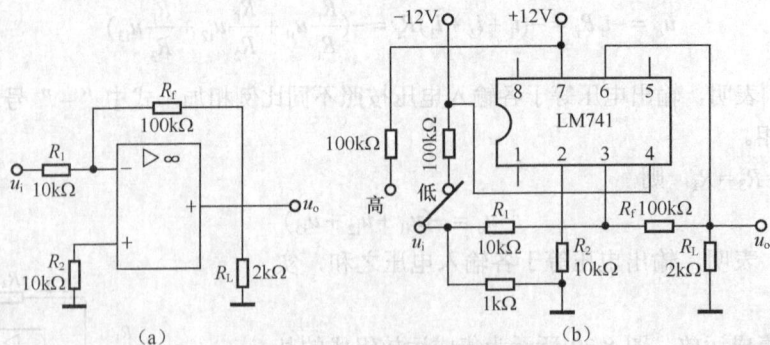

图 8.30 反相比例集成运放及测试

2. 加法反相集成运放

图 8.31 所示电路为加法反相集成运放，电路的输出电压等于各输入电压按照不同比例相加，则

$$u_o = -i_f R_f = -(i_1 + i_2) R_f = -(\frac{R_f}{R_1} u_{i1} + \frac{R_f}{R_2} u_{i2})$$

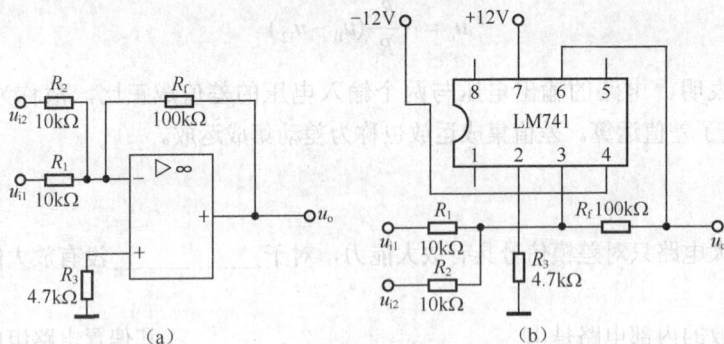

图 8.31 加法反相集成运放及测试

3. 减法集成运放

图 8.32 所示为集成运放组成的减法运算电路，它的同相输入端与反相输入端都接有输入信号，当外电路电阻满足平衡对称条件 $R_1 = R_3$，$R_2 = R_4$ 时，则

$$u_o = -\frac{R_2}{R_1}(u_{i1} - u_{i2})$$

此式表明，电路的输出电压与两个输入电压的差值成正比。

【实验目标】

（1）了解熟悉有关集成运放的性能。

（2）进一步理解反相比例放大、加法（反相）、减法运算电路的工作原理。

（3）掌握几种集成运放的安装及测试方法。

【实验条件】

实验条件如表 8.1 所示。

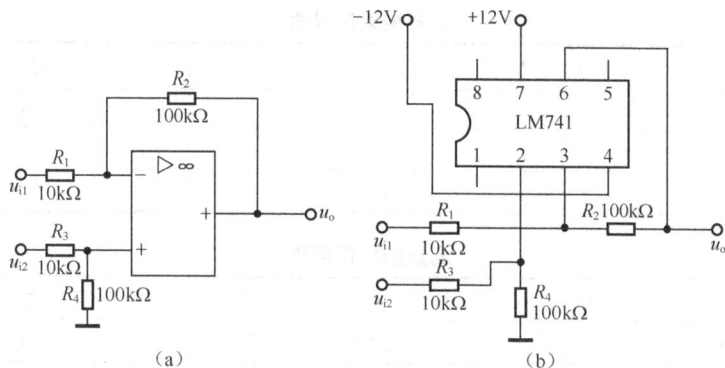

图 8.32 减法运放及测试

表8.1   实 验 条 件

序 号	代 号	名 称	规 格	数 量	单 位
1	R	电阻器	1kΩ	1	个
2	R	电阻器	10kΩ	2	个
3	R	电阻器	100kΩ	2	个
4	R	电阻器	4.7kΩ	1	个
5	R_L	负载电阻	2kΩ	1	个
6	IC	集成	LM741	1	块
7		导线		若干	根
8		万用表		1	个
9		模拟电路实验箱	SX-908A	1	个

【操作步骤】

（1）反相比例集成运放测试。在模拟电路实验箱上按图 8.30 所示连接实验电路，在接通 ±12V 电源之前请指导老师检查正确后方可接通，然后在负载 R_L 大小不同的情况下，分别改变反相输入 3 端开关的高、低电平状态，用万用表分别测出 6 端电压记录在表 8.2 中。

表8.2   测量结果记录表

R_L	∞		2kΩ	
u_i(V)	+0.2（高电平）	−0.2（低电平）	+0.2（高电平）	−0.2（低电平）
u_o(V)				
$A_f = \dfrac{u_o}{u_i}$				

（2）加法运算测试。在模拟电路实验箱上按图 8.31 所示连接好实验电路，分别改变输入端 u_{i1}、u_{i2} 的电压大小，用万用表测出 6 端输出电压，并记录在表 8.3 中。

（3）减法运算测试。在模拟电路实验箱上按图 8.32 所示连接好实验电路，分别改变输入端 u_{i1}、u_{i2} 的电压大小，用万用表测出 6 端输出电压，并记录在表 8.4 中。

表 8.3　　　　　　　　　　　　　　　　　　测量结果记录表

输　　入		输　　出
u_{i1} / V	u_{i2} / V	u_o / V
0.1	−0.1	
0.2	0.2	

表 8.4　　　　　　　　　　　　　　　　　　测量结果记录表

输　　入		输　　出
u_{i1} / V	u_{i2} / V	u_o / V
1	0.5	
2	0.2	

【思考与能力检测】

（1）集成运放的正、反向输入端与其输出端在相位上存在什么区别？

（2）结合生活或生产实际，请举出两个集成运放的应用实例。

本 章 小 结

（1）放大电路的基本功能是将微弱的电信号不失真地放大到所需要的数值。三极管是放大电路的核心器件，要使放大电路不失真放大信号，必须设置合理的静态工作点，使三极管工作在线性区。

（2）固定偏置电路的静态工作点的估算式为

$$I_{BQ} = \frac{U_{CC} - U_{BEQ}}{R_b} \approx \frac{U_{CC}}{R_b}$$

$$I_{CQ} \approx \beta I_{BQ}$$

$$U_{CEQ} = U_{CC} - I_{CQ} R_c$$

（3）分压式偏置电路的静态工作点的估算式为

$$U_{BQ} \approx \frac{R_{b2}}{R_{b1} + R_{b2}} \cdot U_{CC}$$

$$I_{CQ} \approx I_{EQ} = \frac{U_{EQ}}{R_c} = \frac{U_{BQ} - U_{BEQ}}{R_e} \approx \frac{U_{BQ}}{R_e}$$

$$I_{BQ} \approx \frac{I_{CQ}}{\beta}$$

$$U_{CEQ} = U_{CC} - I_{CQ}(R_c + R_e)$$

（4）单管放大电路的主要参数

$$A_u = \frac{u_o}{u_i} = -\frac{\beta R_L'}{r_{be}}$$

$$r_i = R_b /\!/ r_{be} \approx r_{be}$$

$$r_o \approx R_c$$

（5）放大器的级间耦合方式最常用的有直接耦合、阻容耦合和变压器耦合 3 种。

（6）负反馈放大电路分为电压串联负反馈、电压并联负反馈、电流串联负反馈和电流并联负反馈 4 种不同类型。

（7）负反馈对放大器性能的影响，引入负反馈将使电路的放大倍数降低、通频带展宽、非线性失真减小，对输入电阻、输出电阻的影响见下表。

负反馈类型	输 入 电 阻	输 出 电 阻
电压串联负反馈	大	小
电压并联负反馈	小	小
电流串联负反馈	大	大
电流并联负反馈	小	大

（8）功放的任务是不失真地放大信号的功率。对功放的基本要求是输出功率大、效率高、失真小、散热好。功放分类：按功放管静态工作点的设置分为甲类、乙类、甲乙类等；按功放的输出端特点分为变压器耦合功率放大器、无输出变压器功放（OTL）、无输出电容功放（OCL）和桥式功放（BTL）等。

（9）集成运放中，输入级大多采用差动放大电路来有效地抑制零点漂移现象。当差动放大电路两个输入信号为共模输入时，电压放大倍数接近为零，电路无放大能力，从而能有效地抑制零点漂移，当两个输入端信号为差模输入时，两管工作电压放大倍数只相当于单管工作电压放大倍数；集成运放的主要性能指标有开环差模电压放大倍数 A_{uo}、差模输入电阻 r_{id}、开环输出电阻 r_o、共模抑制比 CMRR。

（10）集成运放的线性应用：反相比例集成运放是电压并联负反馈电路，其输出电压与输入电压相位相反，大小成一定比例关系；同相比例集成运放是电压串联负反馈电路，其输出电压与输入电压相位相同，大小成一定比例关系；加法反相运放，其输出电压等于各输入电压按照不同比例相加；减法运算电路，其输出电压与两个输入电压的差值成正比。

思 考 与 练 习

1．判断题

（1）放大器具有能量放大作用。　　　　　　　　　　　　　　　　　　　　　（　　）

（2）分压式偏置电路的结构虽简单，但它最大的缺点是静态工作点不稳定。　（　　）

（3）当放大器未加信号，即 $u_i=0$ 时，称为静态。　　　　　　　　　　　　（　　）

（4）信号源和负载不是放大器的组成部分，但它们对放大器有影响。　　　　（　　）

（5）采用阻容耦合的放大电路，前后级的静态工作点互相影响。　　　　　　（　　）

（6）若反馈信号加强了输入信号则为负反馈；若削弱了输入信号则是正反馈。（　　）

（7）串联反馈就是电流反馈，并联反馈就是电压反馈。　　　　　　　　　　（　　）

（8）负反馈对放大器的输入电阻和输出电阻都有影响。　　　　　　　　　　（　　）

（9）共模抑制比越小，差动放大电路的性能越好。　　　　　　　　　　　　（　　）

（10）差模输入电阻是指集成运放的两个输入端加入差模信号时的交流输入电阻。（　　）

2. 选择题

（1）三极管构成放大器时，根据公共端的不同，可有（　　）种连接方式。

　　A．2　　　　　　　　　　　B．3　　　　　　　　　　　C．4

（2）放大电路的静态工作点是指输入信号（　　）三极管的工作点。

　　A．为零时　　　　　　　　　B．为正时　　　　　　　　　C．为负时

（3）阻容耦合多级放大器（　　）。

　　A．只能传递直流信号　　　　B．只能传递交流信号　　　　C．交、直流信号都能传递

（4）负反馈使放大电路（　　）。

　　A．放大倍数降低，放大电路的稳定性提高

　　B．放大倍数降低，放大电路的稳定性降低

　　C．放大倍数提高，放大电路的稳定性降低

（5）在 OTL 功放中，两个三极管特性和参数相同并且一定是（　　）。

　　A．NPN 管与 NPN 管　　　　B．PNP 管与 PNP 管　　　　C．NPN 管与 PNP 管

（6）在下列 3 种功放中，效率最高的是（　　）。

　　A．甲类　　　　　　　　　　B．乙类　　　　　　　　　　C．甲乙类

（7）所谓差模输入信号是指两端输入信号为（　　）。

　　A．大小和相位都相同　　　　B．大小相同，相位相反　　　C．相位相反

（8）反相比例集成运放的反馈类型为（　　）。

　　A．电压串联负反馈　　　　　B．电压并联负反馈　　　　　C．电流并联负反馈

3. 填空题

（1）放大器中三极管的静态工作点是指_____、_____和_____。

（2）多级放大电路常用的级间耦合方式有_____、_____、_____和_____。

（3）反馈放大电路由_____电路和_____电路组成。

（4）电压负反馈的作用是_____，电流负反馈的作用是_____。

（5）功放工作在甲类放大状态时，输出波形较好，但存在_____的缺点；工作在乙类放大状态时，功率损耗_____，但存在严重的失真。因此，可以让功放工作在_____放大状态。

（6）两个大小_____且极性_____的输入信号称为共模信号；两个大小_____且极性_____的输入信号称为差模信号。

（7）一个性能良好的差动放大电路，对_____信号应有很高的放大倍数，对_____信号应有足够的抑制能力。

（8）集成运放一般由_____、_____、_____和_____几部分组成。

4. 计算题

（1）在固定偏置电路中，已知 $U_{CC}=6V$，$R_c=2k\Omega$，$R_b=300k\Omega$，$R_L=2k\Omega$，$\beta=50$，试求：① I_{BQ}、I_{CQ}、U_{CEQ}；② A_u、r_i、r_o。

（2）在分压式偏置电路中，已知 $U_{CC}=15V$，$R_c=1k\Omega$，$R_{b1}=7.6k\Omega$，$R_{b2}=2.4k\Omega$，$R_e=1k\Omega$，$\beta=40$，试求放大器的静态工作点。

（3）在反相比例集成运放中，$R_1=50k\Omega$，则 $R_f=100k\Omega$，$u_i=-250mV$，试求输出电压 u_o 大小。

第 9 章

直流稳压电源

现代自动化和智能化的大部分设备，以及广泛应用的集成电路中，基本采用直流供电，其中最经济的办法就是将电力系统供给的交流电变换为直流电，直流稳压电源就是实现这种变换的电子设备。直流稳压电源通常由电源变压器、整流电路、滤波电路和稳压电路 4 部分组成，如图 9.1 所示。本章主要简单介绍单相半波、桥式整流电路、常见滤波的形式、稳压电路等内容。

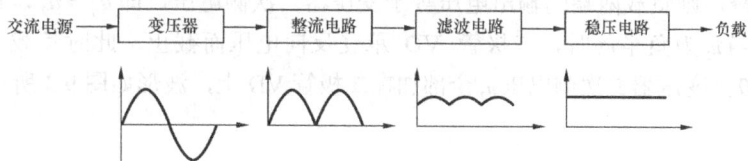

交流电源 → 变压器 → 整流电路 → 滤波电路 → 稳压电路 → 负载

图 9.1 直流稳压电源的组成

知识目标

◎ 了解整流、滤波、稳压的基本概念，熟悉几种单相整流电路组成的形式。

◎ 掌握几种滤波电路与整流电路组成的形式。

◎ 理解串联型稳压电路的形式和工作原理，掌握三端集成稳压器的使用方法。

◎ 理解单相整流电路的工作原理。

技能目标

◎ 了解整流、滤波、稳压 3 个环节的一般组成形式。

◎ 掌握串联型稳压电路安装、测量、检修方法。

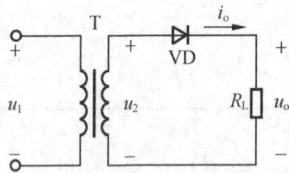

9.1 单相整流电路

电网的 220V 交流电压经过变压器的处理，变换成为符合安全要求的低电压，接着通过单相整流电路的作用再将交流电转变成单向脉动直流电，其中主要是利用二极管的单向导电性能。根据输出电压的波形特点，单相整流电路可分为半波整流和全波整流两种形式。

9.1.1　单相半波整流电路与输出参量

基础知识

1. 单相半波整流电路

单相半波整流电路由整流变压器 T、整流二极管 VD 及负载电阻 R_L 组成，如图 9.2 所示。图中 u_1 为 220V 交流电，u_2 为变压器二次侧（副边）交流电压，当 u_2 为正半周时，二极管 VD 承受正向电压而导通，此时有电流流过负载，并且和二极管上的电流相等，即 $i_o = i_D$，忽略二极管的电压降，则负载两端的输出电压等于变压器二次侧电压，即 $u_o = u_2$，输出电压 u_o 的波形与 u_2 相同；当 u_2 为负半周时，二极管 VD 承受反向电压而截止，此时负载上无电流流过，输出电压 $u_o = 0$，变压器二次侧电压 u_2 全部加在二极管 VD 上，波形如图 9.3 所示。

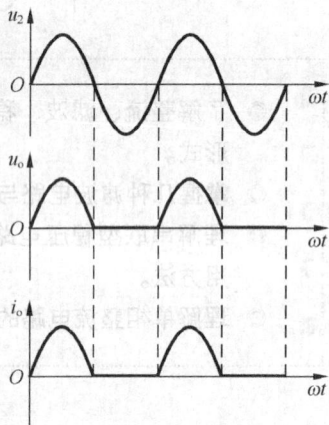

图 9.2　单相半波整流电路

图 9.3　单相半波整流波形图

2. 输入、输出参量

单相半波整流输出电压的平均值为

$$U_o = 0.45U_2 \tag{9.1}$$

流过负载电阻 R_L 的电流平均值为

$$I_o = \frac{U_o}{R_L} = 0.45\frac{U_2}{R_L} \tag{9.2}$$

流经二极管的电流平均值与负载电流平均值相等，即

$$I_D = I_o = 0.45 \frac{U_2}{R_L} \tag{9.3}$$

二极管截止时承受的最高反向电压为 u_2 的最大值为

$$U_{RM} = U_{2m} = \sqrt{2}U_2 \tag{9.4}$$

【例 9.1】 单相半波整流电路中，已知变压器二次侧电压 $U_2 = 20V$，负载 $R_L = 10\Omega$，试求整流输出电压 U_o 及二极管通过平均电流 I_D。

分析：根据半波整流电路输入、输出参量关系可以得出输出电压及平均电流。

解：（1）输出电压 $U_o = 0.45U_2 = 0.45 \times 20 = 9V$

（2）二极管平均电流 $I_D = 0.45 \frac{U_2}{R_L} = 0.45 \times \frac{20}{10} = 0.9A$

9.1.2 单相桥式整流电路与输出参量

全波整流是比半波整流更广泛使用的形式，特别是桥式全波整流电路得到广泛的使用。

基础知识

1. 单相桥式全波整流电路

单相桥式整流电路由电压变压器 T 和 4 个接成电桥形式的二极管 VD1～VD4 及负载 R_L 组成，如图 9.4 所示。

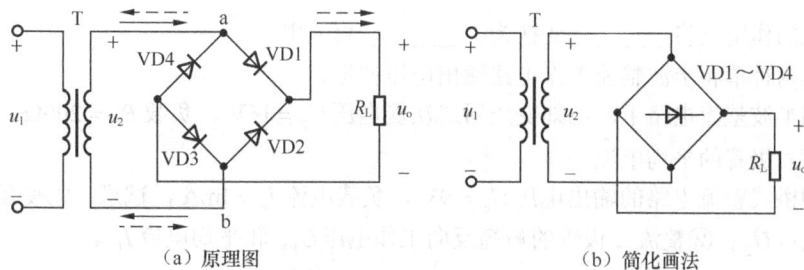

| (a) 原理图 | (b) 简化画法 |

图 9.4 单相桥式整流电路

如图 9.4（a）所示，u_1 为 220V 交流电，u_2 为变压器二次侧交流电压。u_2 为正半周时，a 点电位高于 b 点电位，二极管 VD1、VD3 承受正向电压而导通，VD2、VD4 承受反向电压而截止，此时电流的路径为：a→VD1→R_L→VD3→b，如图中实线箭头所示；u_2 为负半周时，b 点电位高于 a 点电位，二极管 VD2、VD4 承受正向电压而导通，VD1、VD3 承受反向电压而截止，此时电流的路径为：b→VD2→R_L→VD4→a，如图中虚线箭头所示。

由此可见，在交流电压的正、负半周里，都有同一方向的电流流过负载 R_L。单相桥式整流电路波形如图 9.5 所示。

想一想 组成单相桥式整流电路的 4 只二极管能不能反向安装？流过负载 R_L 的电流一定比半波整流多吗？

2. 输入、输出参量

单相桥式整流输出电压的平均值为

$$U_o = 0.9U_2 \tag{9.5}$$

流过负载电阻 R_L 的电流平均值为

$$I_o = \frac{U_o}{R_L} = 0.9\frac{U_2}{R_L} \tag{9.6}$$

流经每个二极管的电流平均值为负载电流的一半，即

$$I_D = \frac{1}{2}I_o = 0.45\frac{U_2}{R_L} \tag{9.7}$$

每个二极管在截止时承受的最高反向电压为 u_2 的最大值为

$$U_{RM} = U_{2m} = \sqrt{2}U_2 \tag{9.8}$$

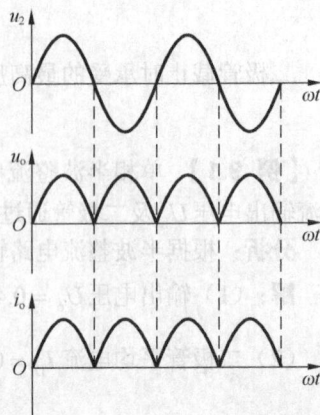

图 9.5　单相桥式整流电路波形

【例 9.2】 单相桥式整流电路中，已知变压器二次侧电压 $U_2 = 20\text{V}$，负载 $R_L = 10\Omega$，试求整流输出电压 U_o 及通过二极管的平均电流 I_D。

分析：根据桥式整流电路输入输出参量关系可以得出输出电压及通过二极管的平均电流。

解：（1）输出电压 $U_o = 0.9U_2 = 0.9 \times 20 = 18\text{V}$

（2）二极管平均电流 $I_D = 0.45\frac{U_2}{R_L} = 0.45 \times \frac{20}{10} = 0.9\text{A}$

作业测评

（1）整流的作用是将_____变换为_____直流电。

（2）画出两种单相半波整流工作电路输出电压波形。

（3）单相半波整流电路中，已知变压器二次侧电压 $U_2 = 16\text{V}$，负载 $R_L = 200\Omega$，试求整流输出电压及通过二极管的平均电流。

（4）单相桥式整流电路的输出电压 $U_o = 9\text{V}$，负载电流 $I_o = 1\text{mA}$，试求：①变压器的二次侧线圈的交流电压 U_2；②整流二极管的最高反向工作电压 U_{RM} 和平均电流 I_D。

9.2　滤波电路

电网的 220V 交流电压经过变压、整流电路的处理成为单向脉动直流电，如果再经过滤波环节的处理，其中脉动较大直流电压将转变成为脉动较小的直流电压，输出电压的交流分量大大地减弱；一般滤波电路直接接到整流电路的后方，由电阻、电感、电容等元件组成。

9.2.1　电容滤波电路

基础知识

1. 单相半波整流电容滤波电路

在单相半波整流电路的输出端并联一个电解电容器，就构成单相半波整流电容滤波电路，如

图 9.6 所示。

　　假设接通电源前，电容 C 两端电压为零。当 $u_2 > 0$ 时，二极管 VD 导通，u_2 向电容 C 充电，忽略二极管正向电阻，则充电速度很快使 u_C 达到 u_2 的峰值，此后 u_2 按正弦规律下降；由于电容两端电压不能突变，仍保持较高的电压，这时因 $u_C > u_2$，二极管 VD 承受反向电压截止，电容 C 通过 R_L 进行放电，由于 C 和 R_L 较大，放电速度很慢，随着放电的进行，u_C 逐渐下降，直到下一个周期 $u_2 > u_C$ 时，二极管 VD 再次导通，C 再次被充电，如此重复。通过这种周期性充、放电，使输出电压脉动幅度大大减少，达到滤波的目的。单相半波整流电容滤波电路波形图如图 9.7 所示。

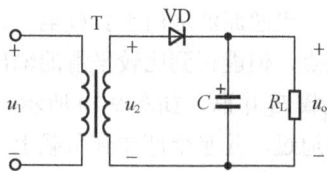

图 9.6　单相半波整流电容滤波电路

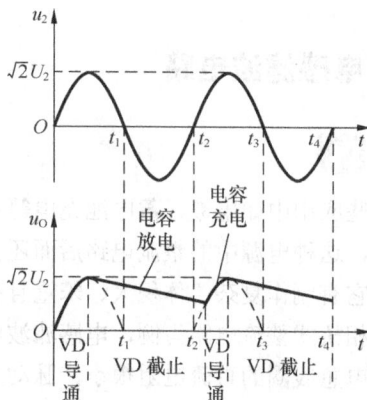

图 9.7　单相半波整流电容滤波波形图

单相半波整流电容滤波电路的负载上得到的输出电压（估计值）为

$$U_o = U_2 \tag{9.9}$$

单相半波整流电容滤波电路中二极管承受的最大反向电压为

$$U_{RM} = U_{2m} + U_{Cm} = \sqrt{2} U_2 + \sqrt{2} U_2 = 2\sqrt{2} U_2 \tag{9.10}$$

2. 单相桥式整流电容滤波电路

在单相桥式整流电路的输出端并联一个电容量很大的电解电容器，就构成了它的滤波电路，如图 9.8 所示。

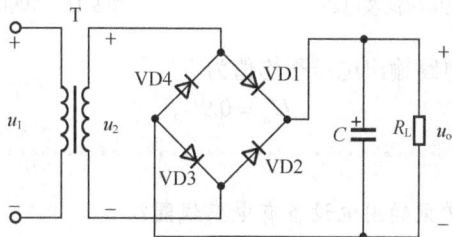

图 9.8　单相桥式整流电容滤波电路

　　电路工作原理与单相半波整流电容滤波形式电路基本相同，不同之处是交流电源在一个周期内，半波整流电容滤波电容充、放电各一次，输出电压的交流分量多一点，而单相桥式整流电容滤波电路电容充、放电各两次，输出电压的交流分量大大地减弱。单相桥式整流电容滤波电路波形如图 9.9 所示。

单相桥式整流电容滤波的负载上得到的输出电压为

$$U_o = 1.2U_2 \tag{9.11}$$

若输出端空载，则

$$U_o = 1.4U_2 \tag{9.12}$$

单相桥式整流电容滤波电路中二极管承受的最大反向电压为

$$U_{RM} = U_{2m} = \sqrt{2}U_2 \tag{9.13}$$

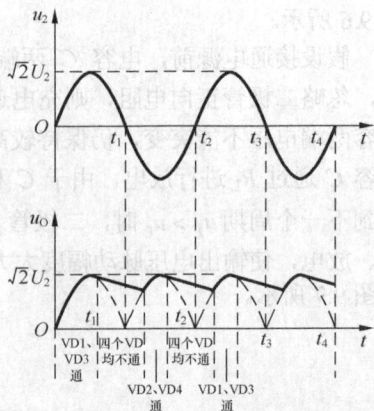

9.2.2　电感滤波电路

基础知识

在某些应用中如电镀、蓄电池充电等可直接使用脉动直流电源，而许多电子设备需要平稳的直流电源，这种电源中的整流电路后面还需加电感滤波电路。电感滤波适用于负载电流较大的场合，虽然它有制作复杂、体积大、笨重且存在电磁干扰的缺点，但能得到比较平滑的输出电压。

以单相桥式整流电路为例，电感滤波电路中电感 L 与负载 R_L 串联，如图 9.10 所示。

由于电感线圈的直流电阻很小，脉动直流电压分量容易通过，几乎全部加到负载上，而电感线圈的交流阻抗很大，脉动电压的交流分量不容易通过电感线圈。根据电磁感应原理，电感线圈通过变化电流时，它的两端要产生自感电动势来阻碍电流的变化，也就是阻碍了脉动电压的交流分量，从而使输出电压较为平滑，波形如图 9.11 所示。

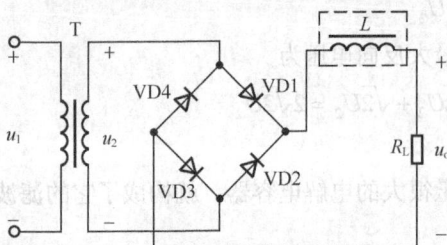

图 9.10　单相桥式整流电感滤波电路

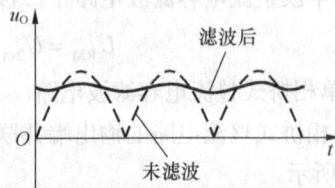

图 9.11　单相桥式整流电感滤波电路波形

单相桥式整流电感滤波电路输出电压平均值为

$$U_o = 0.9U_2 \tag{9.14}$$

想一想

有哪些常见的用电设备有电感线圈？

作业测评

（1）经过滤波环节的处理，其中脉动_____直流电压将转变成为脉动_____的直流电，输出电压的_____分量大大地减弱。

（2）半波整流电容滤波电路以及桥式整流电容滤波电路在相等的输入二次侧电压 U_2 的条件下，_____滤波形式输出电压大。

（3）单相半波整流电容滤波电路中，已知变压器二次侧电压$U_2 = 50V$，试求在有负载状态下的输出电压U_o及二极管承受反向电压U_{RM}。

9.3 稳压电路

交流电压经过整流、滤波后变成比较平滑的直流电，但如果电网电压波动或负载发生变化时，输出电压将发生变动。要解决这个问题，还需要在整流、滤波后再增加稳压电路。所谓稳压电路，就是当电网电压波动或负载变化时，能使输出电压稳定的电路。目前，中、小功率设备中广泛采用的稳压电路有并联型稳压电路、串联型稳压电路和集成稳压器等。

9.3.1 并联型稳压电路

基础知识

1. 电路的组成

并联型稳压电路如图 9.12 所示，稳压电路由限流电阻 R 和稳压管 VD_Z 组成，而稳压管反向并联在负载 R_L 两端。在本电路中，U_i 是U_R与U_Z的总和，即

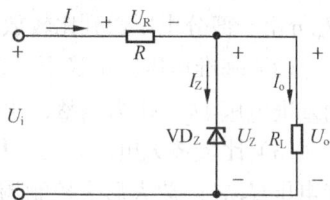

$$U_i = U_R + U_Z$$

2. 稳压原理

图 9.12 并联型稳压电路

（1）当负载电阻不变，而输入电压U_i升高将引起U_o随之升高，导致稳压管的电流I_Z急剧增加，使得电阻 R 上的电流 I 和电压U_R迅速增大，这样便有效地限制U_o增大的可能，而使U_o基本上保持不变。其过程可用符号式表示为

$$U_i \uparrow \to U_o \uparrow \to I_Z \uparrow \to I \uparrow \to U_R \uparrow \to U_o \downarrow$$

（2）当输入电压U_i不变，而负载电阻 R_L 减小时，将引起U_o下降，导致稳压管电流I_Z急剧减小，使电阻 R 上的电流 I 和电压U_R迅速减小，从而使U_o基本上保持不变。其过程可用符号式表示为

$$R_L \downarrow \to U_o \downarrow \to I_Z \downarrow \to I \downarrow \to U_R \downarrow \to U_L \uparrow$$

综上所述，利用稳压管电流的变化，引起限流电阻两端电压的变化，从而达到稳压的目的。这种电路结构简单，但输出电压由稳压管的稳压值决定，因此只适用于负载电流变化范围较小的场合。

【例 9.3】 在图 9.12 中，已知 $U_i = 20V$，$U_Z = 8V$，负载 $R_L = 10\Omega$，试求输出电压U_o及负载电流I_o，当$U_i = 15V$ 时，输出电压及电阻 R 上电压U_R多大？

分析：输入电压U_i波动时会引起稳压管的电流I_Z波动，使得电阻 R 上的电流 I 和电压U_R迅速波动，从而使U_o基本上保持不变。

解：（1）当输入电压 $U_i = 20\text{V}$

$$U_o = U_Z = 8\text{V}$$

$$I_o = \frac{U_o}{R_L} = \frac{8}{10} = 0.8\text{A}$$

（2）当输入电压 $U_i = 15\text{V}$

$$U_o = U_Z = 8\text{V}$$

$$U_R = U_i - U_Z = 15 - 8 = 7\text{V}$$

9.3.2 串联型稳压电路

串联型稳压电路有简单串联型稳压形式和带放大环节串联型稳压形式，以下介绍带放大环节的串联型稳压电路。

基础知识

1. 电路的组成

带放大环节的串联型稳压电路如图 9.13 所示，它由取样电路、基准电压、比较放大电路、调整电路等组成。

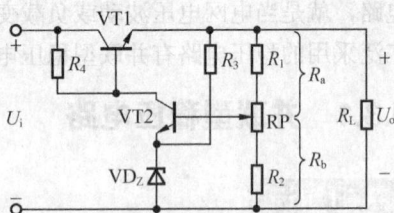

图 9.13 串联型稳压电路

（1）取样电路。由 R_1、RP、R_2 组成，它将输出电压 U_o 分出一部分电压送到比较放大电路 VT2 的基极。

（2）基准电压。由稳压二极管 VD_Z 和电阻 R_3 构成的稳压电路，它为比较电路提供一个稳定的基准电压 U_Z，作为调整、比较的标准。

（3）比较放大电路。由三极管 VT2 和 R_4 构成的直流放大器，其作用是将取样电压 U_{B2} 与基准电压 U_Z 之差放大后去控制调整管 VT1。

（4）调整电路。由工作在线性放大区的功率管 VT1 组成，VT1 的基极电流 I_{B1} 受比较放大电路输出的控制，它的改变又可使集电极电流 I_{C1} 和集、射电压 U_{CE1} 改变，从而达到自动调整稳定输出电压的目的。

2. 稳压原理

当输入电压 U_i 或输出电流 I_o 变化引起输出电压 U_o 增加时，取样电压 U_{B2} 相应增大，使 VT2 管的基极电流 I_{B2} 和集电极电流 I_{C2} 随之增加，VT2 管的集电极电位 U_{C2} 下降，因此 VT1 管的基极电流 I_{B1} 下降，使得 I_{C1} 下降，U_{CE1} 增加，U_o 下降，使 U_o 保持基本稳定。

$$U_o \uparrow \rightarrow U_{B2} \uparrow \rightarrow I_{B2} \uparrow \rightarrow I_{C2} \uparrow \rightarrow U_{C2} \downarrow \rightarrow I_{B1} \downarrow \rightarrow U_{CE1} \uparrow \rightarrow U_o \downarrow$$

同理，当 U_i 或 I_o 变化使 U_o 降低时，调整过程相反，U_{CE1} 将减小使 U_o 保持基本不变。

从上述调整过程可以看出，该电路是依靠电压负反馈来稳定输出电压的。

3. 电路的输出电压

设 VT2 发射结电压 U_{BE2} 可忽略，则

$$U_{B2} = U_Z = \frac{R_b}{R_a + R_b} U_o$$

故

$$U_o = \frac{R_a + R_b}{R_b} U_Z \tag{9.15}$$

所以通过调节电位器RP，即可调节输出电压 U_o 的大小，但 U_o 必须大于或等于 U_Z。

【例9.4】 在图9.13中，$U_Z = 6V$，$R_1 = R_2 = RP = 1\,000\Omega$，求输出电压 U_o 调节范围。

分析： 因为 RP 变化可在 0～1000Ω 范围，所以 R_1、RP、R_2 组成电路的分压比例就有一定范围，输出电压也就在一定范围变化。

解： RP 抽头最上时

$$R_a = R_1 = 1000\Omega$$

$$R_b = R_2 + RP = 1000 + 1000 = 2000\Omega$$

$$U_o = \frac{R_a + R_b}{R_b}U_Z = \frac{1\,000 + 2\,000}{2\,000} \times 6 = 9V$$

R_P 抽头最下时

$$R_a = R_1 + RP = 1000 + 1000 = 2000\Omega$$

$$R_b = R_2 = 1000\Omega$$

$$U_o = \frac{R_a + R_b}{R_b}U_Z = \frac{2000 + 1000}{1000} \times 6 = 18V$$

结论： 该电路输出电压的调节范围为 9～18V。

9.3.3 集成稳压器

基础知识

集成稳压器是将调整环节、比较放大环节、保护环节等做在一块硅片上，它使用简便，性能良好，可靠性高。它的类型很多，作为小功率的直流稳压电源，应用最多是三端式串联型集成稳压器。三端式是指稳压器仅有输入端、输出端和公共端 3 个接线端子。图 9.14 所示为 W7800 系列和 W7900 系列稳压器的引脚排列图。

集成稳压器按照输出电压是否可调分为固定式和可调式两种形式。应用较广泛的有 W7800 系列和 W7900 系列。W7800 系列为正电压输出，W7900 系列为负电压输出。常用的输出电压为 5V、6V、9V、12V、15V、18V、24V 等多种。输出的电压数值用 W78（W79）后的两位数字表示。例如，W7805 表示输出电压为+5V，W7912 表示输出电压为-12V。

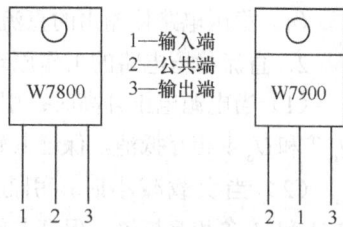

图 9.14　W7800 系列和 W7900 系列
稳压器的引脚排列图

W7800 系列和 W7900 系列三端式串联型集成稳压器基本单元电路接线图如图 9.15 所示。

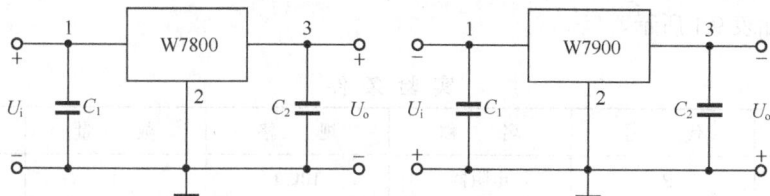

图 9.15　三端式串联型成稳压器接线

输入电压 U_i 为整流电路输出电压，经过稳压器后，得到稳定的输出电压 U_o。输入端接电容

C_1 是用来抑制输入电压的脉动，输出端接电容 C_2 用来抑制负载电压的突变。

作业测评

（1）稳压的作用是在_____波动或_____变动的情况下，保持_____不变。

（2）集成稳压器的种类很多，应用最为普遍的是_____式串联型集成稳压器，如 W7800 和 W7900 系列稳压器，W7800 系列输出_____电压。

（3）简单并联型稳压电路中，$U_i = 10V$，$U_Z = 5V$，负载 $R_L = 100\Omega$，试求输出电压 U_o 及负载电流 I_o，当 $U_i = 15V$ 时，输出电压 U_o 及电阻 R 上电压 U_R 多大？

9.4　技能训练　串联型稳压电源的组成和检测

串联型稳压电源是将交流电变成直流电的电路，它通常由电源变压器、整流电路、电容滤波电路、串联型稳压电路 4 部分组成。

基础知识

1．串联型稳压电源各组成部分的作用

（1）电源变压器的作用是将电网供给的 220V 交流电压变换为符合整流器需要的交流电压。

（2）整流电路的作用是将交流电变换成单方向的脉动直流电。

（3）电容滤波电路的作用是将脉动较大的直流电变为脉动较小的直流电。

（4）稳压电路使输出的直流电压在电网电压波动或负载变化时，能够保持基本稳定。

2．直流稳压电路的工作原理

（1）当电源电压升高时：引起 $U_o\uparrow \to U_{B2}\uparrow \to U_{C2}\downarrow \to U_{B1}\downarrow \to U_{CE1}\uparrow \to U_o\downarrow$，若调整得好，$U_o\uparrow$ 和 $U_o\downarrow$ 相互抵消，保证其输出电压的稳定。

（2）当负载减小时：引起 $U_o\downarrow \to U_{B2}\downarrow \to U_{C2}\uparrow \to U_{B1}\uparrow \to U_{CE1}\downarrow \to U_o\uparrow$，若调整得好，$U_o\downarrow$ 和 $U_o\uparrow$ 相互抵消，保证其输出电压的稳定。

【实验目标】

（1）明确直流稳压电路的组成。

（2）掌握串联型稳压电源的安装与调试方法。

（3）进一步理解串联型稳压电源的工作原理。

【实验条件】

实验条件如表 9.1 所示。

表 9.1　　　　　　　　　　　　实　验　条　件

序　　号	代　　号	名　称	规　格	数　　量	单　位
1	R_1	电阻器	10kΩ	1	个
2	R_2	电阻器	1kΩ	1	个
3	R_3	电阻器	150Ω	1	个

续表

序　号	代　号	名　称	规　格	数　量	单　位
4	R_4	电阻器	200Ω	1	个
5	RP_1	电位器	150Ω/1W	1	个
6	RP_2	电位器	2.2kΩ/1W	1	个
7	C_1	电解电容器	220μF/50V	1	个
8	C_2	电解电容器	470μF/50V	1	个
9	VT1	三极管	3DA1A	1	个
10	VT2	三极管	3DG6	1	个
11	VD_Z	稳压二极管	2CW76	1	个
12		整流桥		1	个
13		导线		若干	根
14	T	自耦变压器	220V/24V	1	个
15		万用表		1	个
16		实验板	自制	1	块

【操作步骤】

（1）按图 9.16 电路在实验板上进行焊接安装，要求焊点圆滑、牢固、有光泽，不得虚焊、假焊；通电前请指导老师检查。

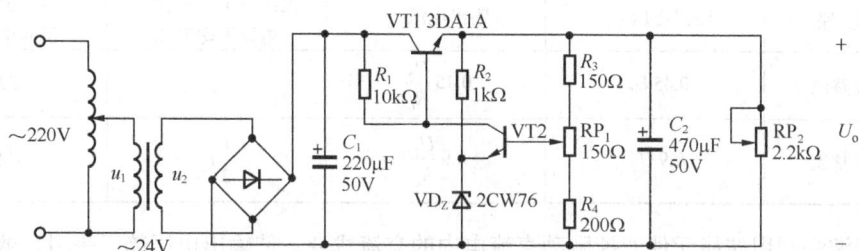

图 9.16　串联型稳压电源

（2）通电检修：接通电源后用万用表测出三极管 VT1、VT2 的发射结电压 U_{be}，发射结电压应在 0.65V 左右，调节 RP_1 测输出电压 U_o 的大小，判断电压的大小是否变动，如果电压 U_o 随着 RP_1 变动，电路工作正常。

（3）调节 RP_1 使 U_o=12V，同时在负载保持不变的情况下，调节自耦变压器使 U_2 分别为 15V、18V、24V，测量各点的电压，并将测量结果记入表 9.2 中。

表 9.2　　　　　　　　　　　　　　测量结果记录表

交流电压 U_2	U_{C1}/V	U_{C2}/V	U_{CE1}/V	U_o/V
15V				
18V				
24V				

（4）在 $U_2 = 18V$ 、$U_o = 12V$ 的情况下，改变负载 RP_2 的电阻值，测量各点的电压，并将测量结果记入表 9.3 中。

表 9.3　　　　　　　　　　　　　　　　测量结果记录表

交流电压 U_2	RP_2/kΩ	U_{C1}/V	U_{C2}/V	U_{CE1}/V	U_o/V
18V	断开				
	1kΩ				
	1.5kΩ				
	2kΩ				

【思考与能力检测】

（1）如果将电解电容器 C_2 断开，对输出电压有何影响？

（2）在负载保持不变的情况下，改变输入电压，U_{CE1} 随着 U_2 的增大将如何变化？

本 章 小 结

（1）直流稳压电源通常由电源变压器、整流电路、滤波电路、稳压电路 4 部分组成。

（2）整流是利用二极管的单向导电性将交流电转换成单向脉动直流电。常见的两种整流电路的输出参量如下。

整 流 电 路	输出电压 U_o	输出电流 I_o	流经每个二极管的电流平均值 I_D	二极管承受的最高反向电压 U_{RM}
单相半波整流	$0.45 U_2$	$0.45 \dfrac{U_2}{R_L}$	I_o	$\sqrt{2} U_2$
单相桥式整流	$0.9 U_2$	$0.9 \dfrac{U_2}{R_L}$	$\dfrac{1}{2} I_o$	$\sqrt{2} U_2$

（3）滤波是利用储能元件滤掉脉动直流电中的交流成分，使输出电压趋于平滑。滤波电路分为电容滤波和电感滤波等，当负载电流较小时，可采用电容滤波；当负载电流较大时，可采用电感滤波。

（4）稳压电路的作用是当电网电压波动或负载变化时，能自动保持输出电压基本稳定的电路。主要形式有并联型稳压电路、串联型稳压电路和集成稳压器。

思 考 与 练 习

1. 判断题

（1）半波整流电路以及桥式整流电路在相等的输入二次侧电压 U_2 的条件下，半波整流输出电压是桥式全波整流的两倍。　　　　　　　　　　　　　　　　　　　　　　　　　　（　　）

（2）单相半波整流电路中，只要把变压器二次绕组的端钮对调，就能使输出直流电压的极性改变。 （　　）

（3）单相桥式整流电路在输入交流电的每个半周内都有两只二极管导通。 （　　）

（4）直流稳压电源中整流是将脉动较大的直流电压转变成为脉动较小的直流电压。 （　　）

（5）电容滤波电路带负载的能力比电感滤波电路强。 （　　）

（6）硅稳压二极管可以串联使用，也可以并联使用。 （　　）

（7）硅稳压二极管的稳压作用是利用其内部 PN 结的正向特性来实现的。 （　　）

（8）带放大环节串联型稳压电路，其负载输出直流电压大小不可调整改变。 （　　）

2．选择题

（1）在单相桥式整流电路中，若有一只整流管接反，则（　　）。

    A．输出电压约为 $2U_。$　　　　　B．变为半波整流

    C．整流管将因电流过大而烧坏

（2）整流电路输出的电压应属于（　　）。

    A．平直直流电压　　　　　B．脉动直流电压　　　　　C．稳恒直流电压

（3）某单相半波整流电路，若变压器二次侧电压 $U_2 = 100V$，则负载两端电压及二极管承受的反向电压分别为（　　）。

    A．45V 和 141V　　　　　B．90V 和 141V　　　　　C．90V 和 282V

（4）单相桥式整流电路中，已知 $U_2 = 10V$，若某一只二极管因虚焊造成开路时，输出电压 $U_。$ 为（　　）。

    A．4.5V　　　　　B．9V　　　　　C．12V

（5）直流稳压电源中滤波电路的目的是（　　）。

    A．将交流变为直流　　　　　B．将高频变为低频

    C．将交、直流混合量中的交流成分滤掉

（6）整流电路接入电容滤波器后，输出电压的直流成分（　　）。

    A．增大　　　　　B．减小　　　　　C．不变

（7）单相桥式整流电容滤波电路中，如果电源变压器二次侧电压为 100V，则负载电压为（　　）。

    A．100V　　　　　B．120V　　　　　C．90V

（8）稳压管是利用其伏安特性的（　　）特性进行稳压的。

    A．反向　　　　　B．反向击穿　　　　　C．正向导通

3．填空题

（1）直流电源一般由＿＿＿＿、＿＿＿＿、＿＿＿＿和＿＿＿＿组成。

（2）在单相半波整流电路中，如果电源变压器二次侧电压的有效值是 100V，则负载电压是＿＿＿＿V。

（3）在单相桥式整流电路中，如果负载电流是 5A，则流过每只二极管的电流是＿＿＿＿A。

（4）如果电网＿＿＿＿或＿＿＿＿发生变动，输出电压将发生变动；但经过直流稳压电路的处理，不稳定的直流电压将稳定。

（5）集成稳压器的种类很多，应用最为普遍的是＿＿＿＿式串联型集成稳压器，如 W7800 和 W7900 系列稳压器。

（6）并联稳压电路主要是利用硅稳压管工作在反向击穿区的特性，即当反向电流在_____范围内变化时，管子两端的反向电压变化_____，从而达到稳压的目的。在实际电路中，一般都将稳压管_____联在电路中。

4. 计算题

（1）单相桥式整流电路中，已知变压器二次侧电压 $U_2 = 24\text{V}$，负载 $R_L = 200\Omega$，试求整流输出电压及二极管通过平均电流。

（2）直流电源如图 9.17 所示，已知 $U_o = 24\text{V}$，稳压管稳压值 $U_Z = 5.3\text{V}$，三极管的 $U_{BE} = 0.7\text{V}$。①试估算变压器二次侧电压的有效值；②若 $R_3 = R_4 = RP = 300\Omega$，试计算 U_L 的可调范围。

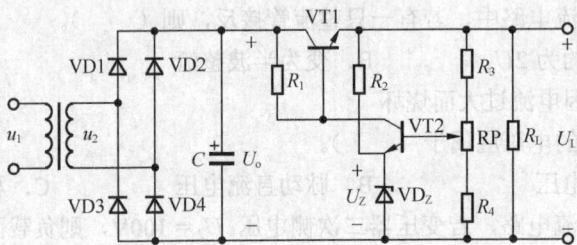

图 9.17　计算题（2）电路图

数 字 电 路

21 世纪是信息化时代，信息化时代又称为数字化时代。数字化已成为当今电子技术的发展潮流，而数字电路是数字电子技术的核心，是计算机硬件电路、通信电路、信息与自动化技术的基础，也是集成电路设计的基础。数字电路技术广泛应用于各个领域，如数字测量、自动控制、计算机应用等。随着中、大规模和超大规模集成电路的发展以及可编程逻辑器件的应用，使得数字电子技术将更广泛地应用于各个部门，并产生深刻的影响。本章主要简单介绍基本门电路、常见组合逻辑电路、常见时序逻辑电路、触发器等内容。

知识目标

◎ 熟悉各种基本门电路及主要触发器电路的特性和工作原理。

◎ 掌握十进制与二进制的相互转换。

◎ 掌握几种常见组合逻辑电路的逻辑功能。

◎ 掌握并熟悉几种常见时序逻辑电路的逻辑功能。

技能目标

◎ 掌握基本集成逻辑门电路的测量方法。

◎ 熟悉数字电路实验箱基本使用方法。

10.1 门电路

门电路是数字电路的基本组成单元，它有一个或多个输入端和一个输出端，输入和输出为低电平或高电平。各种不同的门电路共同组成数字电路，实际生活中，我们使用的计算机中的所有集成电路（包括 CPU、内存、芯片等）都是大规模的数字电路。离开了门电路，机器的计算、判断统统无从谈起。

10.1.1 与、或、非门

基本的逻辑关系有 3 种，即"与"逻辑、"或"逻辑和"非"逻辑。"与"逻辑是当决定一个事件的条件全部具备时，此事件才能发生，又称逻辑与。"或"逻辑是在决定一个事件的诸多条件中，有一个或一个以上具备，此事件才能发生，又称逻辑或。"非"逻辑又称逻辑非，它表示否定或相反的关系。

基础知识

1. 与门

（1）与逻辑关系。与逻辑关系可用图 10.1 说明。由图中可见，只有当两个开关 A、B 都闭合时，灯 Y 才亮；只要一个开关断开，灯就不亮。这就是说，"只有当决定一件事情（灯亮）的各种条件（开关 A、B 闭合）完全具备时，这件事情（灯亮）才发生，否则就不发生"。像这样的逻辑关系就称为与逻辑关系。

（2）与门电路。图 10.2（a）所示为由二极管组成的与门电路。A、B 是它的两个输入端，Y 是输出端。VD1、VD2 是二极管，经限流电阻 R 接至电源 $+U_{CC}$。当输入端全为高电平时，则输出端也是高电平。若输入端中任一端或两端为 0（低电平），如 A 端为 0，B 端为 3V 时，则 VD1 优先导通并把输出端 Y 的电位钳制在 0（低电平）上（忽略 VD1 的正向导通电压降）。这时 VD2 因承受反向电压而截止。

可见，图 10.2（a）输出端与输入端的逻辑关系是：当输入端中任一端或几端为"0"态时，输出便是"0"态；只有当输入全为"1"态时，输出才为"1"态，即具有与逻辑关系，可概括为"有 0 出 0，全 1 出 1"。与门的逻辑符号如图 10.2（b）所示。

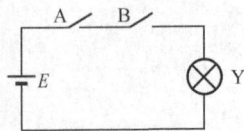

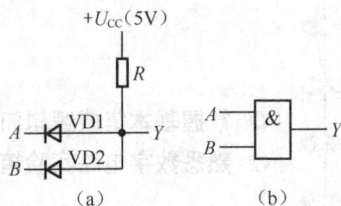

图 10.1 与逻辑　　　　　　　图 10.2 二极管与门电路及与门逻辑符号

与门的逻辑功能也可以用逻辑状态表（也叫真值表）和逻辑表达式描述。与门逻辑真值表如表 10.1 所示，与门逻辑表达式为

$$Y = A \cdot B \qquad (10.1)$$

表 10.1 与门逻辑真值表

条 件		结 果
A 端输入电平	B 端输入电平	Y 端输出电平
0	0	0
0	1	0
1	0	0
1	1	1

> 想一想　低电平、高电平均是指一个电压范围内而不是某个具体的电压数值，如高电平通常为 3～5V，低电平通常为 0～0.4V。

2. 或门

（1）或逻辑关系。或逻辑关系可用图 10.3 说明。由图中可见，当两个开关 A、B 只要有一个闭合时，灯 Y 就亮。这就是说，"如果决定一件事情（灯亮）的条件（开关 A、B 闭合）中，只要有一个条件具备，这件事情（灯亮）就会发生"。像这样的逻辑关系就称为或逻辑关系。

（2）或门电路。图 10.4（a）所示为由二极管组成的或门电路。A、B 是它的两个输入端，Y 是输出端。VD1、VD2 是二极管，经限流电阻 R 接至电源 $-U_{CC}$。当输入端全为低电平时，则输出端也是低电平。若输入端中任一端或两端为 3V（高电平）时，如 A 端为 0，B 端为 3V 时，则 VD2 优先导通并把输出端 Y 的电位钳制在 3V（高电平）上（忽略 VD2 的正向导通电压降）。这时 VD1 因承受反向电压而截止。

可见，图 10.4（a）输出端与输入端的逻辑关系是：当输入端中任一端或几端为"1"态时，输出便是"1"态；只有当输入全为"0"态时，输出才为"0"态，即具有或逻辑关系，可概括为"有 1 出 1，全 0 出 0"。或门的逻辑符号如图 10.4（b）所示。

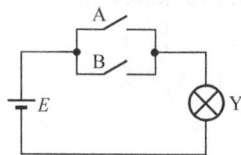

图 10.3　或逻辑

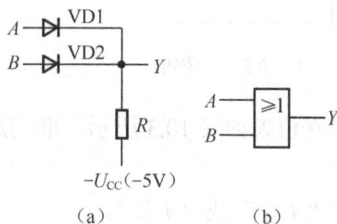

图 10.4　二极管或门电路及或门逻辑符号

或门的逻辑功能可以用逻辑真值表和逻辑表达式描述。或门逻辑真值表如表 10.2 所示，或门逻辑表达式为

$$Y = A + B \qquad (10.2)$$

表 10.2   **或门逻辑真值表**

条 件		结 果
A 端输入电平	B 端输入电平	Y 端输出电平
0	0	0
0	1	1
1	0	1
1	1	1

想一想 有哪些常见的生活例子符合或逻辑、与逻辑关系？

3. 非门

(1) 非逻辑关系。非逻辑关系可用图 10.5 说明。由图中可见,当开关 A 断开时灯 Y 才亮,开关闭合时灯反而不亮(此时灯被短路)。在这里,灯亮与开关的闭合是相反或互相为否定,把这种逻辑关系称为非逻辑关系。

(2) 非门电路。图 10.6(a)所示为由三极管组成的非门电路,又称为反相器。当输入端 A 为 0(低电平)时,$I_B=0$,三极管截止,输出端 Y 接近 $+U_{CC}$,为高电平;当输入端 A 为 5V(高电平)时,$I_B \approx 5V/R_b$,其值足以使三极管饱和导通,Y 端接近 0,为低电平。可见,Y 端和 A 端的逻辑状态相反:A 为"1"态时,Y 为"0"态;A 为"0"态时,Y 为"1"态,即具有逻辑非的关系,可概括为"入 0 出 1,入 1 出 0"。非门的逻辑符号如图 10.6(b)所示,输出端的小圆圈表示"非"的意思。

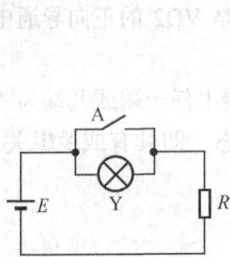

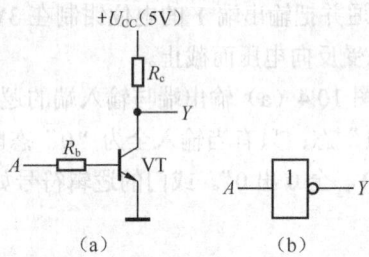

图 10.5 非逻辑   图 10.6 二极管非门电路及非门逻辑符号

非门逻辑真值表如表 10.3 所示,非门逻辑表达式为

$$Y = \bar{A} \tag{10.3}$$

式中,$\bar{A}$ 读作"A 非"或"A 反"。

表 10.3   **非门逻辑真值表**

条 件	结 果
A 端输入电平	Y 端输出电平
0	1
1	0

【**例 10.1**】 图 10.7 所示为由二极管所组成的与门电路，VD1、VD2、VD3，经限流电阻 R 接至电源 $+U_{CC}$，若输入端 B 端为 0（低电平），A、C 端为 3V 时，则哪个二极管导通？哪个二极管截止？输出端 Y 的电位是否为低电平？（忽略二极管的正向导通电压降）

分析：与门电路中当输入端全为高电平时，则输出端也是高电平，若输入端中任一端为 0（低电平），则所对应二极管优先导通并把输出端 Y 的电位钳制在 0（低电平）上，同时其他二极管因承受反向电压而截止。

图 10.7 例 10.1 电路图

解：（1）因为电路输入 B 端为低电平输入，所以二极管 VD2 优先导通。

（2）因为二极管导通后，输出端变成低电平，从而使二极管 VD1、VD3 因承受反向电压而截止。

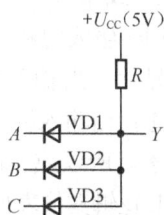

10.1.2 复合逻辑门电路

日常生活例子及实际应用数字电路中除了符合基本"与"、"或"、"非"逻辑关系外，还存在由 3 种基本逻辑关系组合的"与非"、"或非"、"异或"逻辑关系，下面来认识这类组合逻辑门的特点。

基础知识

1. 与非门

用一级与门和一级非门连接可以组成一级与非门，其逻辑结构及逻辑符号如图 10.8 所示。

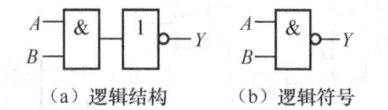

（a）逻辑结构　　（b）逻辑符号

图 10.8 与非门逻辑结构及逻辑符号

显然，当输入端全为"1"态时，与非门输出端 Y 为"0"态；当输入端中有一端或几端为"0"态时，Y 为"1"态，所以与非门的逻辑功能是："全 1 出 0，有 0 出 1"。其逻辑真值表如表 10.4 所示，逻辑表达式为

$$Y = \overline{A \cdot B} \tag{10.4}$$

表 10.4　　与非门逻辑真值表

条　件		结　果
A 端输入电平	B 端输入电平	Y 端输出电平
0	0	1
0	1	1
1	0	1
1	1	0

2. 或非门

用一级或门和一级非门连接可以组成一级或非门，其逻辑结构及逻辑符号如图 10.9 所示。

显然，当输入端全为"0"态时，或非门输出端 Y 为"1"态；当输入端中有一端或几端为"1"态时，输出 Y 为"0"态。所以或非门的逻辑功能是："全 0 出 1，有 1 出 0"。其逻辑真值表如表 10.5 所示，逻辑表达式为

$$Y = \overline{A+B} \tag{10.5}$$

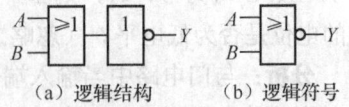

图 10.9 或非门逻辑结构及逻辑符号

表 10.5   或非门逻辑真值表

条　件		结　果
A 端输入电平	B 端输入电平	Y 端输出电平
0	0	1
0	1	0
1	0	0
1	1	0

3. 异或门

用两个非门、两个与门、一个或门按图 10.10（a）所示连接，可得到异或门，其逻辑符号如图 10.10（b）所示。

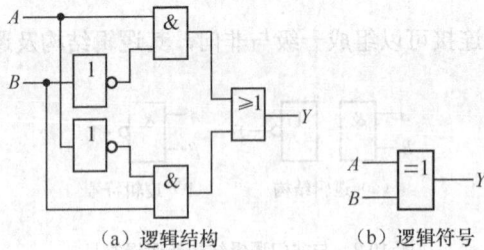

图 10.10 异或门逻辑结构及逻辑符号

显然，两个输入端均为"0"态或均为"1"态时，异或门输出端 Y 为"0"态；当两个输入端的状态不相同时，Y 为"1"态。所以，异或门的逻辑功能是："相同出 0，不同出 1"。其逻辑真值表如表 10.6 所示，逻辑表达式为

$$Y = A \cdot \overline{B} + \overline{A} \cdot B = A \oplus B \tag{10.6}$$

表 10.6   异或门逻辑真值表

条　件		结　果
A 端输入电平	B 端输入电平	Y 端输出电平
0	0	0
0	1	1
1	0	1
1	1	0

【**例 10.2**】　根据图 10.11 所示或非门的输入电平波形画出输出电平波形。

分析：本题电路中输入 A、B 端的电平变化随时间有 4 种组合状态，而当输入端全为"0"态时，或非门输出端 Y 才为"1"态；其他输入组合状态，输出 Y 都为"0"态。

（1）时间状态：A、B 端的电平为高电平输入，输出 Y 应为"0"电平。

（2）时间状态：A 端的电平为低电平输入，B 端的电平为高电平输入，输出 Y 应为"0"电平。

（3）时间状态：A 端的电平为高电平输入，B 端的电平为低电平输入，输出 Y 应为"0"电平。

（4）时间状态：A、B 端的电平为低电平输入，输出 Y 应为"1"电平。

解：根据上述 A、B 端的电平变化的 4 种组合状态可画出输出电平波形。

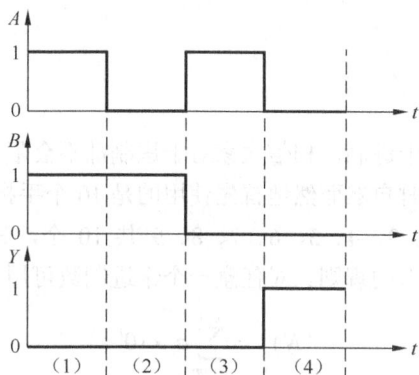

图 10.11　例 10.2 波形图

作业测评

（1）一把锁有 3 把钥匙，随便用哪一把均可把门打开，3 把钥匙之间的这种逻辑关系属于_____逻辑关系。

（2）根据图 10.12 所示与非门的输入电平波形画出输出电平波形。

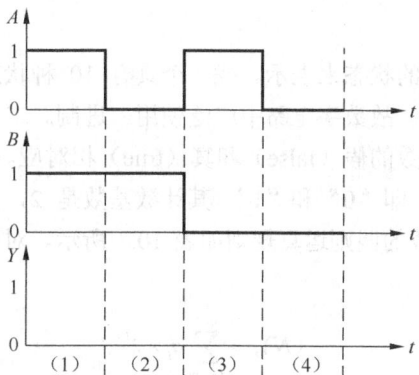

图 10.12　作业测评（2）波形图

10.2 数制转换及逻辑代数

日常生活中使用的数制有很多种，如在计算机中采用的是二进制。将数由一种数制转换成另一种数制称为数制间的转换。逻辑代数又称布尔代数或开关代数，是英国数学家乔治·布尔（George·Boole）在 1847 年首先创立的。逻辑代数是研究逻辑函数与逻辑变量之间规律的一门应用数学，是分析和设计数字逻辑电路的数学工具。本节将从应用的角度来介绍逻辑代数的一些基本定律、基本公式及逻辑函数的化简，以便掌握分析和设计数字逻辑电路所需的数学工具。

10.2.1　十进制

基础知识

在日常生活中人们习惯用十进制，相信大家对十进制都不会陌生。每个民族最早都使用十进制计数法，这是因为人类计数时自然而然地首先使用的是 10 个手指。

十进制的数码有 0、1、2、3、4、5、6、7、8、9 共 10 个，其计数基数是 10，计数方式遵循"逢十进一"和"借一当十"的规则。对任意一个十进制数可用加权系数展开式表示为

$$(N)_{10} = \sum_{i=-m}^{n-1} a_i \times 10^i \tag{10.7}$$

式（10.7）中 a_i 是第 i 位的系数，它可能是 0～9 中的任意数码，n 表示整数部分的位数，m 表示小数部分的位数，10^i 表示数码在不同位置的大小，称为位权。

【例 10.3】 写出十进制数 3784.25 的展开式。

解： $(3784.25)_{10} = 3 \times 10^3 + 7 \times 10^2 + 8 \times 10^1 + 4 \times 10^0 + 2 \times 10^{-1} + 5 \times 10^{-2}$

10.2.2　二进制

基础知识

在数字电路中，数以电路的状态来表示。找一个具有 10 种状态的电子器件比较难，而找一个具有两种状态的器件很容易，故数字电路中广泛使用二进制。二进制数的优点是运算简单，并且二进制 0 和 1 正好和逻辑代数的假（false）和真（true）相对应。

二进制的数码只有 2 个，即"0"和"1"，其计数基数是 2，计数方式遵循"逢二进一"和"借一当二"的规则，二进制数的四则运算规则如表 10.7 所示。对于任意一个二进制数可用加权系数展开式表示为

$$(N)_2 = \sum_{i=-m}^{n-1} a_i \times 2^i \tag{10.8}$$

式（10.8）中 a_i 是第 i 位的系数，它可能是 0、1 中的任意数码，n 表示整数部分的位数，m 表示小数部分的位数，2^i 表示数码在不同位置的大小，称为位权。

表 10.7	二进制数的四则运算规则
运 算 类 型	运 算 规 则
加法	0+0=0，0+1=1，1+0=1，1+1=10（低位满 2 向高位进 1）
减法	0−0=0，1−0=1，1−1=0，10−1=1（向高位借 1，本位当 2）
乘法	0×0=0，0×1=0，1×0=0，1×1=1
除法	0÷1=0，1÷1=1

【例 10.4】 写出二进制数 1101.11 的展开式。

解： $(1101.11)_2 = 1×2^3 + 1×2^2 + 0×2^1 + 1×2^0 + 1×2^{-1} + 1×2^{-2}$

10.2.3　数制转换

基础知识

1．二进制数转换成十进制数

二进制数的优点是运算简单，缺点是用它表示一个数时位数太多，书写不便，也不便于记忆。但日常人们使用最多的是十进制数，因此常常需要进行二进制数与十进制数的转换。二进制数转换成十进制数采用"乘权相加法"，即二进制数首先写成加权系数展开式，然后按十进制加法规则求和。

2．十进制数转换成二进制数

十进制数转换成二进制数采用"除 2 取余倒排法"，即不断地用 2 去除十进制数，并依次记下余数，直到商为 0 为止，将每次整除得到的余数进行倒排列，即最先得到的余数为最低位，最后得到的余数为最高位，依次排列，这样就得到与该十进制等值的二进制数了。

【例 10.5】 将 $(1101.101)_2$ 转换成十进制数。

解：
$$(1101.101)_2 = (2^3 + 2^2 + 2^0 + 2^{-1} + 2^{-3})_{10}$$
$$= (8+4+1+0.5+0.125)_{10}$$
$$= (13.625)_{10}$$

【例 10.6】 将 $(21)_{10}$ 转换为二进制数。

解：

$$
\begin{array}{r}
2\,\underline{|\,21} \\
2\,\underline{|\,10} \quad 余1 \quad 低位 \quad 位权\,2^0 \\
2\,\underline{|\,5} \quad\; 余0 \quad\quad\quad 位权\,2^1 \\
2\,\underline{|\,2} \quad\; 余1 \quad\quad\quad 位权\,2^2 \\
2\,\underline{|\,1} \quad\; 余0 \quad\quad\quad 位权\,2^3 \\
0 \quad\quad\; 余1 \quad 高位 \quad 位权\,2^4
\end{array}
$$

所以 $(21)_{10} = (10\,101)_2$

10.2.4　逻辑代数及逻辑函数的化简

基础知识

1．逻辑代数

逻辑代数与普通代数有着不同概念，逻辑代数是研究逻辑函数与逻辑变量之间规律的一门应用数学，是分析和设计数字逻辑电路的数学工具。逻辑代数表示的不是数的大小关系，而是逻辑关系，它仅有两种状态，即 0 和 1。

所谓逻辑，是指"条件"与"结果"的关系。在数字电路中，利用输入信号反映"条件"，用输出信号反映"结果"，从而输入和输出之间就存在一定的因果关系，我们称它为逻辑关系；相应地有关这些逻辑变量的关系也称为逻辑函数。逻辑代数的基本公式和基本定律如表 10.8 所示。

表 10.8　　　　　　　　　　　逻辑代数的基本公式和基本定律

公式或定律		或　运　算	与　运　算
基 本 公 式		$A+0=A$	$A \cdot 0=0$
		$A+1=1$	$A \cdot 1=A$
		$A+A=A$（重叠律）	$A \cdot A=A$（重叠律）
		$A+\overline{A}=1$（互补律）	$A \cdot \overline{A}=0$（互补律）
		$\overline{\overline{A}}=A$（非非律）	
基 本 定 律	交换律	$A+B=B+A$	$A \cdot B=B \cdot A$
	结合律	$A+B+C=(A+B)+C=A+(B+C)$	$A \cdot B \cdot C=$ $(A \cdot B) \cdot C=A \cdot (B \cdot C)$
	分配律	$A+B \cdot C=(A+B) \cdot (A+C)$	$A \cdot (B+C)=A \cdot B+A \cdot C$
	反演律	$\overline{A+B}=\overline{A} \cdot \overline{B}$	$\overline{A \cdot B}=\overline{A}+\overline{B}$
	吸收律		$A+A \cdot B=A$
			$A+\overline{A} \cdot B=A+B$
	冗余律		$A \cdot B+\overline{A} \cdot C+B \cdot C=A \cdot B+\overline{A} \cdot C$

2．逻辑函数的化简

逻辑函数的化简方法有多种，最常用的方法是逻辑代数化简法和卡诺图化简法。其中卡诺图化简法直观、有规律可循，适应于变量较少的逻辑函数；当变量较多时，用逻辑代数化简法来化简逻辑函数十分方便。

逻辑代数化简法就是利用逻辑代数的基本公式和规则对逻辑函数表达式进行化简，常用的逻辑代数化简法有吸收法、消去法、并项法、配项法。

（1）吸收法。利用 $A+A \cdot B=A$，吸收多余的与项进行化简，如

$$Y=\overline{A}+\overline{A} \cdot B \cdot C+\overline{A} \cdot B \cdot D+\overline{A} \cdot E=\overline{A} \cdot (1+B \cdot C+B \cdot D+E)=\overline{A}$$

（2）消去法。利用 $A+\overline{A} \cdot B=A+B$，消去与项中多余的因子进行化简，如

$$Y=A+\overline{A} \cdot B+\overline{B} \cdot C+\overline{C} \cdot D=A+B+\overline{B} \cdot C+\overline{C} \cdot D$$
$$=A+B+C+\overline{C} \cdot D=A+B+C+D$$

（3）并项法。利用 $A+\overline{A}=1$，把两项并成一项进行化简，如

$$Y=A \cdot \overline{B \cdot C}+A \cdot B+A \cdot \overline{\overline{B \cdot C}+B}$$
$$=A \cdot (\overline{B \cdot C}+B+\overline{\overline{B \cdot C}+B})=A$$

（4）配项法。利用 $A+\overline{A}=1$，把一个与项变成两项再和其他项合并进行化简，如

$$Y = A \cdot \overline{B} + B \cdot \overline{C} + \overline{B} \cdot C + \overline{A} \cdot B$$
$$= A \cdot \overline{B} + B \cdot \overline{C} + (A + \overline{A}) \cdot \overline{B} \cdot C + \overline{A} \cdot B \cdot (C + \overline{C})$$
$$= A \cdot \overline{B} + B \cdot \overline{C} + A \cdot \overline{B} \cdot C + \overline{A} \cdot \overline{B} \cdot C + \overline{A} \cdot B \cdot C + \overline{A} \cdot B \cdot \overline{C}$$
$$= A \cdot \overline{B} \cdot (1 + C) + B \cdot \overline{C} \cdot (1 + \overline{A}) + \overline{A} \cdot C \cdot (B + \overline{B})$$
$$= A \cdot \overline{B} + B \cdot \overline{C} + \overline{A} \cdot C$$

【**例 10.7**】 化简逻辑函数 $Y = A \cdot \overline{B} + C + \overline{A} \cdot \overline{C} \cdot D + B \cdot \overline{C} \cdot D$ 。

解：
$$Y = A \cdot \overline{B} + C + \overline{A} \cdot \overline{C} \cdot D + B \cdot \overline{C} \cdot D$$
$$= A \cdot \overline{B} + C + \overline{C} \cdot (\overline{A} \cdot D + B \cdot D)$$
$$= A \cdot \overline{B} + C + (\overline{A} \cdot D + B \cdot D)$$
$$= A \cdot \overline{B} + C + D \cdot (\overline{A} + B)$$
$$= A \cdot \overline{B} + C + D \cdot (\overline{\overline{A} + B})$$
$$= A \cdot \overline{B} + C + D \cdot (\overline{A \cdot \overline{B}})$$
$$= A \cdot \overline{B} + C + D$$

作业测评

（1）将（10100101）$_2$ 转换成十进制数。

（2）将（57）$_{10}$ 转换为二进制数。

（3）化简下列逻辑函数式：① $Y = A + B + C + \overline{A} \cdot \overline{B} \cdot \overline{C}$；② $Y = A \cdot \overline{B} + \overline{A} \cdot C + \overline{B}$ 。

10.3 常见组合逻辑电路

在数字电路中，任何时刻输出信号的稳态值仅取决于该时刻各个输入信号取值的组合，而与先前状态无关的逻辑电路叫组合逻辑电路。组合逻辑电路在逻辑功能上的特点是电路任意时刻的输出状态，只取决于该时刻的输入状态，而与该时刻之前的电路输入状态和输出状态无关。本节将介绍逻辑电路的一般分析方法、二进制编码器、译码器等。

10.3.1 组合逻辑电路的一般分析和设计方法

组合逻辑电路的分析就是根据给定的逻辑电路，通过分析描述电路的逻辑功能，组合逻辑电路的设计是根据给定逻辑功能设计出适当的组合逻辑电路。

基础知识

1. 组合逻辑电路的分析方法

组合逻辑电路分析过程的一般步骤如下。

（1）根据逻辑图写出输出逻辑函数表达式，并化为最简式。由输入端逐级向后推（或从输出向前推到输入），写出每个门的输出逻辑函数表达式，最后写出组合电路的输出与输入之间的逻辑表达式，有时需要对函数式进行适当的变换，以使逻辑关系简单明了。

（2）列出真值表。列出输入逻辑变量全部取值组合，求出对应的输出取值，列出真值表。

（3）说明电路的逻辑功能。根据逻辑表达式或真值表确定电路的逻辑功能，并对功能进行描述。

2．组合逻辑电路的设计方法

设计过程的一般步骤如下。

（1）根据实际问题的逻辑要求，列出真值表。

（2）由真值表写出逻辑函数表达式，并进行化简。

（3）按照化简后的逻辑表达式画出相应的逻辑电路图。

【例 10.8】 分析图 10.13 所示逻辑电路的功能。

解：（1）写出 3 个门输出逻辑函数表达式，即

$$Y_1 = \overline{A \cdot B}$$
$$Y_2 = \overline{B \cdot C}$$
$$Y_3 = \overline{C \cdot A}$$

组合电路的输出与输入之间的逻辑表达式为

$$Y = \overline{Y_1 \cdot Y_2 \cdot Y_3} = \overline{\overline{A \cdot B} \cdot \overline{B \cdot C} \cdot \overline{C \cdot A}} = A \cdot B + B \cdot C + C \cdot A$$

（2）真值表如表 10.9 所示。

图 10.13　例 10.8 电路图

表 10.9　　　　　　　　　　　　例 10.8 的真值表

A	B	C	Y	A	B	C	Y
0	0	0	0	1	0	0	0
0	0	1	0	1	0	1	1
0	1	0	0	1	1	0	1
0	1	1	1	1	1	1	1

（3）确定电路的功能。当输入 A、B、C 中有 2 个或 3 个为 1 时，输出 Y 为 1，否则输出 Y 为 0。所以这个电路实际上是一种 3 人表决用的组合电路：只要有 2 票或 3 票同意，表决就通过。

【例 10.9】 用与非门设计一个举重裁判表决电路：设举重比赛有 3 个裁判，一个主裁判和两个副裁判，杠铃完全举上的裁决由每一个裁判按一下自己面前的按钮来确定，只有当两个或两个以上裁判判明成功，并且其中有一个为主裁判时，表明成功的灯才亮。

解：（1）设计逻辑变量，列出真值表。设主裁判为变量 A，副裁判分别为 B 和 C，表示成功与否的灯为 Y。根据逻辑要求列出真值表如表 10.10 所示。

表 10.10　　　　　　　　　　　　例 10.9 的真值表

A	B	C	Y	A	B	C	Y
0	0	0	0	1	0	0	0
0	0	1	0	1	0	1	1
0	1	0	0	1	1	0	1
0	1	1	0	1	1	1	1

（2）根据真值表写出输出逻辑函数表达式。将表中函数值为 1 的所有真值组合找出来，在每

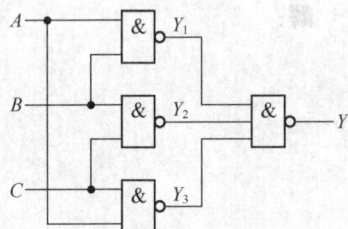

一个组合中，变量取值为 "1" 的写成原变量，为 "0" 的写成反变量，这样一个组合就得到一个 "与" 项，再把这些 "与" 项相加即得到函数的与或表达式。

$$Y = A \cdot \overline{B} \cdot C + A \cdot B \cdot \overline{C} + A \cdot B \cdot C$$
$$= A \cdot B \cdot C + A \cdot B \cdot \overline{C} + A \cdot B \cdot C + A \cdot \overline{B} \cdot C$$
$$= A \cdot B \cdot (C + \overline{C}) + A \cdot C \cdot (B + \overline{B})$$
$$= A \cdot B + A \cdot C$$
$$= \overline{\overline{A \cdot B} \cdot \overline{A \cdot C}}$$

（3）确定逻辑电路图，如图 10.14 所示。

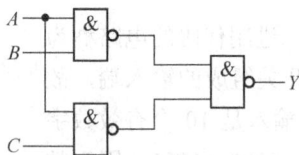

图 10.14   例 10.9 电路图

10.3.2   编码器

实现编码操作的电路称为编码器；组合逻辑部件中的编码器是对输入参量赋予一定的二进制代码，给定输入参量就有相应的二进制码输出；常用的编码器有二进制编码器和二—十进制编码器等。

基础知识

1．二进制编码器

所谓二进制编码器是指输入变量数（m）和输出变量数（n）成 2^n 倍关系的编码器，如有 4 线—2 线，8 线—3 线，16 线—4 线的集成二进制编码器。实现以二进制数进行编码的电子电路称二进制编码器。

图 10.15 所示为 4 线—2 线编码器示意图，编码器有 4 个输入（I_0，I_1，I_2，I_3 分别表示 0～3 这 4 个数），给定一个数以该输入为 1 表示，编码器输出对应 2 位二进制码（Y_1Y_0），其真值表如表 10.11 所示。根据真值表可得最小项表达式 $Y_0(I_0, I_1, I_2, I_3) = \sum m(1, 4)$，$Y_1(I_0, I_1, I_2, I_3) = \sum m(1, 2)$。若限定输入中只能有一个为 1，那么，除表 10.11 所列最小项和 m_0 外都是禁止项，则输出表达式可以表示为

$$Y_0 = I_1 + I_3 = \overline{\overline{I_1} \cdot \overline{I_3}}$$
$$Y_1 = I_2 + I_3 = \overline{\overline{I_2} \cdot \overline{I_3}}$$

图 10.15   4 线—2 线编码器示意图

表 10.11 4 线−2 线编码器真值表

I_0	I_1	I_2	I_3	Y_1	Y_0
1	0	0	0	0	0
0	1	0	0	0	1
0	0	1	0	1	0
0	0	0	1	1	1

由此输出函数表达式可得与非门组成的如图 10.16 所示的 4 线-2 线编码器逻辑图。

2．二—十进制编码器

将 0～9 共 10 个十进制数编成二进制代码的电路称为二—十进制编码器，它有 10 个由开关组成的输入端，故又称 10 线—4 线编码器。该编码器输入是 10 个有效数字 0～9，输出是 10 个 4 位二进制代码 0000～1001，因为常用的是 8421 加权码，简称 BCD 码，所以对应的表 10.12 称为 8421BCD 编码表。图 10.17 所示是二—十进制编码器示意图。

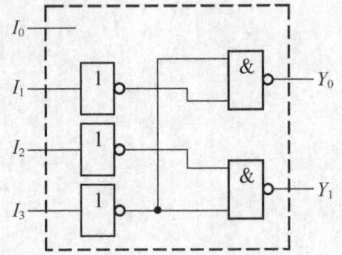

图 10.16　4 线—2 线编码器逻辑图

表 10.12 8421BCD 编码表

十 进 制 数（输入）	8421 码（输出）			
	Y_3	Y_2	Y_1	Y_0
0	0	0	0	0
1	0	0	0	1
2	0	0	1	0
3	0	0	1	1
4	0	1	0	0
5	0	1	0	1
6	0	1	1	0
7	0	1	1	1
8	1	0	0	0
9	1	0	0	1

根据编码表可写出逻辑函数表达式，再变换为与非形式为

$$Y_3 = I_8 + I_9 = \overline{\overline{I_8} \cdot \overline{I_9}}$$

$$Y_2 = I_4 + I_5 + I_6 + I_7 = \overline{\overline{I_4} \cdot \overline{I_5} \cdot \overline{I_6} \cdot \overline{I_7}}$$

$$Y_1 = I_2 + I_3 + I_6 + I_7 = \overline{\overline{I_2} \cdot \overline{I_3} \cdot \overline{I_6} \cdot \overline{I_7}}$$

$$Y_0 = I_1 + I_3 + I_5 + I_7 + I_9 = \overline{\overline{I_1} \cdot \overline{I_3} \cdot \overline{I_5} \cdot \overline{I_7} \cdot \overline{I_9}}$$

图 10.17　二—十进制编码器示意图

根据逻辑函数表达式可画出 8421BCD 编码器逻辑电路图，如图 10.18 所示。

二—十进制编码器有各种型号，不同型号的引脚排列顺序不同，使用时需要查编码器产品手册。图 10.19 所示是型号为 74147 编码器引脚图。其中 1～9 为输入端，A、B、C、D 为输出端，NC 为空脚。

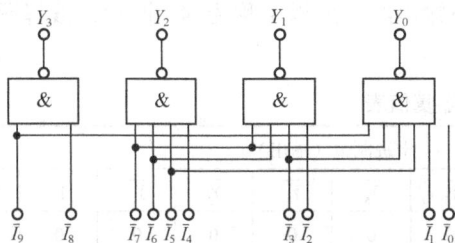

图 10.18　8421 编码器逻辑电路图

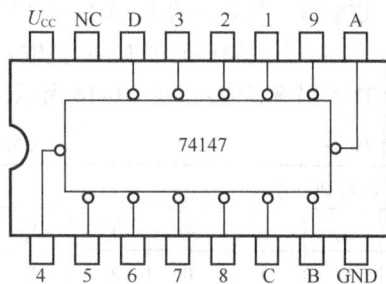

图 10.19　74147 编码器引脚图

10.3.3　译码器

译码是编码的逆过程，把代码状态的特定含义"翻译"出来的过程称为译码，如电报局将每组 4 个十进制数字译成一个汉字就是译码。译码器是一种能把二进制代码所代表的特定含义翻译出来的一种组合逻辑电路。

基础知识

1. 二进制译码器

将 n 位二进制数译成 m 个输出状态的电路称为二进制译码器。译码器输入的是二进制，输出则是对应事件的单元码。

设二进制译码器的输入端为 n 个，则输出端为 2^n 个，且对应于输入代码的每一种状态，2^n 个输出中只有一个为 1（或为 0），其余全为 0（或为 1）。二进制译码器可以译出输入变量的全部状态，故又称为变量译码器。其功能是：可将 n 位二进制代码的 2^n 种组合译成电路的 2^n 种输出状态。例如，把 2 位二进制代码译成 4 种输出状态，3 位二进制代码译成 8 种输出状态等。以 2 线—4 线译码器来说明其功能，逻辑电路如图 10.20 所示。译码器可按 A_0、A_1 状态组合进行正常译码，电路的逻辑真值表如表 10.13 所示。

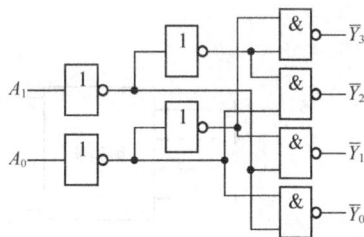

图 10.20　2 线—4 线译码器逻辑电路图

表 10.13　　　　　　　　　　　2 线—4 线译码器真值表

输　　入		输　　　出			
A_1	A_0	$\overline{Y_3}$	$\overline{Y_2}$	$\overline{Y_1}$	$\overline{Y_0}$
0	0	0	1	1	1
0	1	1	0	1	1
1	0	1	1	0	1
1	1	1	1	1	0

2. 二—十进制译码器

把二进制代码翻译成 10 个十进制数字信号的电路，称为二—十进制译码器。二—十进制译码器的输入是十进制数的 4 位二进制编码（BCD 码），分别用 A_3、A_2、A_1、A_0 表示；输出的是与 10 个十进制数字相对应的 10 个信号，用 $\overline{Y_9} \sim \overline{Y_0}$ 表示，图 10.21 所示为二—十进制译码器的示意图。由于二—十进制译码器有 4 根输入线，10 根输出线，所以又称为 4 线—10 线译码器。8421BCD 译码器真值表如表 10-14 所示。

表 10.14　　　　　　　　　　　　　8421BCD 译码器真值表

8421 码（输入）				十进制数（输出）									
A_3	A_2	A_1	A_0	$\overline{Y_9}$	$\overline{Y_8}$	$\overline{Y_7}$	$\overline{Y_6}$	$\overline{Y_5}$	$\overline{Y_4}$	$\overline{Y_3}$	$\overline{Y_2}$	$\overline{Y_1}$	$\overline{Y_0}$
0	0	0	0	0	0	0	0	0	0	0	0	0	1
0	0	0	1	0	0	0	0	0	0	0	0	1	0
0	0	1	0	0	0	0	0	0	0	0	1	0	0
0	0	1	1	0	0	0	0	0	0	1	0	0	0
0	1	0	0	0	0	0	0	0	1	0	0	0	0
0	1	0	1	0	0	0	0	1	0	0	0	0	0
0	1	1	0	0	0	0	1	0	0	0	0	0	0
0	1	1	1	0	0	1	0	0	0	0	0	0	0
1	0	0	0	0	1	0	0	0	0	0	0	0	0
1	0	0	1	1	0	0	0	0	0	0	0	0	0

图 10.22 所示为型号为 74LS42 的 8421BCD 码二—十进制译码器引脚图，其中 A_0、A_1、A_2、A_3 为 4 个输入端，$\overline{Y_0} \sim \overline{Y_9}$ 是 10 个输出端。

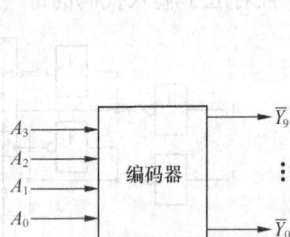

图 10.21　二—十进制译码器示意图　　　　图 10.22　74LS42 引脚排列图

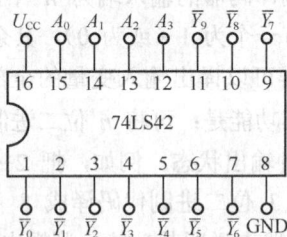

3. 显示译码器

用来驱动各种显示器件，从而将用二进制代码表示的数字、文字、符号翻译成人们习惯的形式直观地显示出来的电路，称为显示译码器。

显示器一般应与计数器、译码器、驱动器配合使用，目前应用的显示器常采用分段式显示器。图 10.23 所示为七段半导体数码显示器，按数码管内二极管连接方式的不同，可分为共阴极和共阳极两种，如图 10.24 所示。

集成显示译码器 74LS48 是一种具有 BCD 码输入、开路输出的 4 线-7 段译码/驱动的中规模集成电路，图 10.25 为其引脚图。图中 $A_0 \sim A_3$ 为 4 线输入（4 位 8421BCD 码），$a \sim g$ 为七段输出，输出低电平有效。

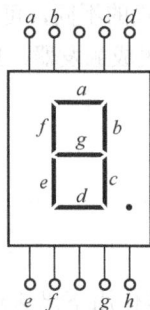

图 10.23 七段半导体数码显示器

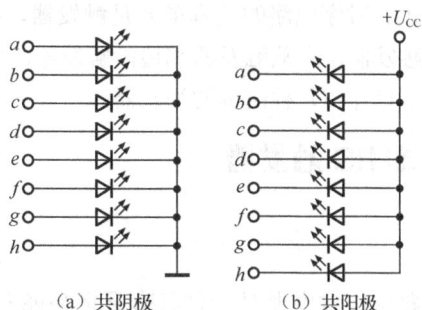

图 10.24 七段半导体显示器的连接方式

（a）共阴极　（b）共阳极

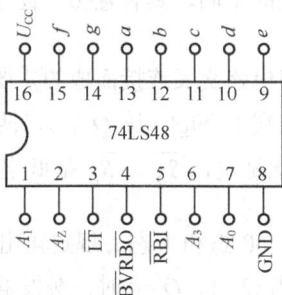

图 10.25 74LS48 译码/驱动引脚图

作业测评

（1）试分析图 10.26 所示逻辑电路的功能。

（2）试分析图 10.27 所示逻辑电路的功能。

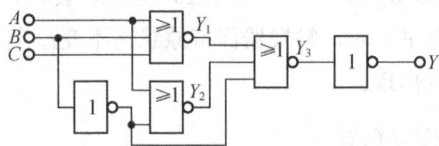

图 10.26 作业测评（1）电路图

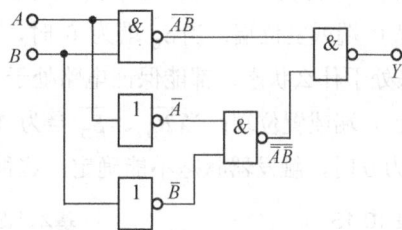

图 10.27 作业测评（2）电路图

（3）用与非门设计一个交通报警控制电路，交通信号灯有红、绿、黄 3 种，3 种灯分别单独工作或黄、绿灯同时工作时属正常情况，其他情况均属故障，出现故障时输出报警信号。

10.4 触发器

　　组合逻辑门加上适当的反馈，就构成具有记忆功能的逻辑电路，有记忆功能的电路一般又称为时序电路。所谓记忆功能是指：当输入信号消失后，输出状态仍保持着前一时刻的状态，直到再输入信号为止。时序电路的基本单元是触发器，按照触发器结构形式的不同，可分为基本 RS 触发器、同步触发器、主从触发器和边沿触发器。现在大量使用的是集成触发器，集成触发器的种类很多，本节只介绍几种简单的触发器。

10.4.1 基本 RS 触发器

基础知识

在数字电路中，触发器是一种具有记忆功能并且能在触发器信号作用下迅速翻转的逻辑电路。根据逻辑功能的不同，触发器可以分为 RS 触发器、D 触发器、JK 触发器、T 和 T′触发器。其中，根据输入信号 R、S 情况的不同，具有置 0、置 1 和保持功能的电路，称为基本 RS 触发器。

基本 RS 触发器是由两个与非门电路交叉连接而成的，图 10.28 所示为基本 RS 触发器的逻辑图和逻辑符号。触发器有两个输出端 Q 和 $\bar{Q}$（读 Q 非），两个输入端 $\overline{S_D}$ 和 $\overline{R_D}$，平时 $\overline{S_D}$、$\overline{R_D}$ 为高电平，有信号时为低电平，也就是说，$\overline{S_D}$、$\overline{R_D}$ 是低电平有效，符号 $\overline{S_D}$、$\overline{R_D}$ 上的非号就是反映这一概念。

基本 RS 触发器有两个稳定状态：0 态和 1 态，规定输出端 Q 的状态作为触发器的状态；当 $Q=0$，$\bar{Q}=1$ 时，触发器处在 0 态；当 $Q=1$、$\bar{Q}=0$ 时，触发器处在 1 态。

根据与非门的逻辑功能和图 10.28（a）可以证明：在没有外加触发信号时，触发器必定处于 0 或 1 两个稳定状态中的一个，这是实现记忆的基础。要实现两个状态的相互转换，需要外加适当的触发信号。

基本 RS 触发器的逻辑功能如表 10.15 所示，由表中可以看出，当 $\overline{R_D}$ 端为 0（输入负脉冲）、$\overline{S_D}$ 端为 1 时，无论电路原来处于什么状态，都能保证触发器处于 0 状态，所以 $\overline{R_D}$ 端称为置 0 端或复位端；当 $\overline{S_D}$ 端为 0 时、$\overline{R_D}$ 端为 1，无论电路原来处于什么状态，都能保证电路处于 1 状态，所以 $\overline{S_D}$ 端称为置 1 端或置位端；当 $\overline{R_D}$、$\overline{S_D}$ 全为 1（输入高电平）时，触发器保持原状态不变；当 $\overline{R_D}$、$\overline{S_D}$ 全为 0 时，触发器状态不能确定，这种情况不允许出现。

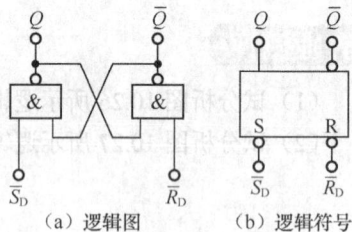

（a）逻辑图　　（b）逻辑符号

图 10.28　基本 RS 触发器

表 10.15　　　　　　　　　　　基本 RS 触发器的逻辑功能表

$\overline{R_D}$	$\overline{S_D}$	Q^n	Q^{n+1}	功　　能
0	0	0 1	× 	不定
0	1	0 1	0 	置0
1	0	0 1	1 	置1
1	1	0 1	0 1	保持

触发器状态在外加触发脉冲作用下转换的过程，称为触发器翻转。

10.4.2 同步 RS 触发器

基础知识

在实际数字电路中，常常要求各触发器能在控制信号作用下同步翻转。这就要求在除 R、S 两个输入端外，再增加一个控制端，只有在控制端出现控制脉冲（又称时钟脉冲）时，触发器才能动作。触发器的翻转与控制脉冲信号同步，所以这种触发器称为同步触发器。

图 10.29 所示为同步 RS 触发器的逻辑图和逻辑符号。与非门 G1、G2 组成基本 RS 触发器，G3、G4 组成控制门，CP 为时钟脉冲。

当 $CP=0$ 时，G3、G4 处于关门状态，不论是 R、S 端输入信号如何，G3、G4 输出都为 1，触发器维持原状态。

当 $CP=1$ 时，G3、G4 都打开，触发器的状态由 R、S 决定。

同步 RS 触发器的逻辑功能如表 10.16 所示。

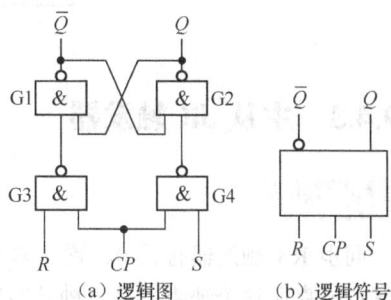

(a) 逻辑图　　(b) 逻辑符号

图 10.29　同步 RS 触发器

表 10.16　　　　　　　　　同步 RS 触发器的逻辑功能表

CP	R	S	Q^n	Q^{n+1}	功　能
0	×	×	0 1	0 1	保持
1	0	0	0 1	0 1	保持
1	0	1	0 1	1	置 1
1	1	0	0 1	0	置 0
1	1	1	0 1	×	不定（应避免）

其主要特点如下。

（1）时钟电平控制。在 $CP=1$ 期间接收输入信号，$CP=0$ 时状态保持不变，与基本 RS 触发器相比，对触发器状态的转变增加了时间控制。

（2）R、S 之间有约束。不能允许出现 R 和 S 同时为 1 的情况，否则会使触发器处于不确定的状态。

【例 10.10】 根据图 10.30 所示时钟脉冲 CP 和 R、S 端的输入波形，画出同步触发器 Q、$\overline{Q}$ 的波形。设触发器的初始状态为"0"。

解：由于只有在 $CP=1$ 的状态下，触发器才受 R、S 的控制，故根据 R、S 端电平变化的 4 种组合状态可画出输出电平波形。

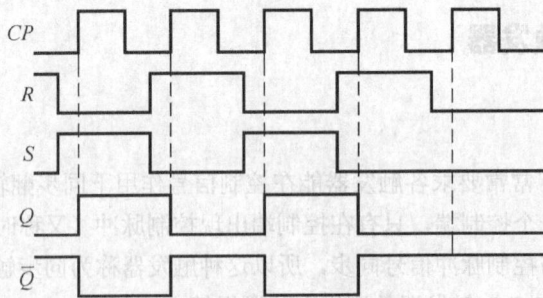

图 10.30 例 10.10 波形图

10.4.3 主从 JK 触发器

基础知识

同步 RS 触发器有置 0、置 1 和保持功能，但当 R、S 端同时输入高电平时，状态不定。JK 触发器能克服这个缺点，是一种功能比较完善，应用极广泛的触发器。

主从 JK 触发器基本是由两个同步 RS 触发器组成，图 10.31 所示为主从 JK 触发器的逻辑图和逻辑符号。

由图 10.31（a）可以看出，JK 触发器的状态转换分两步完成：当 CP 脉冲 1 态到来时，输入信号使主触发器的输出状态进入新态；当 CP 脉冲从 1 态到 0 态时（即 CP 脉冲的下降沿），主触发器被封锁，而从触发器接收主触发器的输出信号而动作。对于整个主从 JK 触发器来说，这时才完成了一个完整的工作过程，属于在 CP 的下降沿触发。

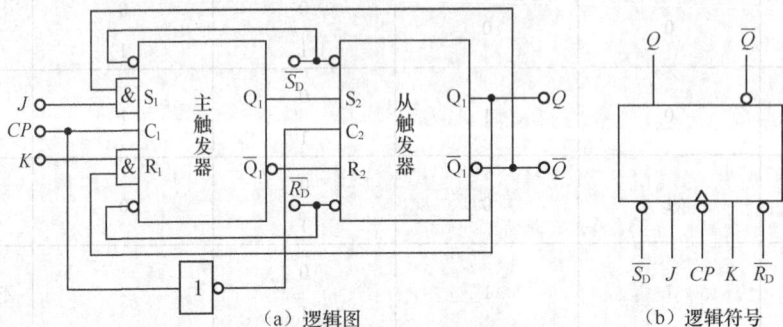

（a）逻辑图　　　　　　　　　　　　　（b）逻辑符号

图 10.31 主从 JK 触发器

JK 触发器具有保持、置 0、置 1 和翻转计数 4 种功能。

（1）$J=0$，$K=0$，时钟脉冲触发后，触发器的状态不变，即 $Q^{n+1} = Q^n$。

（2）$J=0$，$K=1$，不论触发器原来是何种状态，时钟脉冲触发后，输出均为 0 态。

（3）$J=1$，$K=0$，不论触发器原来是何种状态，时钟脉冲触发后，输出均为 1 态。

（4）$J=1$，$K=1$，时钟脉冲触发后，触发器的新状态总是与原来状态相反，即 $Q^{n+1} = \overline{Q^n}$。这种情况下，触发器具有计数功能。

JK 触发器的逻辑功能如表 10.17 所示。JK 触发器除了主从型以外，还有维持—阻塞型等，在此从略。实际使用的 JK 触发器其 J 端和 K 端往往不止一个，而是多个，这些输入端的关系是逻辑与的关系。图 10.32 所示为初始状态为 0 的主从 JK 触发器在不同的输入信号 J、K、CP 时，Q 端相应的输出波形图。

表 10.17　　　　　　　　　　主从 JK 触发器的逻辑功能表

J	K	Q^n	Q^{n+1}	功　能
0	0	0	0	保持
		1	1	
0	1	0	0	置0
		1	0	
1	0	0	1	置1
		1	1	
1	1	0	1	翻转
		1	0	

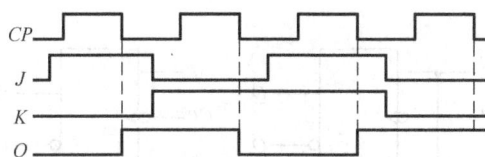

图 10.32　JK 触发器工作波形

10.4.4　D 触发器与 T 触发器

基础知识

1．D 触发器

把主从 JK 触发器的 J 端通过一个与非门与 K 端相连，并把 J 端定为 D 端。输入信号只从 D 端进入，这样就构成了只有一个输入端的 D 触发器，D 触发器的逻辑图和逻辑符号如图 10.33 所示。

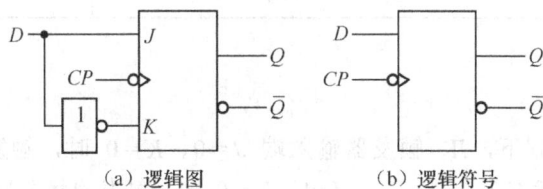

（a）逻辑图　　　　　　　（b）逻辑符号

图 10.33　D 触发器

当 $D = 1$ 时，则 $J = 1$，$K = 0$，CP 脉冲下降沿到来后触发器置 1；而当 $D = 0$ 时，$J = 0$，$K = 1$，CP 脉冲下降沿到来后触发器置 0。可见，D 触发器在接收一个时钟脉冲过后，其输出状态与时钟脉冲到来之前 D 端的状态一致，D 触发器的特征方程为 $Q^{n+1} = D$，其逻辑功能如表 10.18 所示。

表 10.18   D 触发器的逻辑功能表

D	Q^n	Q^{n+1}	功　能
0	0	0	置0
	1		
1	0	1	置1
	1		

目前集成 D 触发器大多采用维持-阻塞型电路结构，在 CP 脉冲的上升沿到达时触发。这种 D 触发器的逻辑符号与图 10.33 不同的地方是在 CP 输入端没有小圆圈，这就表示为上升沿触发。

2. T 触发器

把主从型 JK 触发器的 J、K 端连接起来作为一个输入端 T，便可以构成 T 触发器，T 触发器的逻辑图和逻辑符号如图 10.34 所示。

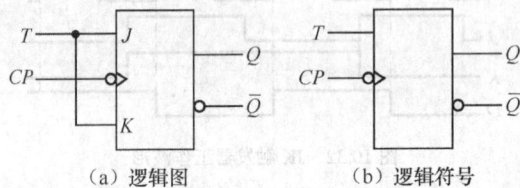

（a）逻辑图　　　　（b）逻辑符号

图 10.34　T 触发器

T 触发器的逻辑功能是：$T=1$ 时，每来一个时钟脉冲触发器状态翻转一次，为计数状态；$T=0$ 时，保持原态不变。T 触发器具有可控计数功能，其逻辑功能如表 10.19 所示。

表 10.19   T 触发器的逻辑功能表

T	Q^{n+1}	功　能
0	Q^n	保持
1	$\overline{Q_n}$	翻转

作业测评

（1）在时钟脉冲控制下，JK 触发器输入端 $J=0$、$K=0$ 时，触发器状态为_____；$J=0$、$K=1$ 时，触发器状态为_____；$J=1$、$K=0$ 时，触发器状态为_____；$J=1$、$K=1$ 时，触发器状态随 CP 脉冲的到来而_____。

（2）T 触发器受 T 端输入信号控制，$T=$_____时不计数；$T=$_____时计数，因此，它是一种可控的计数器。

（3）如果主从 JK 触发器输入如图 10.35 所示波形的电平，试画出输出波形 Q（设初始状态 $Q=0$）。

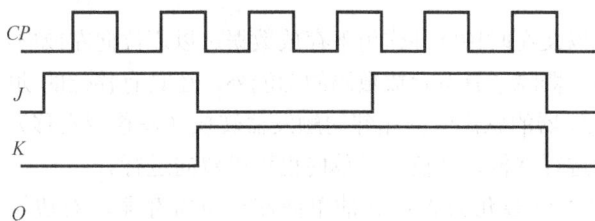

图 10.35 作业测评（3）波形图

10.5 常见时序逻辑电路

前面我们介绍过编码器和译码器等几种组合逻辑电路，这些电路由逻辑门电路组成，电路的输出状态仅取决于当时的输入信号，而与电路原来的状态无关。这一节我们将介绍常见的时序逻辑电路，如寄存器和计数器等，这些电路的内部均以触发器为基本单位。

10.5.1 寄存器

寄存器是数字电路中的一个重要部件，具有存储二进制数码或信息的功能。寄存器是由具有存储功能的触发器组合起来构成的，一个触发器可以存储 1 位二进制代码，存放 n 位二进制代码的寄存器，需用 n 个触发器来构成。按照功能的不同，可将寄存器分为数码寄存器和移位寄存器两大类。

基础知识

1. 数码寄存器

用来存放二进制数码的寄存器称为数码寄存器。数码寄存器的主要功能是用来存放数码，它的输入与输出均采用并行方式。

图 10.36 所示为 4 位数码寄存器，它由 4 个 D 触发器组成，$D_0 \sim D_3$ 是寄存数码输入端，$Q_0 \sim Q_3$ 是寄存器的数码输出端，先将待存数码置入各个相应的触发器的 D 端，然后在寄存指令 CP 端输入一个正脉冲触发各个触发器，由 D 触发器的逻辑功能可知：$Q_3 = D_3$，$Q_2 = D_2$，$Q_1 = D_1$，$Q_0 = D_0$，寄存器将待存数码 D_0、D_1、D_2、D_3 寄存起来，以 Q_0、Q_1、Q_2、Q_3 的状态表示，即无论寄存器中原来的内容是什么，只要送数控制时钟脉冲 CP 上升沿到来，加在并行数据输入端的数据 $D_0 \sim D_3$，就立即被送入寄存器中。

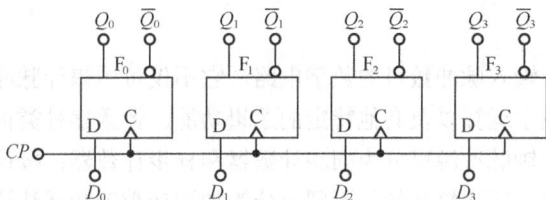

图 10.36 4 位数码寄存器

2. 移位寄存器

具有存放数码功能以及在时钟脉冲作用下存放数据可以逐位向左或向右移动功能的电路，称为移位寄存器。移位寄存器除了具有存放数码的功能外，还具有移位的功能。所谓移位，就是指每来一个移位脉冲，触发器的状态便向相邻的触发器转换（左移或右移），从而使寄存的数码在移位脉冲的控制下依次进行移位，移位可以单向也可以双向进行。

图 10.37 所示为由 4 个 D 触发器组成的单向左移位寄存器，右边触发器的 Q 端依次接至左边相邻触发器的 D 端，当移位数码将所有寄存数码从高位开始依次输入到 D_3 端，在移位脉冲 CP 的作用下，数码从 F_3 到 F_0 依次向左移动，每来一个 CP 脉冲移动一位，显然输入为串行方式。

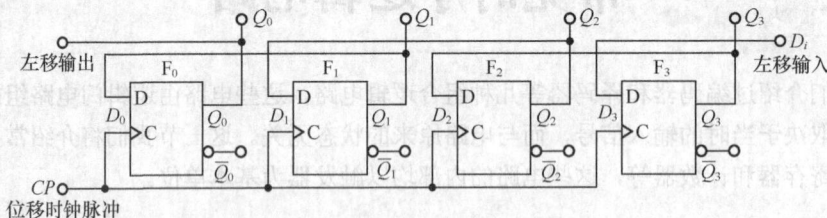

图 10.37　4 位左移寄存器

若要寄存数码 1011，要先设寄存器的初始状态为 0000。第一个待存数码是 1，$D_3 = 1$，当第一个移位脉冲作用时，$Q_3 = D_3 = 1$；寄存器状态为 0001；第二个待存数码是 0，$D_3 = 0$，$D_2 = Q_3 = 1$，当第二个移位脉冲作用时，$Q_2 = D_2 = 1$，$Q_3 = D_3 = 0$；寄存器状态为 0010；同理，在第三个移位脉冲作用下，寄存器的状态为 0101。经过 4 个移位脉冲的作用后，寄存器的状态就是 1011，待存数码 1011 便自右向左移入了寄存器。

右移寄存器的构成原理与左移寄存器类似，只是输入数码的顺序与上面的相反，即先输入低位，再逐一输入高位。

如果从 4 位触发器的 Q 端直接取出数码，叫并行输出；若只能从 Q_3 端取出数码，就必须再输入 4 个移动脉冲，所存的数码从 Q_3 端按高至低逐位取出，叫串行输出。

综上所述，寄存器存放数码的方式有串行输入和并行输入两种；从寄存器中取出数码也有串行输出和并行输出两种。

除了单向移位寄存器外，还有既可左移也可右移的双向寄存器。例如，常用的 CT4194（74LS194）寄存器组建就是 4 位双向移位寄存器，它既有清零、保持功能，还可左移、右移，又可实现数据的并行输入和并行输出。

10.5.2　计数器

计数器就是能够累计输入脉冲数目的数字电路，它不仅可用来计脉冲数，还常用来作数字系统的定时、分频和执行数字运算以及其他特定的逻辑功能。计数器种类很多，按构成计数器中的各触发器是否使用一个时钟脉冲源可分为同步计数器和异步计数器；按计数制的不同可分为二进制计数器和十进制计数器；按运算功能的不同可分为加法计数器和减法计数器等。

基础知识

1. 异步二进制加法计数器

二进制数只有 0 和 1 两个数码，用一个双稳态触发器的两个状态就可表示 1 位二进制数。若要表示 n 位二进制数，则必须用 n 个触发器和若干个门电路组成的逻辑电路。4 位二进制计数器是最常用的二进制计数器。

（1）电路组成。二进制数的加法规则是：0+1 得 1；1+1 本位得 0 并向高位进 1，即"逢二进一"。根据这个法则，每一位触发器的进位信号都产生在由 1 变 0 的时候，并且这个进位信号应该使高一位触发器翻转，即低位的进位信号就是相邻高一位触发器的时钟信号。按此规律，可用 4 个 JK 触发器组成异步 4 位二进制加法器，计数脉冲加到最低位触发器 FF$_0$ 的 CP 端。如图 10.38 所示，图中 C_0 为计数脉冲输入端，$\overline{R}_D$ 为置 0 脉冲输入端。

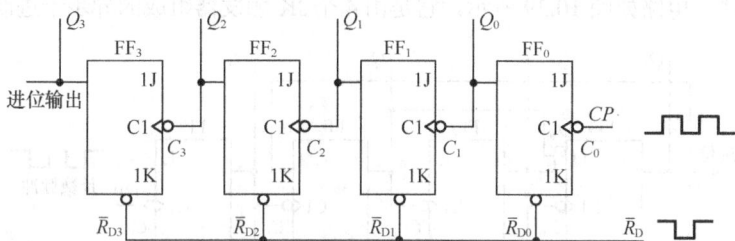

图 10.38　异步 4 位二进制加法计数器

（2）计数过程。该计数器使用的是 8421BCD 码，异步 4 位二进制加法计数器的工作状态如表 10.20 所示。

表 10.20　　　　　　　　　　异步 4 位二进制加法计数器状态表

输入 CP 脉冲次序	Q_3	Q_2	Q_1	Q_0
0	0	0	0	0
1	0	0	0	1
2	0	0	1	0
3	0	0	1	1
4	0	1	0	0
5	0	1	0	1
6	0	1	1	0
7	0	1	1	1
8	1	0	0	0
9	1	0	0	1
10	1	0	1	0
11	1	0	1	1
12	1	1	0	0
13	1	1	0	1
14	1	1	1	0
15	1	1	1	1

由状态表可知，计数前应先清零，即在置 0 端加一个负脉冲，使所有触发器全部置 0 态（$Q_3Q_2Q_1Q_0 = 0000$）。当第一个脉冲信号输入后，FF_0 由 0 态翻转为 1 态，即 Q_0 由 0 变为 1；当第二个脉冲信号输入后，FF_0 由 1 态翻转为 0 态，即 Q_0 由 1 变为 0 并产生一进位信号使 FF_1 由 0 态翻转为 1 态，即 Q_1 由 0 变 1，其余依此类推。在第 15 个脉冲信号输入后，若再来一个脉冲，4 个触发器又回到 0 态。

从上述分析还可以看出，各位触发器的状态是从低位向高位逐次翻转的，与计数脉冲的输入是不同步的，所以称为异步计数器。异步计数器电路简单，但计数速度慢。同步计数器可克服这一缺点。

2. 异步十进制加法计数器

日常生活中人们使用的是十进制数，因此，需要把二进制数转换成具有十进制计数功能的计数器。

（1）电路组成。电路如图 10.39 所示，它是由 4 个 JK 触发器组成的异步十进制加法计数器。

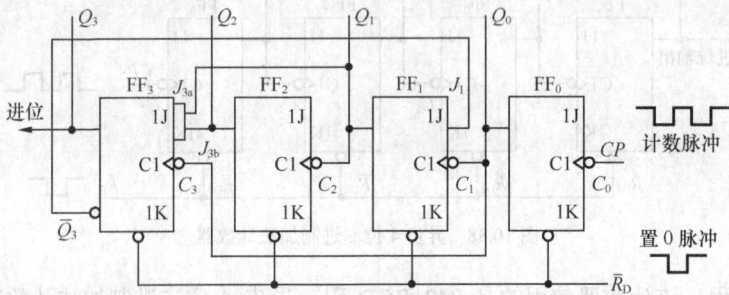

图 10.39 异步十进制加法计数器

（2）计数过程。十进制计数器也多数使用 8421BCD 码，其状态表如表 10.21 所示。

表 10.21　　　　　　　　　　　　异步十进制加法计数器状态表

CP 脉冲序号	二进制数码				对应的十进制数
	Q_3	Q_2	Q_1	Q_0	
0	0	0	0	0	0
1	0	0	0	1	1
2	0	0	1	0	2
3	0	0	1	1	3
4	0	1	0	0	4
5	0	1	0	1	5
6	0	1	1	0	6
7	0	1	1	1	7
8	1	0	0	0	8
9	1	0	0	1	9
10	0	0	0	0	0

比较表 10.20 与表 10.21 可知，从第 1 个计数脉冲至第 9 个计数脉冲，十进制计数过程与二

进制计数过程相同。第 10 个计数脉冲输入后，Q_0 由 1 变 0，产生 1 个负脉冲输入 FF$_1$ 和 FF$_3$，因 FF$_1$ 的 $J_1 = 0$，故 Q_1 仍为 0，而 FF$_3$ 因 $J_{3a} = J_{3b} = 0$，故 Q_3 由 1 变 0，这样电路呈 $Q_3Q_2Q_1Q_0 = 0000$ 状态，同时 Q_3 向高位输出 1 个进位信号，完成计数过程。

作业测评

（1）寄存器按照功能不同可分为两类：_____ 寄存器和_____ 寄存器。

（2）寄存器主要用来寄存_____，此外还可以把数码进行_____。

（3）计数器是一个用以实现计数功能的时序部件，它不仅可用来计脉冲数，还常用来作数字系统的_____以及其他特定的逻辑功能。

10.6 技能训练 集成基本门电路的测试

TTL 集成门电路是由晶体管组成的集成逻辑门电路，与分立元件组成的门电路相比较，其具有体积小、重量轻、功耗小、价格低、工作稳定且可靠性高等优点。利用它可以组成各种门电路、计数器、译码器等逻辑部件，广泛应用于计算机、数控机床、数字通信等设备中。

基础知识

1. 测试集成芯片 TTL

TTL 基本门电路各引脚排列功能及符号如图 10.40 所示。

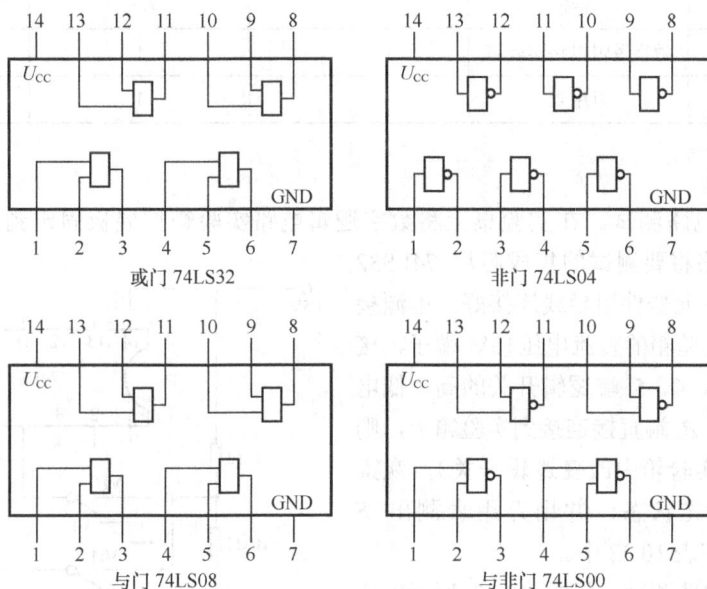

图 10.40　TTL 基本门电路引脚图

集成测试特点：芯片电路内部基本由 4 个门电路组成，每片集成都有单电源引脚；测试时要在输入端用逻辑电平输入高、低电平，然后使用逻辑电平显示单元或万用表对输出端进行测试，分析其逻辑功能。

2．数字逻辑电路实验箱（见图 10.41）的测试特点

（1）提供 5 V 直流稳压电源。

（2）连续方波脉冲输出。

（3）主电路板上具备与实验箱扩展板连接的条件。

（4）逻辑开关可以转变输出高、低电平的功能。

（5）具备逻辑电平显示的发光指示或数码显示单元。

图 10.41　数字逻辑电路实验箱

【实验目标】

（1）熟悉与门、或门、非门、与非门的逻辑功能。

（2）熟悉数字逻辑电路实验箱的测试特点，学会其使用方法。

（3）掌握 TTL 集成基本门电路测试的原理与测试方法。

【实验条件】

实验条件如表 10.22 所示。

表 10.22　实验条件

序　号	名　称	规　格	数　量	单　位
1	集成芯片	74LS32	1	片
2	集成芯片	74LS08	1	片
3	集成芯片	74LS00	1	片
4	集成芯片	74LS04	1	片
5	导线		若干	根
5	数字逻辑电路实验箱		1	个
6	万用表		1	个

【操作步骤】

（1）或逻辑电路测试。在实验桌上将数字逻辑电路实验箱扩展板固定到主电路板上，按图 10.42 所示电路将要测试的集成芯片 74LS32 插在扩展板上，各元器件用导线连接好，电源接到数字逻辑电路实验箱的直流电压+5V 端子，接通电源后改变输入 4、5 端逻辑开关的高、低电平状态（如果 A、B 端直接连接到实验箱上，则在数字逻辑电路实验箱中改变逻辑开关），观察发光二极管的发光状态，并用万用表测出 F（Y）点电压记录在表 10.22 中。

（2）与逻辑电路测试。按图 10.42 所示电路将上一步骤测试的集成芯片 74LS32 改成集成芯片 74LS08，重复"或逻辑电路测试"步骤，记录在表 10.22 中。

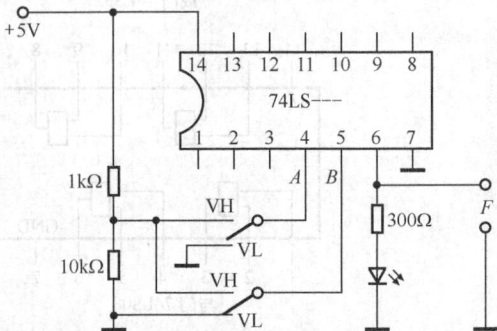

图 10.42　或逻辑测试电路

（3）与非逻辑电路测试。按图 10.42 所示电路将上一步骤测试的集成芯片 74LS08 改成集成

芯片 74LS00，重复"与逻辑电路测试"步骤，记录在表 10.23 中。

表 10.23　　　　　　　　　　　　测量结果记录表

输　　入		输出 F（Y）		
U_A/V	U_B/V	或门	与门	与非门
0	0			
0	5			
5	0			
5	5			

（4）非逻辑电路测试。在实验桌上将数字逻辑电路实验箱扩展板固定到主电路板上，按图 10.43 所示电路将要测试的集成芯片 74LS04 插在扩展板上，各元器件用导线连接好，电源接到数字逻辑电路实验箱的直流电压+5V 端子，接通电源后改变输入 5 端逻辑开关的高、低电平状态（如果 A 端直接连接到实验箱上，则在数字逻辑电路实验箱中改变逻辑开关），观察发光二极管的发光状态，并用万用表测出 F（Y）点电压记录在表 10.24 中。

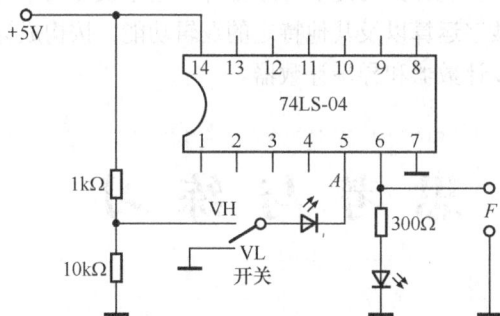

图 10.43　非逻辑测试电路

表 10.24　　　　　　　　　　　　测量结果记录表

输入 U_A/V	输出 F（Y）
0	
5	

【思考与能力检测】

（1）怎样识别集成电路芯片的引脚？

（2）TTL 集成门电路的电源电压 U_{CC} 的标准值是多少？

本 章 小 结

（1）门电路是数字电路的基本组成单元。基本的逻辑关系有 3 种，即"与"逻辑、"或"逻辑和"非"逻辑。最基本的逻辑门电路有：与门电路、或门电路、非门电路、与非门电路、或非门电路和异或门电路。

（2）十进制的数码有 0、1、2、3、4、5、6、7、8、9 共 10 个，进位规律是"逢十进一"。二进制的数码只有两个，即 0 和 1，进位规律是"逢二进一"。

（3）在逻辑代数中，有与逻辑、或逻辑、非逻辑 3 种基本逻辑关系，相应的基本逻辑运算为与运算、或运算、非运算。

（4）组合逻辑电路分析的一般步骤为：根据逻辑图写出输出逻辑函数表达式，并化为最简式列出真值表，说明电路的逻辑功能。组合逻辑电路设计的一般步骤为：根据实际问题的逻辑要求列出真值表，由真值表写出逻辑函数表达式并进行化简，按照化简后的逻辑表达式画出相应的逻辑电路图。

（5）时序电路的基本单元电路是触发器；集成触发器的种类很多，本章介绍几种简单的触发器，包括基本 RS 触发器、同步 RS 触发电路、主从 JK 触发器、D 触发器与 T 触发器。

（6）寄存器可分为两类：数码寄存器和移位寄存器。数码寄存器的主要功能是用来存放数码，它的输入与输出均采用并行方式。移位寄存器除了具有存放数码的功能外，还具有移位的功能。

（7）计数器是一个用以实现计数功能的时序部件，它不仅可用来计脉冲数，还常用来作数字系统的定时、分频和执行数字运算以及其他特定的逻辑功能。按构成计数器中的各触发器是否使用一个时钟脉冲源分为同步计数器和异步计数器。

思 考 与 练 习

1. 判断题

（1）"与"门的逻辑功能是"有 1 出 1，全 0 出 0"。　　　　　　　　　　　　　　　（　　）

（2）用二进制代码表示某一信息称为编码，反之，把二进制代码所表示的信息翻译出来称为译码。　　　　　　　　　　　　　　　　　　　　　　　　　　　　　　　　　　　　　　（　　）

（3）时序逻辑电路的输出状态不仅取决于该时刻的输入信号，而且与原输出状态有关。

　　　　　　　　　　　　　　　　　　　　　　　　　　　　　　　　　　　　　　　（　　）

（4）基本 RS 触发器要受时钟脉冲的控制。　　　　　　　　　　　　　　　　　　　（　　）

（5）主从 RS 触发器在 $CP = 0$ 状态下输出状态保持不变。　　　　　　　　　　　　（　　）

（6）时序逻辑电路含有具有记忆功能的器件。　　　　　　　　　　　　　　　　　　（　　）

（7）寄存器具有记忆功能，可用于暂存数据。　　　　　　　　　　　　　　　　　　（　　）

（8）异步计数器各个触发器之间的翻转是不同步的，与 CP 脉冲也是不同步的。　　（　　）

（9）计数器根据计数制的不同，只能分为二进制计数器和十进制计数器。　　　　　（　　）

（10）常见的 8 线—3 线编码器中有 8 个输出端和 3 个输入端。　　　　　　　　　（　　）

2. 填空题

（1）数字逻辑电路中 3 种基本逻辑关系是_____、_____和_____，能实现这 3 种逻辑关系的电路分别是_____、_____和_____。

（2）二进制只有_____和_____两个数码，计数规律是_____，十进制有_____个数码，计数规律是_____。

（3）3 位二进制编码器有_____个输入端，_____个输出端。

（4）主从 JK 触发器在_____状态下输出状态保持不变。

（5）按逻辑功能的不同，寄存器可分为_____和_____。

（6）按要求进行下列的数制转换：$(67)_{10}=($ _____ $)_2$；$(10000101)_2=($ _____ $)_{10}$。

3．选择题

（1）将二进制数 10 010 101 转换为十进制数，正确的是（ ）。

    A．147   B．149   C．267

（2）能实现"有 1 出 1，全 0 出 0"逻辑功能的是（ ）。

    A．与门   B．或门   C．与非门

（3）A、B、C 均为逻辑变量，$A+B\cdot C$ 等于（ ）。

    A．$A\cdot B+A\cdot C$ B．$A+(B+C)$ C．$(A+B)\cdot(A+C)$

（4）与非门的逻辑关系是（ ）。

    A．输入端只有一个是低电平，输出端就为高电平

    B．输入端只有一个是低电平，输出端就为低电平

    C．输入端只有一个是高电平，输出端就为高电平

（5）组合逻辑电路与时序逻辑电路的区别在于（ ）。

    A．组合逻辑电路是数字电路，时序逻辑电路是模拟电路

    B．组合逻辑电路某一时刻的输出状态不仅取决于该时刻的输入信号，而且与原输出状态有关，时序逻辑电路则只与输入信号有关

    C．时序逻辑电路某一时刻的输出状态不仅取决于该时刻的输入信号，而且与原输出状态有关，组合逻辑电路则只与输入信号有关

（6）（ ）是一种用来暂存放 1 位二进制数码的数字逻辑部件。

    A．编码器   B．译码器   C．寄存器

（7）同步计数器和异步计数器比较，同步计数器的显著优点是（ ）。

    A．工作速度高   B．电路简单   C．不受时钟 CP 控制

4．综合题

（1）根据图 10.44 所示"或"门、"与非"门电路及其输入电压波形，分别画出输出端的电压波形。

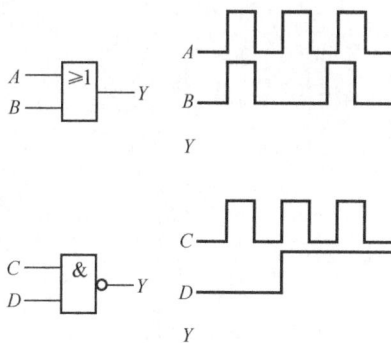

图 10.44　综合题（1）电路及波形图

（2）已知某组合电路的输入信号 A、B、C 及输出 Y 的波形如图 10.45 所示，高电平为 1，低电平为 0，试列出真值表，并写出 Y 的最简"与或"表达式。

（3）主从 JK 触发器输入波形如图 10.46 所示，试画出 Q 的波形（设初始状态 $Q=0$，上升沿有效）。

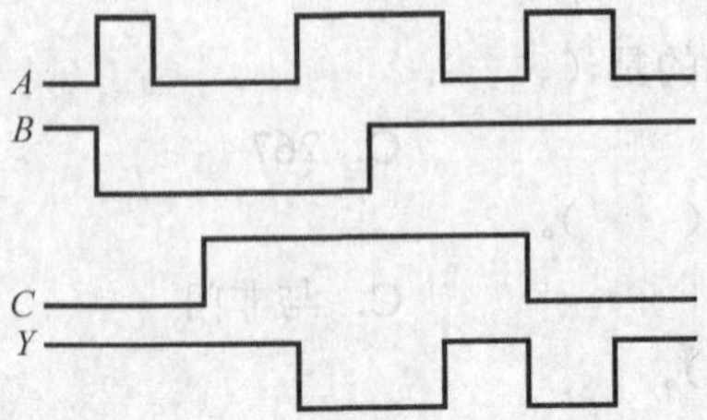

图 10.45 综合题（2）波形图

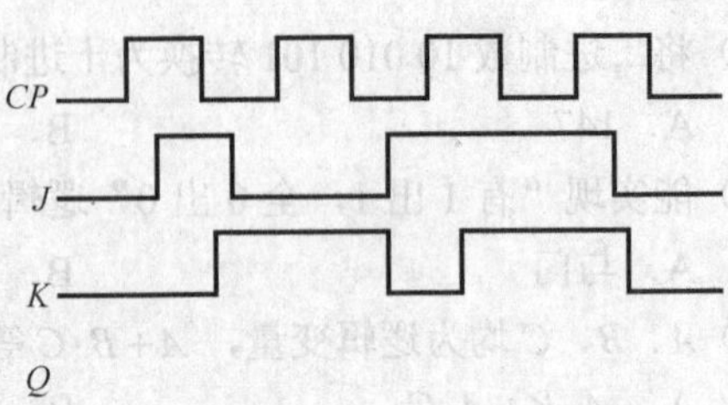

图 10.46 综合题（3）波形图